U0294089

水利工程智能建造

BIM

技术研究与实践

姜龙　赵宇飞　孟亮　仵海进　徐海波　穆台力甫·牙森　宋虹兵　孙兴松　著

中国水利水电出版社
www.waterpub.com.cn
·北京·

内 容 提 要

  BIM 技术是引领水利信息化走向更高层次的一种新技术，它的全面应用将为水利工程行业的科技进步产生巨大影响，大大提高水利工程的智能建造程度，显著提升水利行业的数字孪生步伐。本书共 12 章，主要内容包括水利工程施工与信息化、BIM 技术与应用、BIM 管理平台与体系架构、BIM 多源信息分类与编码体系、BIM 多源异构模型与数据融合、BIM 轻量化与交互渲染、BIM 信息实时感知与动态监控，以及基于BIM 技术的工程建设精细化管理、基于 BIM 技术的振冲碎石桩信息化施工、基于 BIM技术的土石方开挖智能化施工、基于 BIM 技术的大坝填筑智能化施工和基于 BIM 技术的大坝安全监测智能化管理。

  本书可供从事水利工程信息化、数字化及 BIM 工程设计、施工、运行的产学研用技术人员，以及水利水电工程智能化、智慧化建设技术人员参考和阅读。

图书在版编目（CIP）数据

水利工程智能建造BIM技术研究与实践 ／ 姜龙等著
. -- 北京：中国水利水电出版社，2023.12
  ISBN 978-7-5226-2150-0

 Ⅰ．①水… Ⅱ．①姜… Ⅲ．①水利工程－计算机辅助
设计－应用软件 Ⅳ．①TV222.1-39

 中国国家版本馆CIP数据核字(2024)第025107号

书 名	水利工程智能建造 **BIM 技术研究与实践** SHUILI GONGCHENG ZHINENG JIANZAO BIM JISHU YAN-JIU YU SHIJIAN
作 者	姜 龙 赵宇飞 孟 亮 仵海进 徐海波 穆台力甫·牙森 宋虹兵 孙兴松 著
出版发行	中国水利水电出版社 （北京市海淀区玉渊潭南路 1 号 D 座　100038） 网址：www.waterpub.com.cn E-mail：sales@mwr.gov.cn 电话：(010) 68545888（营销中心）
经 售	北京科水图书销售有限公司 电话：(010) 68545874、63202643 全国各地新华书店和相关出版物销售网点
排 版	中国水利水电出版社微机排版中心
印 刷	北京印匠彩色印刷有限公司
规 格	184mm×260mm　16 开本　18 印张　438 千字
版 次	2023 年 12 月第 1 版　2023 年 12 月第 1 次印刷
定 价	**108.00** 元

前　言

智慧水利建设体系庞大、任务繁重、时间紧迫，需要按照顶层设计和相关技术文件要求，总体谋划、科学组织、多方协同、合力推进。其中数字孪生流域建设是一项技术难度大、实施复杂的系统工程，需要进行技术攻关和试点建设。

以数字孪生流域建设为主线，以数字孪生水利工程建设为切入点和突破口，以实现水利业务"四预"功能为目的，在大江大河重点河段、主要支流及重要水利工程开展数字孪生流域建设先行先试，示范引领数字孪生流域建设有力有序有效推进，加快构建智慧水利体系。

开展数字孪生流域建设，需要着重解决水利行业数据资源体系不完备、基础设施配套不完善、网络安全风险高、数据分析和支撑能力弱、保障体系不健全等突出问题，打通内部数据孤岛，释放数据价值，提升水利信息化资源共享、数据服务、分析计算、决策支撑、智能应用和可视化表达能力，提升水治理体系和治理能力现代化，非常必要和迫切。

BIM技术应用可以为数字孪生、智慧流域建设提供及时、有效和真实的数据支撑。BIM模型提供了一个贯穿项目始终的数据库，实现了项目全生命周期数据的集成和整合。BIM技术是引领水利信息化走向更高层次的一种新技术，它的全面应用为水利工程行业的科技进步产生无法估量的影响，大大提高水利工程的集成化程度。同时，也为水利工程施工行业的发展带来巨大的效益，使规划、设计、施工乃至整个工程的质量和效率显著提高，降低成本，减少返工，减少浪费，促进了项目的精益管理，加快了水利施工行业的发展步伐。

本书的编纂立意是面向从事水利工程信息化、数字化以及BIM工程设计、施工、运行的产学研用技术人员，力求对水利水电工程智能化、智慧化建设技术人员有一定参考和使用价值，力图为我国的智慧流域、数字孪生水利水电事业起到推动和借鉴作用。

本书共12章，为方便读者参考，书后还附加了部分程序代码。

第1章为水利工程施工与信息化。主要介绍了我国水利发展历程、我国水利施工技术发展、我国水利工程信息化建设、我国水利工程信息化发展及存在问题以及 BIM 技术对水利信息化发展的促进和支撑等内容。

第 2 章为 BIM 技术与应用。主要介绍了 BIM 技术的诞生与发展、BIM 及其建模技术、BIM 技术的特征及好处、BIM 技术的服务模式以及 BIM 技术的应用等内容。

第 3 章为 BIM 管理平台与体系架构。主要介绍了工程信息管理、基于 BIM 的建设管理平台、基于 BIM 的建设管理平台总体架构、基于 BIM 的建设管理平台应用架构、基于 BIM 的建设管理平台数据架构、基于 BIM 的建设管理平台技术架构以及基于云计算 BIM 应用的架构构建等内容。

第 4 章为 BIM 多源信息分类与编码体系。主要介绍了建设施工信息分类与编码现状、信息分类与编码扩展方法、施工信息分类编码应用方法、基于 BIM 的施工多源信息集成方案以及基于编码的模型信息集成等内容。

第 5 章为 BIM 多源异构模型与数据融合。主要介绍了 BIM 元数据模型及子模型、GIS 和 BIM 等多源异构模型、BIM 模型多层次转换、多尺度多源异构数据模型融合技术、BIM 数据互用模式以及多尺度异构数据融合及应用等内容。

第 6 章为 BIM 轻量化与交互渲染。主要介绍了三维几何建模及模型转换、三维几何模型的轻量化方法、模型层次化动态加载与混合云引擎技术以及模型轻量化及交互展示实现等内容。

第 7 章为 BIM 信息实时感知与动态监控。主要介绍了施工现场信息化管理关键需求、基于集成信息模型的现场监测通用架构、面向智能终端的施工现场感知、基于集成信息模型的施工动态监控以及 BIM 感知数据的存储与访问等内容。

第 8 章为基于 BIM 技术的工程建设精细化管理。主要介绍了水利工程建设管理与 BIM 融合分析、水利工程建设管理云平台设计与实现,系统阐述了出山店水库质量精细化管理、大石峡水利枢纽工程建设精细化管理等内容。

第 9 章为基于 BIM 技术的振冲碎石桩信息化施工。主要介绍了振冲碎石桩施工与 BIM 融合分析、振冲碎石桩施工过程实时监控架构与功能,系统阐述了拉哇水电站振冲碎石桩施工精细化管理等内容。

第 10 章为基于 BIM 技术的土石方开挖智能化施工。主要介绍了土石方开挖智能化施工与 BIM 融合分析、土石方开挖施工智能监控架构与功能,系统阐述了江巷水库挖库垫地土石方开挖施工智能监控等内容。

第 11 章为基于 BIM 技术的大坝填筑智能化施工。主要介绍了大坝填筑施工与 BIM 融合分析、大坝填筑监控系统架构与功能,系统阐述了出山店水库大坝填筑精细化管控、清原抽水蓄能电站大坝填筑精细化管控等内容。

第 12 章为基于 BIM 技术的大坝安全监测智能化管理。主要介绍了大坝安全监测与 BIM 融合分析、大坝安全监测系统架构与功能，系统阐述了甘再水电站大坝安全监测管理系统等内容。

本书编写过程中，得到中国水利水电科学研究院、海投集团甘再项目公司、安徽省（水利部淮河水利委员会）水利科学研究院（安徽省水利工程质量检测中心站）、中国水电六局集团有限公司清原项目部、新疆葛洲坝大石峡水利枢纽工程开发有限公司、出山店水库建设管理局、中国水电八局集团有限公司清原项目部、中国水电基础局有限公司等单位和部门的大力支持，在此向他们表示诚挚谢意。

本书第 1 章、第 2 章由姜龙、孟亮、仵海进和孙兴松执笔，第 3 章、第 8 章由赵宇飞、徐海波、穆台力甫·牙森和宋建正执笔，第 4 章、第 5 章由姜龙、赵宇飞、穆台力甫·牙森和孙兴松执笔，第 6 章、第 7 章、第 9 章由赵宇飞、孟亮、仵海进、宋虹兵和宋建正执笔，第 10 章、第 11 章、第 12 章由姜龙、赵宇飞、徐海波、仵海进、宋虹兵和孙兴松执笔。全书由姜龙、赵宇飞、孟亮、仵海进、徐海波、穆台力甫·牙森、宋虹兵和孙兴松统稿。

限于作者水平，书中难免存在缺点和错误，敬请广大读者批评指正。

作者

2023 年 4 月

目　录

第1章 水利工程施工与信息化

1.1 我国水利发展历程

1.1.1 传统水利

水利一词最早见于战国末期问世的《吕氏春秋》中的《孝行览·慎人》篇，到了西汉才出现第一部水利通史《史记·河渠书》。

我国传统水利大致分为三个时期：大禹治水至秦汉，这个时期主要为防洪治河、运河、各种类型的灌排水工程的建立和兴盛时期；三国至唐宋，这个时期主要是传统水利高度发展时期；元明清，这个时期主要是水利建设普及和传统水利的总结时期。中国传统水利各时期典型代表性工程如图1.1-1所示。

秦汉以前

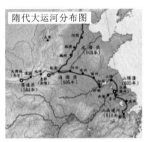
隋唐宋

元明清

图1.1-1 中国传统水利各时期典型代表性工程

大禹治水主要采用疏导的方法，适应当时人口不多、居民点稀少的实情；到了春秋战国时代，社会经济发展，人口聚集在黄河流域附近，平堵法、立堵法等筑堤防洪方法应运而生，还修建了如漳水十二渠、郑国渠、都江堰等引水工程。

秦汉以前，我国主要经济重心在黄河流域，三国至南北朝时期已发展至淮河中下游，隋唐宋时期已到达长江流域和珠江流域。现存最早的全国性水利法规《水部式》为唐代所制定。这个时期灌溉和河运工程普遍兴建，如它山堰、隋代大运河、永济渠和通济渠等。

元明清时期，社会较为安定，水利工程以沟通南北的京杭大运河、滨海沿岸地区防御潮灾的浙东钱塘江的重力结构的鱼鳞大石塘。明清以来大批有关水利工程技术、治河防洪的专著陆续问世，如《浙西水利书》《泾渠志》和《三江闸务全书》等。

1.1.2 现代水利

传统水利一词具有防洪、灌溉、航运等除害兴利的含义。随着社会经济技术不断发展，水利的内涵也在不断充实扩大。1933 年，中国水利工程学会第三届年会的决议中就曾明确指出：水利范围应包括防洪、排水、灌溉、水力、水道、给水、污渠、港工八种工程在内。其典型代表性水利工程如图 1.1-2 所示。

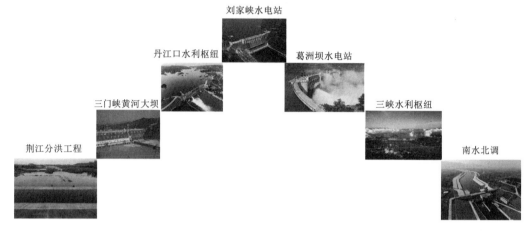

图 1.1-2　典型代表性水利工程

进入 20 世纪后半叶，水利中又增加了水土保持、水资源保护、环境水利和水利渔业等新内容，水利的含义更加广泛。1988 年，《中华人民共和国水法》颁布，标志着中国开发利用水资源和防治水害走上了法治轨道。《中华人民共和国水土保持法》《中华人民共和国水污染防治法》《取水许可和水资源费征收管理条例》《城市节约用水管理规定》等法律、法规均已颁布，各地也先后制定水利相关的地方性法规，建立起符合中国国情、具有中国特色的比较科学、配套的水法规体系。

从三峡工程到南水北调，从国家水利工程 172 项（2014 年）到 150 项（2020 年），主要开展了防洪减灾、水资源优化配置、灌溉节水和供水、水生态保护修复、智慧水利等方面建设，增强了国家水安全保障能力。我国是一个人口众多的发展中大国，特殊的自然地理和气候条件以及发展阶段，决定了我国治水任务的长期性和艰巨性。

1.1.3　水利发展趋势

水利作为国民经济体系的组成部分，在我国具有特殊而重要的地位，发挥着防洪保安全、支撑经济社会发展、维护自然生态健康的基础性作用。为适应国家治理体系和治理能力的不断现代化，未来较长时期，水利事业发展的总量和结构也必将并行调整、优化和完善。

（1）供水和排水的统筹发展。供水和排水都是水资源在大自然界和人类社会完整循环链条中两个必不可少的环节，只是在不同地区和不同时期表现形式不一。长期以来，不可否认供水在整个供用水活动中占有核心地位，但无论是农村还是城市，在供水已经得到基本保障的条件下，随着人们生活条件的不断改善，对周边居住环境要求也越来越高，因而排水设施和管理也显得越来越重要，在很多发达省份的农村，排水设施、设备和管理已经成为生活中必不可少的组成部分。

农村排水是在统筹考虑农村水系和农村环境的协调性基础上,向小区域化、生态化和自净化方向发展,逐步建立适应性的排水管网系统。而城市则逐步地向防洪、排水、通信、电力等城市综合性管廊方向发展,现有城市排水设施提升改造空间巨大。不管怎样,未来城市和乡村对于排水设施的考虑以及排水需求的不断增加,同时考虑排水系统兼具防洪、排污和环保的综合特质,投资规模将会继续增加,而且其改造维护的管理投入也将常年持续高位。

(2)强化水生态和水资源保护。各省(自治区、直辖市)按照已有超采区划定成果,统筹考虑超采区划定、地下水利用情况以及地质环境条件等因素,组织完成本行政区地下水禁、限采区划定,推动超采区范围、取水工程(设施)及地下水水位监测等信息整合,利用现有信息平台,初步形成地下水监管"一张图"。依据地下水水位变化情况进行排名并通报,对水位下降幅度大且排名靠后的地市进行督导。研究起草《地下水开发利用监督管理办法》。各省(自治区、直辖市)要紧紧抓住地下水水位变化这一要害,建立工作体系,落实治理责任,强化动态监管,采取有效措施,加快推动地下水超采治理工作。进一步完善三江平原、松嫩平原、辽河平原及辽西北地区、黄淮地区、鄂尔多斯台地、汾渭谷地、河西走廊、天山南北麓—吐哈盆地、北部湾地区等区域地下水超采治理与保护方案,贯彻落实《长江保护法》,会同有关部门制定长江流域饮用水水源地名录,进一步完善饮用水水源安全评估指标体系,完善名录准入、退出机制。开展其他流域饮用水水源地名录制定工作。推动有关地市加快应急备用水源建设。加大力度开展长江流域环境保护和黄河流域环境治理,编织全国水生态"一张网"、水资源"一盘棋"。

(3)防洪设施体系综合能力提升必不可少。防洪安全是世界上大部分国家的一项重要任务,在我国则是一个永恒性问题,这是由我国特殊的地理地势、气候和经济社会发展状况所决定的。中华人民共和国成立后,特别是改革开放以来,我国防洪体系得到极大的发展和完善,大江大河的防洪标准明显提高,应对洪水风险灾害的能力得到极大提升,但也要意识到,每年到汛期,防洪应急部门、专业水利管理部门以及各级人民政府都仍然不能丝毫大意,局部性的洪涝灾害及大范围的超强台风每年都有发生,防洪保安全的弦从来就没有放松过。

随着地球气候变化的加剧,极端气候时有发生,对防洪设施的要求越来越高,这一点其他国家都没有面临我国这样的形势和要求。无论是从长期还是短期来看,防洪设施体系的完善都是一项不容忽视的底线,其完善不是简单地修建堤防、枢纽和泵站等工程,而是既要有传统的基础设施,还要有调剂水量流动的调水工程体系,更要有高效的管理信息系统。简单来说,在现有基础上不断地升级、优化、提升系统性的防洪工程体系能力,实现高水平的防洪综合能力,是我国未来防洪工作的长期和日常性任务。

(4)河湖环境的优美宜居建设任重道远。河湖是水资源的主要载体,具有自净化、引导水流、保护环境、滋润土地、弥补地下水一系列功能,在大自然生态系统中具有独特的作用,是自然界和人类社会维持运转的最主要的要素之一。近年来,河湖在提供基本水源基础上,其环境功能越来越受到人们的重视,河湖环境独有的自然生态、蜿蜒曲折、滋养森林、调节气候等方面特点,都使得河湖周边土地环境更适宜人类生存和发展。绿水青山就是金山银山,河湖环境扮演着"绿水"的重要角色,是提升人们高质量生活水平不可或缺的自然环境资源，河湖环境的改善和保持将是我国在新的历史发展阶段及以后长期发展的重要需求。

与发达国家相比、与实现中国梦相比、与不断追求幸福美好生活愿景相比，我国河湖环境的改善、维护和提高仍然存在巨大差距。河湖环境的改善包括河内水量的充足、与历史水量相比的保持量、水质的安全、岸线的亲水程度、植被以及主要动植物的完整性、流域内水环境的改善等，特别是针对我国地形复杂，地貌多样等特性，优美宜居的理想河湖环境建设任重而道远。

（5）企业化管理将成为水利工程运行管理的主流。中华人民共和国成立 70 年来，通过大规模水利基础设施建设，我国水利工程规模和数量跃居世界前列，基本建成较为完善的江河防洪、农田灌溉、城乡供水等工程体系。随着工程数量的不断增多，逐步建立了相应的工程管理技术规范，锻炼了大量的管理技术人才，这为我国水利工程维修养护和运营提供了技术上和经验上的条件。随着政府职责职能的转变，市场催生了包括水投公司在内的各种运营管理公司，政府通过委托管理、实施政府购买服务的方式，将水利工程交由企业管理日益成为一种趋势。这种做法大幅降低了行政事业单位的资金和人员管理压力，同时能更好发挥专业团队的经验优势，正所谓"专业的事交给专业的人做"，提升了管理效益和效率。

水利工程物业化标准化管理的方式正在全国逐步推行。在这一过程中，专业管理公司需要在水利工程经营性、公益性以及安全性等方面找到平衡点，而如何推动政府与企业在这方面达成共识，同时建立高效、低成本和安全的模式将是今后需要面对的重点问题。

（6）以综合性项目立项将成为水利建设的一种重要选择。项目是投资建设管理的"基本单元"，是国家投资管理的最小元素。一般项目立项、建设和运行是按照行业以及行业内部不同性质进行分类管理，这种做法对于技术提升、效率提高、国民经济分工等都有着重要的意义。但应当看到，分工细化是相对而言，不可能"归大拢"，也不可能无限细分成"头发丝"，粗细的划分标准要与当时的技术水平、管理队伍素质、项目数量和规模等紧密联系。

我国已经初步建立了水利基础设施体系，单一性质的水利工程项目越来越细化，造成众多单个项目规模很小，但项目立项的前期工作仍然复杂，尽管目前国家大力推进简政放权使得一些立项环节得到了归并、简化，但立项周期依然较长，变更和概算调整的程序也存在同样的问题，因此如何合理设置项目规模以提升立项速度和管理效率，已经成为各级单位的共识。此外，山水林田湖草是相互联系的整体，适合综合治理，也有很多项目本身就具有综合性特点，拥有多种用途，如水库大坝坝顶是交通要道，水库成了湖泊，很多项目覆盖水资源的全产业链环节合并开展、统一经营等。而且从项目的投入产出来看，单一公益性项目在经济上可行性较差，通过综合性项目立项的方式也能提升项目吸引力。因此，当前各地综合性、混合型项目正在不断增多，这种趋势对于立项、建设以及管理都提出了新的挑战，同时也是一种机遇。

1.2　我国水利施工技术发展

1.2.1　水利施工技术特点

水利工程是一个国家重要的发展动力和经济发展的物质基础，但是由于我国地理形势的特点，我国水资源因地理原因分布趋势多变。根据地理学和气象学知识分析可以得出，我国处于亚洲的东部，地势西高东低，有利于季风的深入，从而形成降雨。我国整体的降水量分布十分不均匀，沿海地区的降水量十分丰富，整体趋势向西北内陆逐渐减少，在我国的西北部降水量十分之稀少。

水利工程发挥着重要的作用，尤其是在水量调节和水资源分配方面有着重要作用，同时水利工程还能够对水资源进行无害化处理。保证水利资源能够得到有效的利用就要依靠完整的水利工程设施，高质量的水利设施才能够对水利资源做到良好的调控，如果水利设施不合格，不但不会起到水利工程的作用还会造成次生灾害。例如三峡大坝的修建，如果在建设和使用的过程中发生透水事故，必将会对下游的城市带来灾难并造成巨大的财产损失。同时，水利工程是一项受季节影响十分大的项目，受到环境的制约。因此水利工程在建设的过程中要注意和季节的配合以提高水利工程建设的工作效率。具体来说，水利工程建设在河段的上游，但是河段上游施工难度更大，这就要求水利工程在施工时要有特殊的处理手段，同时水利工程施工强调高度的精确性和准确性，而这些要求的实现要依靠高水平的水利施工技术实现。

1.2.2 水利施工建设技术

（1）堤坝建设技术。水利工程的技术探讨是水利工程建设中十分重要的一部分，而堤坝建设是水利工程施工过程中十分重要的一部分。堤坝建设是水利工程建设中最基础的一部分，堤坝建设的好坏对于整个水利工程建设的质量和效率有着重要的影响。在我国的堤坝建设中，堤坝常常由泥土和砾石组成，泥土可以起到防止水渗透的作用，砾石可以起到坚固堤坝的作用。因此在水利工程建设过程中，要重视对堤坝防渗透层的建设，同时要增加砾石的填充密度，来增强整个堤坝的耐受性和整体质量。我国现阶段主要采用国际先进的冲击和反循环钻机技术进行堤坝工程建设，这能够大大提升工程建设的速度和质量。传统的堤坝建设主要运用混凝土进行，因此在建设的过程中就需要对大量的混凝土进行浇筑，这对于整个工程来说，需要大量的人力物力财力进行建设，同时对于建设的过程有着较高的要求。大量机械设备的应用，尤其是高质量设备的应用才能够从根本上提升工程建设的整体质量。当前一般对骨料采用风冷降温，或者是在混凝土拌和的过程中使用补偿收缩混凝土，来有效地防止混凝土裂缝的产生。总体来说，对于水利工程建设过程中堤坝建设技术的探讨有利于整个水利工程质量的提升。

（2）挖掘技术。挖掘技术是水利工程建设过程中的核心技术，随着我国对于水资源的需求日益增加，水利工程建设的开展日益增多，水利工程的规模不断扩大，同时对于水利工程的建设质量有了更高的要求。水利工程这些方面的特点对于施工的强度有着很大的要求，要求在建设的过程中动用大量的设备，尤其是挖掘设备，同时对于工程管理人员、建设人员的要求也不断提高，要求管理人员和建设人员有较高的专业素质和过硬的专业技能。我国在水利工程的建设过程中常常出现工程质量问题和施工安全问题，这些问题需要依靠水利工程施工技术的探讨和创新来解决。尤其是在挖掘作业的过程中，要采用先进的挖掘设备和挖掘技术才能够减少工程的质量问题，减少人工失误，提升工程建设的整体品质。挖掘技术在水利工程建设中十分重要，因此对于挖掘技术的探讨和研究对于水利工程建设整体施工有着重要意义。

（3）现代化管理。管理对于每项施工工程都有着重要意义，尤其是水利工程建设过程中运用现代的科技化的管理手段进行项目工程的管理，对于水利工程整体质量的提升和缩短工期有着十分重要的作用。因此，要通过合理先进的管理技术手段，对施工人员和工程管理人员以及建设过程中需要的技术设备、挖掘设备、材料进行细致的管理，能大幅度提升工程建设的质量和建设效率。尤其是在管理过程中，发现工程建设方面的问题，一定要及时地进行修正，确保该问题不会在水利工程建设中再次出现，防止问题的扩大化，影响到整个工程的质量和工期。因此在水利工程建设中，应当引进先进的科学技术、技术设备和管理技术，紧跟时代步伐，定期对工程建设的管理人员、施工人员进行培训，同时也要对工程建设的设备、材料进行细致的规划。只有这样才能保证工程的顺利进行，并且能够保证工程的质量，缩短工期。

（4）先进科学技术的引进。科学技术总是在不断进步的，因此在进行施工建设时，应当充分地参照国际先进的建设技术，与我国的具体水利工程实践相结合，促进我国水利工程建设技术的发展，以先进的技术和施工设备提升工程项目的工作效率。同时，先进的施工技术和施工设备可以提高工程的质量减少人为原因形成的建设失误，提升水利工程的整体建设质量，形成完备的水利工程建设技术保障。

随着我国经济社会发展速度的加快，社会对于水资源的需求越来越多，水资源是可再生资源，而想要充分地发掘和利用水资源就要加强对水资源的开发和利用，这在其水利工程的建设中发挥着重要的作用，水利工程关乎国家和民族的未来，所以未来我国会大量兴建水利工程以满足发展的需要。这就需要对水利工程施工技术进行探讨，应用先进的科学技术和技术设备如激光技术、数字技术、全球定位技术。先进科技在水利工程建设中的应用会大大提高工程的质量，发挥水利工程真正的作用，将水利工程技术转化为现实中的生产力，解决我国的水资源问题，为国家的发展提供充足的动力，同时也能够提升水利建设企业自身发展，提升企业的整体形象以及企业自身的经济效益。

1.2.3　水利施工发展趋势

水利工程在我国的工程建设中发挥重要的作用，水利工程质量的好坏，在一定程度上影响着国民经济建设的发展和提高。我国的水利工程机械设备与国外的相比还存在一定差距，为了使我国的水利工程建设更好地为广大人民服务，就必须采用先进的水利设备。现阶段，我国水利建设离不开水利施工机械，大规模的水利建设需要大量的水利工程施工机械。水利建设的机械化程度逐年提高，以往的人海战术以及小型化机械设备为主的施工方式，逐渐被较为先进的大中型工程机械的施工方式所取代。在大坝填筑、堤坝加固、长大隧洞、混凝土搅拌等方面，研发了土石方开挖、坝料碾压、深厚防渗墙、高压灌浆、全断面隧洞掘进机 TBM 和大型支护机械等设备及配套技术体系，基本建设集机械、电子、自动化控制等一系列技术的集成系统，可实现超前钻探、智能监控、智能预警、智能反馈等平台化群体协同作业。水利施工发展趋势主要体现如下四个方面（图 1.2 - 1）：

（1）自动化。自动化体现的是水利工程机械设备的智能化和无人化。随着社会经济的快速发展，机械设备的使用中，现场施工人员能够无人操作，能够实现自动化，尤其是在一些危险源多的机械设备中。水利工程机械设备逐渐采用计算机技术、微电子技术，逐渐在实现自动化，实现运作和管理、维护中的自动化。

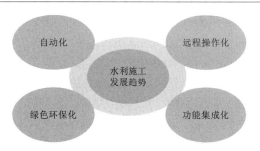

图 1.2-1 水利施工发展趋势

（2）远程操作化。在水利工程的施工中，由于存在很多不确定因素，而且是水下工程，极容易出现事故。在职业健康安全思想的指导下，水利工程机械设备的使用上是要实现远程操作化，可以远距离通过计算机等来实现对机械设备的远程操作，机械设备在人的指令下进行水利工程建设，最大限度地保障人的职业安全。

（3）绿色环保化。机械设备的使用不可避免地会带来一些对环境的污染和损害，在水利工程中也是如此，大型的机械设备消耗的能源还特别多，这不利于可持续经济的发展。机械设备的发展是要绿色环保的，也要最大限度地降低对环境的污染，采取一定的措施对产生的污染物进行处理。还有就是节能方面，也是一个发展方向，技术的应用可以使得工作效率更高、耗能更少，需满足"碳达峰、碳中和"的大方向。

（4）功能集成化。无论是水利工程机械设备，还是其他行业的机械设备，都是朝着功能越来越多、体积越来越小的方向发展，便于适应更多的环境，适应更多的人群。这样才能在一台设备中集成各种功能，提高水利施工建设水平。

1.3 我国水利工程信息化建设

1.3.1 水利信息化建设

我国的水利信息化建设起步于"七五"时期，在经历了应用计算机技术之后终于实现了在应用现代信息技术的基础上的大规模发展。其水利信息化建设重要节点及事件如图 1.3-1 所示。

图 1.3-1 我国水利信息化建设重要节点及事件

"九五"时期发展的"金水工程"，建立了我国水文信息的基本数据，形成水情信息网；2001 年，水利部印发了《全国水利信息化规划纲要》，提出了全国水利信息化的发展思路，并在全国水利系统具体部署开展信息化规划编制工作的任务，并进一步将"金水工程"作为"十五"时期优先实施的重要业务系统启动建设。

"十一五"时期，水利信息化技术与装备的需求集中在更有效的信息采集、工程在线监控技术与集成化成套装备，多维多媒体信息的交换、存储、开发应用技术与装备，以数字模型为重点的业务应用中间件，以 GIS 为依托的水利信息空间展布与多维时空分析技术，以及知识发现与应用技术等方面。

2010 年，中共中央、国务院正式公布《关于加快水利改革发展的决定》，推进水利信息化建设，全面实施"金水工程"，加快建设国家防汛抗旱指挥和水资源管理信息系统，提高水资源调控、水利管理和高效运行的信息化水平，以水利信息化带动水利现代化。

2012 年，水利部印发了《全国水利信息化发展"十二五"规划》，从局部单一发展向整体全面推进转变、从信息技术驱动向应用需求带动转变、从信息资源分散使用向共享利用转变、从片面强调建设向建设与管理并重转变、从满足日常需求向提升综合决策支撑能力转变，紧紧围绕"十二五"水利发展与改革目标，以需求为导向，以应用促发展，全面规划、统筹兼顾、突出重点、整体推进，加强资源整合与共享利用，完善信息化工作体制与发展机制，提升水利综合决策能力，努力为解决洪涝灾害频发、水资源短缺、水污染加剧及水土流失严重等突出水问题和民生水利发展新需求提供有力支撑，以水利信息化带动水利现代化，促进水利事业的可持续发展。

"十三五"时期是水利现代化建设的关键时期，强化水安全保障，完善水利基础设施网络，加强水生态文明建设，深化水利体制机制改革，迫切需要通过充分运用现代信息技术，深入开发和广泛利用水利信息资源，实现水利信息采集、传输、存储、管理和服务的数字化、网络化与智能化，全面提升水利工作的效率和效能。一是全面推进节水型社会建设；二是改革创新水利发展体制机制；三是加快完善水利基础设施网络；四是提高城市防洪排涝和供水能力；五是进一步夯实农村水利基础；六是加强水生态治理与保护；七是优化流域区域水利发展布局；八是全面强化依法治水、科技兴水。

"十三五"期间，全面贯彻落实党中央、国务院决策部署，深入学习贯彻习近平总书记系列重要讲话精神，坚持"节水优先、空间均衡、系统治理、两手发力"治水思路，以全面提升水安全保障能力为主线，突出目标和问题导向，以落实最严格水资源管理制度、实施水资源消耗总量和强度双控行动为抓手，全面推进节水型社会建设；以全方位推动水利体制机制创新为突破口，深化水利改革、强化依法治水、加强科技兴水；以推进重大水利工程建设、增强防汛抗旱减灾和水资源配置能力为重点，加快完善水利基础设施网络；以江河流域系统整治和水生态保护修复为着力点，把山水林田湖作为一个生命共同体，大力推进水生态文明建设，为经济社会持续健康发展、如期实现全面建成小康社会目标提供更加坚实的水利支撑和保障。

2022 年，水利部印发《"十四五"水利科技创新规划》（以下简称《规划》）。《规划》系统总结了"十三五"以来水利科技创新工作取得的成效，深刻分析了面临的形势和问题，坚持目标导向、问题导向、效用导向，研究提出"十四五"水利科技创新工作的总体思路、发展目标、重点攻关领域及任务、重点工作等，是指导"十四五"时期水利科技创新工作的重要依据。《规划》明确，到"十四五"末，科技自立自强成为水利高质量发展的战略支撑，科技创新的引领和支撑作用充分发挥，理论创新、实践创新、体制机制创新、管理创新活力竞相迸发，为水利发展质量变革、效率变革、动力变革提供源源不断的牵引力和驱动力。

1.3.2　水利信息化趋势

随着物联网、大数据等新兴技术的发展，智慧水务成为推进水利现代化的突破口，利用物联网、卫星遥感、无人机、视频监控等手段，可以构建天地一体化水利监测体系，实现对水资源、河湖水域岸线、各类水利工程、水生态环境等涉水信息动态监测和全面感知。实现水利所有感知对象以及各级水行政主管部门、有关水利企事业单位的网络覆盖和互联互通。从而大幅提升水利信息化水平，建设全要素动态感知的水利监测体系；利用大数据技术，可建设高度集成的水利大数据中心，集中存储管理各要素信息、各层级数据，及时进行汇集、处理和分析，实现共享共用。上述技术的综合应用，可有效提高水利管理和决策能力、水平和效率，是当前行业大环境下水利管理部门的需求增长点。

1.3.3 数字技术助力水利现代化

"数字中国"已经上升为国家战略，水利行业要运用数字孪生等新技术，提升核心能力，提高水资源集约安全利用水平，建立水资源刚性约束制度、水旱灾害防御实现"四预"能力，数字与智慧水利已成为水利高质量发展的标志。

数字孪生与水的融合是新一代信息技术在水利的综合集成应用，是实现水利治理体系、治理能力现代化和发展行业数字经济的重要载体，是未来水利提升长期竞争力、实现可持续发展的新型基础设施，也是一个吸引高端智力资源共同参与，持续迭代更新的创新平台。

根据《关于大力推进智慧水利建设的指导意见》的要求，到 2025 年，通过建设数字孪生流域、"2＋N"水利智能业务应用体系、水利网络安全体系、智慧水利保障体系，推进水利工程智能化改造，建成七大江河数字孪生流域，在重点防洪地区实现"四预"（即预报、预警、预演、预案），在跨流域重大引调水工程、跨省重点河湖基本实现水资源管理与调配"四预"，N 项业务应用水平明显提升，建成智慧水利体系 1.0 版。智慧水利建设技术框图如图 1.3－2 所示。

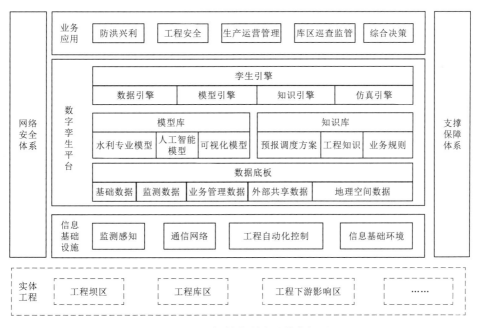

图 1.3－2　智慧水利建设技术框图

1.4　我国水利工程信息化发展及存在问题

1.4.1　信息化取得的主要应用成效

我国水利行业经过多年的建设，信息化意识及水平有了显著提高。无论是在政府层面还是在施工企业和项目管理层面，信息化均得到了显著的成效，发挥了重要的作用，主要体现如下：

（1）信息化促进了监管服务水平的提升。随着通信和计算机技术的迅速发展，全国水利系统已实现了从水情、雨情、地下水资源、流域水资源等信息的采集、传输、接收、处理、监视到洪灾、旱灾等预测预报，建立了全国水利文献数据库、国家水文信息数据库、水利空间数据库、中国防洪工程数据库等全国性数据管理平台，已连接全国重点防洪省份和流域机构的水文部门，实现了国家、部委、省份、地区、流域等在内的防汛抗旱指挥决策平台。

利用信息化手段，基于水利自身的社会资源与公信力，水利行业主管部门通过对这些公共信息资源的整合建立了行业数据库和信息服务平台，在提升办事效率的同时规范了市场行为，减少了人为干预，提升了服务质量，同时有效地降低了政务成本。

（2）信息化促进了施工管理水平的提升。随着信息化建设的逐步深入，信息化建设已经成为施工企业发展战略的重要组成部分。信息化建设与应用促进了施工企业工作流程标准化，为企业创建了规范、协同的工作环境，打破了"部门壁垒、管理层级、地域界限"。通过在总部、分子公司和项目部之间上下沟通和协作的困难。企业内部可快速、实时、高效地进行信息共享，从而提高企业的风险控制能力和决策水平，提升了企业开源和节流的能力。信息化系统在运行过程中形成的信息和数据最终将形成企业知识库，这些知识资源又可以在企业新项目中复用，进一步促进企业的持续改进与提升。

（3）信息化促进了施工技术水平的提升。随着社会的信息化水平的迅速发展，水利工程逐步进入数字化管理模式，相应的管理系统陆续出台，为水利工程建设实现信息化管理，提供良好的先决条件。项目信息管理主要工程项目包括工程质量的控制、工程成本的控制、工期的控制及安全生产的管理、施工技术的管理、数据信息的管理、工程合同的管理、材料设备管理等，严格控制施工期间的投入，合理规划管理制度。项目信息管理控制必须围绕人性化管理，使水利工程关键科学问题得以解决，施工工期得以缩短，经济效益得以保障。现阶段，我国一些水利工程建设的过程监控采用传感器采集信息，实现水利工程建设的全过程控制。部分施工单位利用 BIM＋GIS 技术，感知、传输、整编、分析、评价、预警、预测与反馈全链条管控，实现"人-机-料-法-环"五位一体，实现水利工程项目智能化、精细化、网格化管控，有效提高工程施工质量与效率。

1.4.2　信息化存在的主要问题

我国水利行业信息化建设在取得成效的同时，也遇到了一些问题和困惑，主要体现如下（图 1.4-1）：

（1）施工项目现场信息化程度较低。工程项目管理业务是施工行业的核心业务，可以说项目管理水平的好坏决定了企业发展的好坏，决定了行业发展的水平。工地现场作为开展项目管理和生产活动的主要场所，其信息化应用的落地就显得尤为重要，施工项目现场信息化的水平和应用程度的好坏也影响了施工企业整体信息化的效果。而施工项

图 1.4-1　我国信息化建设存在的主要问题

目现场的作业环境复杂、协作方多、人员的工作移动性强等问题制约了信息化的应用，缺少有效的信息化手段来支撑项目现场的作业要求。如有的项目现场实现了土石方开挖智能管理，缺少操作手、监理、设计的协同；有的项目现场实现了大坝填筑精细化管控，缺少坝料含水率、坝料级配、填筑质量动态评价的数据支撑；有的项目现场实现了工程质量"三检"信息化管理，缺少现场网络信号、签名合法性、流程审批烦琐等客观条件；有的项目现场实现了工程建设信息管理平台，缺少基础数据感知、多部门协同、人员流动等基础支撑。

（2）信息孤岛和信息割裂现象存在。在信息化建设过程中，很多施工企业由于缺乏整体性和集成性的规划，各信息系统的建设仍然存在相互孤立和自成体系的情况。虽然在各个"信息孤岛"内部，信息能够共享、存储和交互，但在"孤岛"之间容易形成信息断层，产生信息不对称的现象，尤其在项目各阶段、各专业间以及总包与分包等各组织间的信息孤岛与割裂的问题更是普遍。如有的项目现场原材料检测数据不能与质量"三检"挂钩、坝料含水率不能与碾压质量评价挂钩、设备物资采购不能与现场施工紧迫程度挂钩、大坝填筑进度不能与整体形象面貌挂钩、拌和站车辆不能与现场混凝土浇筑仓位挂钩等。

（3）水利工程信息化标准滞后。水利信息化建设涉及多项学科的众多专业，确立一套系统化、标准化的水利信息化标准对于我国的水利信息化建设的发展至关重要。各自业务信息化系统较多，平台协同管理较少，尚未形成一套从数据采集标准、模块接口标准、数据格式标准、业务管理标准、模型管理标准等较为统一的标准体系，出现了工程管理部门的信息系统搭接不到质量管理部门的信息系统中，项目管理部门的信息系统搭接不到分公司、总公司相应管理部门的信息系统中，设计单位的信息系统搭接不到施工业主管理、监督管理部门的信息系统中等。

（4）水利信息化人才匮乏。水利信息化专业人才是推动水利信息化工程深入开展的中坚力量，因此，要想实现水利信息化工程的发展，必须要投入大量水利信息化工程的专业人才。但我国的水利信息化建设过程中，缺乏具有专业知识和优秀素质的"复合型"水利信息化建设人才，这对我国的水利信息化建设深入发展造成了极大的困扰。水利信息化专业人才必须要同时具备并熟悉掌握水利、计算机、信息化、测绘等各方面的专业知识，但我国水利建设单位并没有考虑到水利信息化建设工程的这一需求，并不注重培养水利信息化专业的"复合型"人才，同时也缺失一个专业的水利信息化人才培养方案和培养机制，这就造成了在岗职员专业能力欠缺，专业技术人员不愿从事水利信息化工程的尴尬局面。

1.4.3　信息化建设的机遇和挑战

2022 年以来，水利部先后出台《数字孪生流域建设技术大纲（试行）》《数字孪生水网建设技术导则（试行）》《数字孪生水利工程建设技术导则（试行）》《水利业务"四预"基本技术要求（试行）》《数字孪生流域共建共享管理办法（试行）》等系列文件，主要包括建设数字孪生平台、信息化基础设施、水利智能业务应用以及网络安全体系等四部分内容。

（1）数字孪生平台。

1）数据底板。水利部本级建设覆盖全国的 L1 级数据底板，主要包括全国陆域范围的 30m 空间分辨率的数字高程模型（DEM）、2m 空间分辨率的数字正射影像图（DOM）、30m 空间分辨率的流域下垫面地表覆盖数据以及局部重点区域数字表面模型（DSM）。流域管理机构和省级水行政主管部门建设覆盖大江大河大湖及其主要支流江河流域重点区域的 L2 数据底板，长度约 5 万 km，面积约 18 万 km^2。此外，水利部本级制定统一的水利数据模型和水利网格模型，并与各流域管理机构和省级水行政主管部门协同建设数据引擎。

2）模型平台。水利部本级组织各流域管理机构共同建设水文、水力学、泥沙动力学、水资源、水土保持、水生态、水利工程安全等七大类水利专业通用模型，各流域管理机构和省级水行政主管部门根据具体需要建设流域特色模型；水利部本级建设遥感识别、视频识别、语音识别等三类智能识别模型，以及自然背景、流场动态、水利工程、机电设备等四类可视化模型。水利部本级与各流域管理机构和省级水行政主管部门协同建设模拟仿真引擎。

3）知识平台。水利部本级建设通用知识库和水利知识引擎，各流域管理机构和省级水行政主管部门根据需要定制扩展具有流域特色的水利知识库和水利知识引擎，并实现服务调用和共享交换。水利部本级编制水利知识库建设标准规范以及全国 65 条主要河流323 个重要断面的预报方案库、水利对象关联关系图谱等知识库。流域管理机构建设约 40场次历史大洪水场景库以及预警规则库、调度预案库等知识库。

（2）信息化基础设施。

1）水利感知网。水利部本级建设感知数据汇集平台、视频级联集控平台和水利遥感服务平台，并牵头开展陆地水资源卫星工程项目建设。各流域管理机构和省级水行政主管部门建设流域、区域感知数据汇集平台，扩展定制视频级联集控平台流域节点、区域节点和水利遥感服务平台流域节点、区域节点，升级改造各类监测站，并装备无人机、无人船等。

2）水利信息网。水利部本级、各流域管理机构和省级水行政主管部门优化调整网络结构，推进 IPv6 规模部署和应用，扩大互联网带宽。此外，水利部本级建设北斗水利短报文服务平台，升级水利卫星通信网。各流域管理机构和省级水行政主管部门组织有关单位建设水利工程工控网等。

3）水利云。建设一级水利云水利部本级节点和 7 个流域管理机构节点，其中水利部本级节点包括 500 台基础计算服务器资源、100PB 存储资源、300 台高性能计算服务器资源、30 台人工智能并行计算服务器资源；各流域管理机构节点共包括 540 台基础计算服务器资源、32PB 存储资源、70 台高性能计算服务器资源、45 台人工智能并行计算服务器资源；省级水行政主管部门依托政务云、自建云等建设二级水利云。

（3）水利智能业务应用。

1）流域防洪。水利部本级、各流域管理机构和省级水行政主管部门在国家防汛抗旱指挥系统工程、中小河流水文监测预警系统、山洪灾害防治等项目建设成果基础上，基于数字孪生平台，搭建"1＋7＋32"的流域防洪"四预"业务平台。

2）水资源管理与调配。水利部本级基于数字孪生平台，整合国家水资源信息管理系统、国家地下水监测工程建设成果等，对接省级水资源管理与调配系统，扩展水资源调配"四预"等功能，搭建国家水资源管理与调配系统。各流域管理机构和省级水行政主管部门在此基础上结合流域特点整合相关系统、扩展功能、接入数据，搭建流域和区域水资源管理与调配系统。

3）N 项业务。水利部本级在已有信息系统基础上，结合国家水利综合监管平台，整合升级改造水利工程建设与运行管理、河湖管理、水土保持、农村水利水电、节水管理与服务、南水北调工程管理、水行政执法、水利监督、水文管理、水利行政、水利公共服务等业务应用。各流域管理机构和省级水行政主管部门在国家水利综合监管平台基础上，结合流域和区域业务特点整合相关系统、扩展功能、接入数据，搭建流域、区域 N 项业务系统。

（4）网络安全体系。水利部本级在网络安全防护体系建设基础上，强化数据安全防护，进一步加强重要数据保护和地理空间数据安全使用；建立健全水利行业关键信息基础设施网络安全监测预警制度，建设水利关键信息基础设施安全保护平台。各流域管理机构和省级水行政主管部门在现有安全体系建设基础上，提升纵深防御、监测预警、应急响应等网络安全防护能力，重点保护水利关键信息基础设施。

1.5　BIM 技术对水利信息化发展的促进和支撑

1.5.1　数字孪生方兴未艾

数字孪生流域建设涉及上下游、左右岸、干支流及地表地下，量大、面广，单靠一个单位是无法完成的，必须推进共建共享。

以流域为单元、空间为边界、制度标准为依据，水利部本级、流域管理机构、省级水行政主管部门的三级数字孪生平台建设为依托，数字孪生流域资源共享平台为抓手，打牢数据底板共建共享重点，突破模型平台共建共享难点，开展知识平台共建共享试点，兼顾算力资源共建共享，构建整体谋划、协同推进的整合集约共建机制，完善统一标准、联通共融的高效可控共享机制，推进数据、模型、知识、算力等资源共建共享。

构建全国统一的数字孪生流域资源共享平台，制定统一的数据、模型、知识等资源服务封装、接口调用、运行监控、质量评估、异常反馈等标准，开发注册、维护、下载、调用、监控、运营以及用户、权限、评估等功能，逐步支持水利行业内外用户实现算据、算法、算力等资源的共建共享。

数据底板方面，水利部本级、流域管理机构和省级水行政主管部门按照统一的水利数据模型标准构建数据引擎，按照各自共享清单将数据资源注册到数字孪生流域资源共享平台并负责维护，用户可通过数据引擎绑定服务接口或下载一次性数据资源产品集等方式实现数据调用。

模型平台方面，水利部本级、流域管理机构和省级水行政主管部门按照兼容性要求构建模拟仿真引擎，按照各自共享清单将模型资源注册到数字孪生流域资源共享平台并负责维护，用户可下载模型映像到本地或采用在线调用模型服务接口等方式实现模型调用。

知识平台方面，水利部本级组织各流域管理机构和省级水行政主管部门构建统一的水利知识引擎，按照各自共享清单将知识资源注册到数字孪生流域资源共享平台并负责维护，用户可采用知识引擎绑定服务接口等方式实现在线调用。

1.5.2　BIM 技术引领发展

智慧水利建设体系庞大、任务繁重、时间紧迫，需要按照顶层设计和相关技术文件要求，总体谋划、科学组织、多方协同、合力推进。其中数字孪生流域建设是一项技术难度大、实施复杂的系统工程，需要进行技术攻关和试点建设。

以数字孪生流域建设为主线，以数字孪生水利工程建设为切入点和突破口，以实现水利业务"四预"功能为目的，在大江大河重点河段、主要支流及重要水利工程开展数字孪生流域建设先行先试，示范引领数字孪生流域建设有力有序有效推进，加快构建智慧水利体系。

开展数字孪生流域建设，着重解决水利行业数据资源体系不完备、基础设施配套不完善、网络安全风险高、数据分析和支撑能力弱、保障体系不健全等突出问题，打通内部数据孤岛，释放数据价值，提升水利信息化资源共享、数据服务能力、分析计算、决策支撑、智能应用和可视化表达能力，提升水治理体系和治理能力现代化，非常必要和迫切。

BIM 技术应用可以为数字孪生、智慧流域建设提供及时、有效和真实的数据支撑。BIM 模型提供了一个贯穿项目始终的数据库，实现了项目全生命周期数据的集成和整合。BIM 技术是引领水利信息化走向更高层次的一种新技术，它的全面应用将为水利工程行业的科技进步产生无法估量的影响，大大提高水利工程的集成化程度。同时，也为水利工程施工行业的发展带来巨大的效益，使规划、设计、施工乃至整个工程的质量和效率显著提高，降低成本，减少返工，减少浪费，促进了项目的精益管理，加快了水利施工行业的发展步伐。

第 2 章　BIM 技 术 与 应 用

2.1　BIM 技术的诞生与发展

　　BIM 理念最早是由"BIM 之父"美国科学家 Chuck Eastman 于 1974 年提出的，当时的概念为"Building Description System"，即在考虑建设属性的基础上，利用信息技术对图形文件进行编辑和元素组成的处理，并进一步指出对建设的不同属性进行功能排序的发展方向。之后十余年，由一群匈牙利建筑师与数学家共同创建的 Graphisoft 公司提出了虚拟建设模型（Virtual Building Model，VBM）概念，并率先展开了关于 BIM 技术的商业研究与技术推广，很快便发布了命名为 ArchiCAD 的商业软件，以便让更多的企业进入到 BIM 的研究领域。

　　1992 年，欧洲学者 G. A. van Nederveen 和 F. P. Tolman 首次提出了关于 BIM 概念的正式命名——Building Information Modeling，并沿用至今，其内含是要项目参与者整合各层面、各视角的信息，以满足各专业和各功能提取信息的需要。进入 20 世纪初，大量软件开发商介入到 BIM 技术的研究中，BIM 的研究在建设领域迅速展开（图 2.1-1）。发展至今，BIM 已在全球范围内得到了众多领域的广泛认可，被誉为当下及未来建筑业发展与变革的革命性力量。

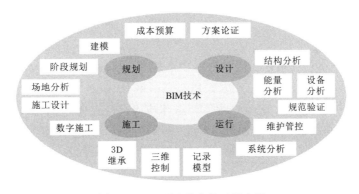

图 2.1-1　BIM 技术的工程应用

　　在 BIM 理念及其技术的发展过程中，全球各个机构、组织、学者提出了众多的定义，目前被广泛认可与接受的是由美国国家建设科学研究院（National Institute of Building Science，NIBS）下属的美国国家 BIM 标准委员会（United States National Building Information Modeling Standard Committee）提出的，即 BIM 是创建与管理设施物理与功能特性的数字化表达的过程，作为一种关于设施的共享知识资源，自设施概念阶段起，为设施全生命周期的决策制定提供可靠的信息支持。〔原文为：Building Information Modeling（BIM）is a digital representation of physical and functional characteristics of a facility. As such，it serves as a shared knowledge resource for information about a facility，forming a reliable basis for decisions during its life cycle from inception onward.〕这一定义包含三大特征：①设施物理和功能特性的数字表达，既包括几何、空间、量等物理信息，还包括空间的能耗信息、设备的使用说明等功能性信息；②关于设施信息的共享知识资源，可以在不同专业、不同利益方等之间进行无损传递与共享；③可以为该设施从概念到拆除的全生命周期中的所有决策提供可靠的依据与信息。

2.1.1　BIM 技术发展

美国是最早研究 BIM 技术的国家，但是伴随着全球建设业信息化的快速发展，BIM 技术已经迅速扩展到了世界的各个国家。其中在美洲，BIM 技术应用最为广泛的国家是加拿大和美国。

就 BIM 技术实用性而言，欧洲的挪威、芬兰、英国等国家则更为领先，在亚洲，日本、新加坡和韩国对 BIM 技术的应用水准较高，BIM 技术以及广泛应用于大型建设项目的策划、设计、招投标、施工、运营维护和改造升级等阶段，实现了 BIM 技术应用的突破。在中国，相应的 BIM 技术应用推广政策和标准相继出炉，为了积极响应国家号召，顺应建设业发展趋势，北京、上海、广东、山东等省（直辖市）已经开始大力推进 BIM 技术试点工作，其中上海迪士尼度假区、上海中心大厦，北京副中心、北京新机场等大型项目均采用 BIM 技术开展了设计和施工阶段深入应用，技术应用和管理水平都处在全国领先水平。这些成功运用 BIM 技术的建设项目为我国探索 BIM 技术在建设项目中的工作流程、实施组织和管理模式等总结了经验与教训，为 BIM 技术在中国的快速应用与发展做出了突出贡献。

2.1.2　BIM 软件发展

BIM 技术在工程建设领域的应用离不开 BIM 软件。目前主流的 BIM 设计软件开发公司包括 Autodesk、Bentley、Graphisoft 以及 Progman 和 Dassault 等。Revit 系列软件由美国 Autodesk 公司于 2002 年发布，是专门为 BIM 技术应用所打造的软件，该软件支持开放的数据标准（如 IFC），使用面向对象的方法，方便用户直接进行 3D 模型设计。AECO sim Building Designer 软件于 2004 年问世，是 Bentley 公司结合建设、结构、管线、机电等多个领域，专用于跨领域建设设计、分析和模拟，能够提供完整且稳定的 BIM 解决方案。ArchiCAD 是由 Graphisoft 公司开发的软件，是世界上最早的 BIM 设计软件工具，其概念为面向对象组成 3D 模型的软件。芬兰 Progman 公司开发的 MagiCAD、Tekla Corp 公司的 Tekla Structures、法国 Dassault 公司的 CATIA 软件为用户提供了建设设备专业设计、钢结构详图设计、曲面精细化设计等设计服务。目前在国内 BIM 软件市场上，仍然以 Autodesk、Bentley、Graphisoft、Tekla 设计 BIM 软件为主（图 2.1-2）。

国内 BIM 软件厂商主要在施工和建设 BIM 软件进行应用研发，代表性的 BIM 研发企业有鲁班、广联达、鸿业、品茗等 BIM 软件厂商，我国 BIM 软件仍然处于施工和建设应用阶段的研发，还不具有完全自主知识产权的 BIM 核心建模软件。

2.1.3　BIM 标准编制

BIM 标准对 BIM 建模技术、协同平台、IT 工具以及系统优化方法都提出统一的规范要求，能够使跨阶段、跨专业的信息传递更加有效率，也为建设全生命周期中的 BIM 应用提供更有效的保证。BIM 标准的制定已经成为 BIM 应用国家的共识，国内现行 BIM 标准尚存在诸多方面需要完善，与欧美国家对 BIM 标准的普遍研究存在较大差距。如《BIM 信息交付手册》（ISO 29481-1）、《BIM 指南提供框架》（ISO/DTS 12911）等国际 BIM 标准，美国 BIM 标准第三版（NBIMS-US V3），英

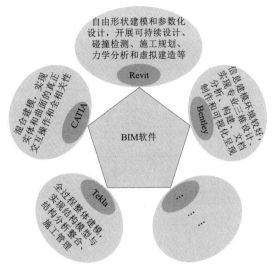

图 2.1-2　BIM 主流软件及其优势

国 BIM 标准 BIM2050 Group、BIM Level 3 战略计划等，日本 BIM 指南，新加坡 BIM 指南等。建立 BIM 标准体系需解决的关键问题是 BIM 基础标准和 BIM 应用标准。BIM 基础标准是对所需要交换信息的格式规范、对所交换信息的准确定义及对信息交换过程的描述，是面向技术应用的软件开发人员；而 BIM 应用标准是对资源需求的标准表达、行为规范及应用指南、交付内容及规范，面向应用实施的技术管理人员。

BIM 技术运用关键的一部分就是在于信息数据的保存与交换，目前国际上关于这方面设定的标准主要有两种：一种是由相关的行业协会如 ISO 等通过协商讨论发布适用于该行业内的通用数据标准，另一种则是通过参考行业发展水平，由国家相关部门制定相应的标准。在 BIM 信息共享领域有三大行业标准，IFC（Industry Foundation Classes）作为存储标准提供了标准的数据格式，IDM（Information Delivery Manual）作为传输标准提供了常用的引用规则，IFD（International Framework for Dictionaries）作为表述标准提供了统一的编码条件，三者的协同配合完善了 BIM 技术的信息交互使用。BIM 标准采用四层架构（图 2.1-3），领域层主要是对各个专业领域进行定义，将与该领域相关的信息集成管理；共享层在领域层的基础上可以使各领域之间信息能够交互，进行更深入的模型细化与深化使用，该层对象具有通用性；核心层主要作用是对资源层已有信息进行扩展运用，提供基础的结构框架与共用概念；资源层主要包含了整个项目的基础信息，所含有的资源信息可以进行重复使用。由此也可以发现，领域层属于顶级层级概念，可以引用其他层级所有的信息内容，然而下级层不能使用上层级的数据。

2.1.4　工程建设 BIM 平台

基于 BIM 技术的工程管理平台主要是运用 BIM 技术，以工程项目管理为依托，对工程建设项目实现生命周期管理 BLM（Building Lifecycle Management），即从建设项目的规划、设计，到项目的施工、运营的整个过程，采用信息化的方式创建、管理、共享所建

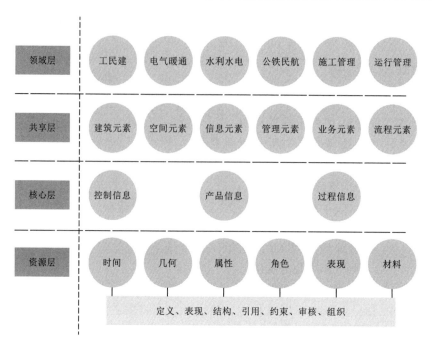

图 2.1-3　BIM 标准层次架构

造的全部信息。1996 年，美国斯坦福大学成功研制出 CIFE 4D-CAD 系统，形成 PM4D（Product Model and Fourth Dimension）系统；Juan 分析了基于云计算和开放式 Web 环境，结合主流的 BIM 标准 IFC 和 IDM，提出了一种创新的基于云的建设信息交互框架；Tolmer 等详细论述了 BIM 细节等级 LOD（A Level Of Detail）对模型精度的影响，提出了一种确定 BIM 细节等级的方法，并在此基础上建立 BIM 模型。近几年，国内学者围绕工程全生命周期对基于 BIM 技术的工程建设平台也开展了大量的研究。在框架模型方面，赵毅立建立基于 BIM 建设节能设计软件的总体框架模型；姜韶华等提出了基于 BIM 建设全生命周期管理体系框架；潘怡冰等提出基于 BIM 的大型项目群管理信息模型；赵彬等研究了基于 BIM 的虚拟构造技术；何清华等对 BIM 与云平台的结合进行了研究；刘晓光构建了基于 BIM 的工程信息管理体系与架构，研究了三维几何建模、模型转换、信息提取集成等关键技术；张建平探讨根据工程施工应用需求，设计开发了 BIM-4D 平台。

2.1.5　云计算技术

云计算的思想可追溯到 1961 年，John McCarthy 预言"未来的计算资源能像公共设施（如水、电）一样被使用"。

随着计算机网络的发展，计算机终端设备的计算能力逐渐无法适应当今的需求，迫使互联网的结构进行改变，即计算能力从个人终端向服务器端靠拢，并且随着全球互联网的进一步发展，计算服务产生了网络化、可扩展和按需服务的需求，学术界和工业界陆续提出了并行计算（Parallel Computing）、分布式计算（Distributed Computing）、网格计算（Grid Computing）、透明计算（Transparent Computing）、效用计算（Utility Computing）等技术，而云计算正是从这些技术发展而来，是一种通过网络以服务的方式提供动态可伸缩的虚拟化的资源的计算模式。

2006 年以来，Google（谷歌）、Amazon（亚马逊）、IBM（国际商业机器公司）、Microsoft（微软）等公司相继启动了"云计算"计划，并得到了工业界和学术界的广泛关注。比较知名的商用云计算产品和技术包括 Google 的云计算三大关键技术：Google 文件系统 GFS、分布式计算编程模型 MapReduce 和分布式结构化数据表 Bigtable，Amazon 的弹性云计算 EC2，IBM 的"蓝云（Blue Cloud）"计算平台，微软的云计算开发平台 Windows Azure 和开源的 Apache Hadoop 分布式云计算平台。

在学术界，对云计算的研究集中在系统架构、支撑平台、性能优化、云测试、云仿真、节能、数据管理和网络安全等方面。加州大学圣巴巴拉分校开发的开源云平台 Eucalyptus 为云计算的研究和发展提供了开源的基础云平台。斯坦福大学研究基于多核的 MepReduce 编程框架，以提高并行处理能力。清华大学计算系研发了透明计算平台，支持用户根据需求通过连通在网络上的各种设备选取相应的服务。罗军舟等提出了包括 SaaS（software as a service）、PaaS（platform as a service）、IaaS（infrastructure as a service）和云管理 4 个层次的云计算架构，涉及并行处理、虚拟化、分布式存储、资源管理和安全管理等关键技术。张桂刚等提出了基于云计算环境的管理和应用海量数据的完整框架。云计算的应用领域已经从基于互联网的大规模服务向物理学、生物科学、空间科学、数据科学等尖端科学研究领域，提供高性能的计算和大数据的处理。

云计算从部署方式上看，可以分为公有云、私有云和混合云三种体系，不同类型的云计算体系，具有不同的访问策略和服务目标用户。公有云指的是面向公众提供的云服务。公有云的软、硬件是由服务提供商拥有并管理的，使用公有云服务的用户无须购买。私有云（内部云）面向内部用户，通过内部网络获得和使用服务，私有云克服了公有云的一些局限性，如由于数据存储在提供商的数据中心导致的安全性问题、由于系统庞大导致的稳定性问题、由网络带来的访问性能问题等。在现有网络条件下，私有云的使用体验较好，安全性较高，但也存在可扩展性受限和单一用户成本较高的劣势。混合云使用私有云作为基础，同时结合了公有云的服务策略。

从服务模式上区分，云计算包含三类典型的服务模式（图 2.1 - 4）：基础设施服务（IaaS）、平台服务（PaaS）和软件服务（SaaS）。IaaS 主要指基于传统 IT 基础设施之上提供的服务，包括计算服务、存储服务和网络服务。IaaS 是一种托管型硬件服务方式，客户付费使用服务商提供的硬件设施，其优点是客户可以按需租用计算和存储，极大地降低硬件开销；PaaS 模式下，服务的提供商将分布式开发环境与平台作为一种服务来提供，用户在平台上开发自己的应用程序；而 SaaS 的服务模式下，服务的提供商将应用软件部署在云计算平台上，客户按需订购即可随时随地使用软件。

IaaS、PaaS、SaaS 都是在云计算基础架构上提供的服务，都利用了云计算基础架构提供的基础资源能力，不同的服务只是在基础架构上叠加了不同的实现部件而已，具有不同的实现内容和交付方式。对服务模式进行分析后，可以看出三种服务方式有如下特征：SaaS、PaaS、IaaS 灵活性依次增强，而方便性依次减弱。因为用户可控的底层资源逐渐

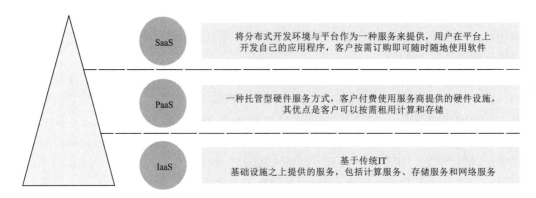

图 2.1-4　云计算的服务模式

增加，可以根据自身需求进行更多的服务选择。

　　近年来，伴随着信息技术领域的一系列技术突破，云计算技术同样开始被应用于工程建设领域，与工程建设领域新兴的 BIM 技术结合，在 BIM 中应用云计算技术，可以从较为低廉的成本投入中获得更高性能的服务，预期拥有极大的发展前景。虽然数量还比较少，但已出现一些将云计算技术与 BIM 技术相结合的研究探索。Redmond 等调研使用基于云计算的集成平台应用 BIM 的需求和前景等问题，并讨论了如何使用云-BIM 进行信息的交换；Jiao 等应用云计算技术开发了集成社交网络服务的 BIM 信息系统；何清华等提出了云计算的 BIM 实施框架；Cheng 等也提出了一种应用云技术的支持部分数据提取和更新的 BIM 数据服务架构。总体而言，将云计算技术与 BIM 技术相结合的云-BIM 领域的研究已经起步，其探索涉及 BIM 技术的各个方面，但是在支持多参与方数据共享，体现 BIM 的整体应用价值方面，现研究多以概念框架为主，鲜有能够支持建设全生命信息共享的集成化的整套解决方案。一般的商业云-BIM 应用多为公有云的形式，即云-BIM 服务的提供商提供包括硬件设施、网络环境、软件平台和专业应用软件在内的全套服务，无法实现基于数据模型的对象级别的数据交换，还没有基于云计算技术的处理数据模型的 BIM 服务器产品；另外，公有云的数据存储方式属于集中式存储，不可避免地带来工程项目多参与方数据所有权、权责等不明确的问题。

2.2　BIM 及其建模技术

2.2.1　BIM 的概念及含义

　　建设信息模型（BIM）能够有效地辅助建设工程领域的信息集成、交互及协同工作，是实现建设生命期管理（BLM）的关键。术语 BIM 的出现是为了区分下一代的信息技术（Information Technology，IT）和计算机辅助设计（Computer-Aided Design，CAD）与侧重于绘图的传统的计算机辅助绘图（Computer-Aided Drafting and Design，CADD）技术。目前业内对 BIM 没有一个统一的定义。

　　在广义层面上 Bilal Succar 指出 BIM 是相互交互的政策、过程和技术的集合，从而形成一种面向建设项目生命期的建设设计和项目数据的管理方法。Bilal Succar 强调了 BIM 是政策、过程和技术三方面共同作用的结果，BIM 的最终实现离不开这三个方面。

　　从狭义层面，美国国家标准技术研究院对 BIM 作出了如下定义：BIM 是以三维数字技术为基础，集成了建设工程项目各种相关信息的工程数据模型，BIM 是对工程项目设施实体与功能特性的数字化表达。美国国家 BIM 标准（National Building Information Model Standard，NBIMS）则将这些技术特性细化为 11 个方面，包括富语义特性、面向生命期、基于网络的实现、几何信息的存储、信息的精确性、可交互性（IFC 支持）等。需要指出的是可交互性是指信息的可计算和可运算需要在开放的工业标准下，而建设工程领域普遍接受和应用的 BIM 数据标准化的标准便是由国际协同工作联盟制定的 IFC 标准。

2.2.2　BIM 的特性

　　BIM 所包含的特性有可观察性、可分析性、可共享性和可管理性（图 2.2 - 1），具体表现如下：

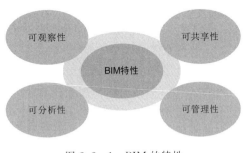

图 2.2 - 1　BIM 的特性

　　（1）BIM 是将项目中事物的物理特性和功能特性进行数字化表达，能够完整表现出一个工程项目的实际情况，通过所创建的三维数据信息模型，不仅包含了建设物相关的形状、材质等数据信息，还可以结合开放式数据标准对信息进行相应的存储、运用。

　　（2）BIM 可以提供一个共享信息数据资源的平台，可以存储建设全生命周期中产生的各类信息。基于这个特性所带来的便利条件，一个项目建设从规划设计开始到施工、运维等阶段，都可以保证相关人员的实施有效沟通，信息数据具有连续性、实时性及一致性，促进了工程项目的可持续良性发展。

　　（3）BIM 在数字管理与协同工作之中应用更为适合，它可以创建一个集成管理平台，作用于项目全生命周期，提高整个项目的工作效率与安全性，还能创造出不少的经济效益。

　　（4）BIM 技术的核心就是信息化处理，要提高信息化管理水平就需要结合使用相应的软件。在工程项目的不同阶段，各个参与方通过 BIM 平台实现对模型信息的提取使用、修复更新及变更完善，解决了传统模式中各个阶段参与部门无法实时有效沟通的问题，协同效率的提升加快了设计、建造和运行的速度。

　　一个完善的信息模型，能够连接建设项目生命期不同阶段的数据、过程和资源，是对工程对象的完整描述，可被建设项目各参与方普遍使用。BIM 具有单一工程数据源，可解决分布式、异构工程数据之间的一致性和全局共享问题，支持建设项目生命期中动态的工程信息创建、管理和共享。BIM 模型信息一般具有以下特征：

　　1）模型信息的完备性。除了对工程对象进行 3D 几何信息和拓扑关系的描述，还包括完整的工程信息描述，如对象名称、结构类型、建设材料、工程性能等设计信息；施工工序、进度、成本、质量以及人力、机械、材料资源等施工信息；工程安全性能、材料耐久性能等维护信息；对象之间的工程逻辑关系等。

2）模型信息的关联性。信息模型中的对象是可识别且相互关联的，系统能够对模型的信息进行统计和分析，并生成相应的图形和文档。如果模型中的某个对象发生变化，与之关联的所有对象都会随之更新，以保持模型的完整性和健壮性。

3）模型信息的一致性。在建设生命期的不同阶段模型信息是一致的，同一信息无须重复输入。而且信息模型能够自动演化，模型对象在不同阶段可以简单地进行修改和扩展，而无须重新创建，从而减少了信息不一致的错误。

2.2.3　BIM 信息的创建

建设工程项目的实施过程具有高度复杂、规模庞大的特点，涉及业主、咨询、设计、施工、运营等众多参与方，所产生的 BIM 数据结构复杂、格式各异，不同阶段对于数据的应用需求也不尽相同。因此，在建设生命期如何创建 BIM 信息，由谁来创建是困扰 BIM 实现的技术途径问题，而如何解决 BIM 数据的存储和分布异构数据的共享，是建立 BIM 的关键技术问题。BIM 信息化管理主要体现在对 BIM 信息的创建、管理、共享。其中存在的主要困难体现在以下方面：

（1）BIM 信息的创建需要由专业软件系统实现，而目前基于 BIM 的专业软件主要集中在设计阶段，例如 Revit Building、ArchiCAD 等。其他工程阶段仍缺少足够的专业软件支撑。

（2）BIM 信息的存储是实现 BIM 信息化管理的前提。基于 IFC 建立的中央数据存储，允许由分布式的、异构的应用系统访问和修改，从而实现数据集成，是目前 BIM 信息存储的主要方式。而目前尚缺少成熟的 BIM 集中存储的解决方案。

（3）对于 BIM 信息的共享和集成尚缺少有效的方式。目前主流的 CAD 厂商开发了 BIM 系列软件，例如 Autodesk 公司的 Revit 系列软件包括 Revit Building、Revit Structure、Revit MEP。这些系统之间可以通过文件进行数据共享与集成。然而，这些系统却不能够支持面向建设全生命周期的、分布式异构系统之间的信息共享与集成。

其基本思路是随着工程项目的进展和需要分阶段创建 BIM 信息，即从项目规划到设计、施工、运营不同阶段，针对不同的应用建立相应的子模型数据。各子信息模型能够自动演化，可以通过对上一阶段模型数据的提取、扩展和集成，形成本阶段信息模型，也可针对某一应用集成模型数据，生成应用子模型，随着工程进展最终形成面向建设生命期的完整信息模型。BIM 信息的创建贯穿于建设工程的全生命周期（见图 2.2-2），是对建设生命周期工程数据的积累、扩展、集成和应用过程，是为建设生命期信息管理而服务的。

由规划阶段到设计阶段到施工阶段再到运营阶段，工程信息逐步集成，最终形成完整描述建设生命周期的工程信息集合。每个阶段以及每个阶段中软件系统根据自身的信息交换需求，定义该阶段和面向特定应用的信息交换子模型。应用系统通过提取和集成子模型实现数据的集成与共享。例如规划阶段主要产生各种文档数据，这些数据以文件的形式进行存储。设计阶段则根据规划阶段的信息进行建设设计、结构设计、给排水设计、暖通设计，产生大量的几何数据，且建设与结构专业、建设与给排水专业、建设与暖通专业之间

BIM全生命周期应用			
规划阶段	设计阶段	施工阶段	运行阶段
产生各种文档数据，这些数据以文件的形式进行存储	根据规划阶段的信息进行建设设计，产生大量的几何数据，且专业之间存在着数据协同访问的需求	根据需求提取规划和设计阶段的部分信息，供施工阶段的应用软件使用，例如4D、5D施工管理、成本概算分析等	集成了规划阶段、设计阶段、施工阶段的工程信息，供运营维护应用系统调用、整编、分析、预测、预警、评估、管理等

图 2.2-2　BIM 信息全生命周期应用

存在着数据协同访问的需求。这些需求通过不同的子信息模型与整体 BIM 模型进行交互与共享。施工阶段则可以根据需求提取规划和设计阶段的部分信息，供施工阶段的应用软件使用，例如 4D 施工管理、成本概算分析等。这些应用软件会产生新的信息并集成到整体 BIM 模型中。到运营维护阶段，BIM 模型集成了规划阶段、设计阶段、施工阶段的工程信息，供运营维护应用系统调用，例如基于 BIM 的应用系统可以通过子模型方便地提取建设构件信息、房屋空间信息、建设设备信息等。由于 BIM 的应用使得各阶段的工程信息得以集成和保存，从而解决信息流失和信息断层等问题。

2.2.4　BIM 建模技术

BIM 可以支持建设生命期的信息管理，使信息能够得到有效的组织和追踪，保证信息从一阶段传递到另一阶段不会发生信息流失，减少信息歧义和不一致。要实现这一目标，需要建立一个面向建设生命期的 BIM 信息集成平台及其 BIM 数据的保存、跟踪和扩充机制，对项目各阶段相关的工程信息进行有机的集成（图 2.2-3）。

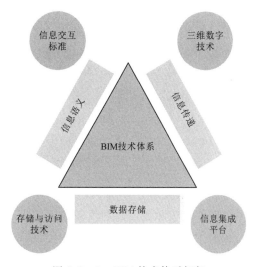

图 2.2-3　BIM 技术体系框架

（1）BIM 的体系支撑是信息交换标准。BIM 的重要特性就是交互性，而实现交互性的基本条件就是对交互信息和交互方法的标准化表达，使得信息交换双方对数据的语义信息的理解达成一致。IFC 是建设工程领域唯一被广泛接受和采纳的建设产品模型标准，NBIMS 标准的 CMM 模型中对交互性支持的评价等同于对 IFC 标准支持的评价。另外，除了 IFC 标准，其他标准也是 BIM 体系支撑的重要组成部分，包括作为对 IFC 产品模型重要补充的 IFD 标准（ISO 12006-3）、用于定义 IFC 物理文件格式的 ISO 10303-21 标准（STEP File）、用于定义标准数据访问接口的 SDAI 标准（ISO 10303-22）以及正在制定的描述信息交换过程的 IDM 标准（由 ISO TC59 SC13 制定）等。

（2）BIM 的技术支撑是三维数字技术。在建设生命期的不同阶段产品数据是贯穿于项目各个阶段的核心数据。产品模型的创建只有基于 3D 模型的设计方式才能够充分发挥 BIM 带来的信息集成优势。主流的基于 BIM 的 CAD 软件均采取 3D 模型作为建设产品模型的主要表达方式。

（3）BIM 的数据支撑是数据存储及访问技术。面向建设生命期的工程数据类型复杂、数据量大、数据关联多，其中包括结构化的模型数据和非结构化的文档数据。建立特定的 BIM 工程数据库是实现建设生命期复杂信息的 BIM 存储、数据管理、高效查询和传输的基础，而对 STEP 文件、ifcXML 文件及工程数据库的访问技术则实现了对这些数据的访问支持。

（4）BIM 的管理支撑是信息集成平台。BIM 信息的创建是伴随建设工程进展对工程信息逐步集成的过程，从决策阶段、实施阶段到使用阶段最终形成覆盖完整工程项目的信息模型。在 BLM 的信息化模型中，建设工程信息在建设生命期内有创建、管理、共享三类行为，没有一个基本的沟通平台和存储中心就谈不上信息管理和共享。

2.3 BIM 技术的特征及好处

2.3.1 BIM 技术的关键特征

BIM 技术具有四个关键特征，即面向对象、基于三维几何模型、包含其他信息和支持开放式标准（图 2.3-1）。

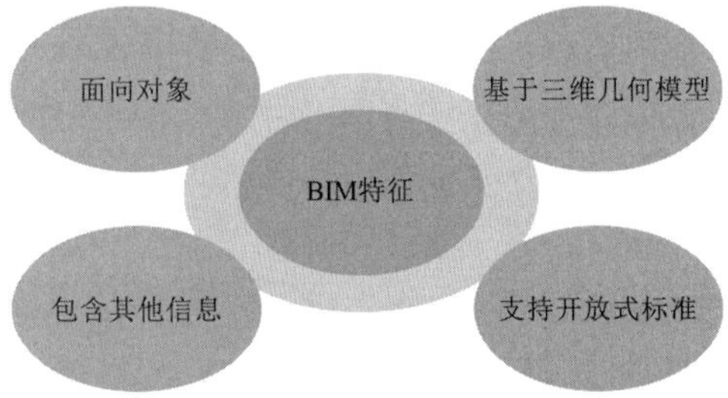

图 2.3-1 BIM 技术的关键特征

面向对象，即以面向对象的方式表示建设，使建设成为大量实体对象的集合。例如，一座大坝包含挡水构筑物、防渗结构、坝基地层、坝体材料等结构构件。这就使得在相应的软件中，用户操作的对象就是这些实体，而不是点、线、长方体、梯形体等几何元素。

基于三维几何模型，即使用三维几何模型尽可能如实表示实体，并反映对象之间的拓扑关系。由于建设信息是基于三维几何模型的，相对于传统的用二维图像表达建设信息的方式，不仅可直接表达建设信息，便于直观地显示，而且可利用计算机自动进行建设信息的加工和处理，不需人工干预。例如，从基于三维几何模型的建设信息自动生成实际过程中所需要的二维建设施工图；同时，也便于利用计算机自动计算建设各组成部分的面积、体积等数量。

包含其他信息，即在基于三维几何模型的建设信息中包含其他信息，使根据指定的信息对各类对象进行统计、分析成为可能。例如，可以选择如挡水建设物坝体材料及分区等对象类别，自动进行对象的数量统计等。又如，若在三维几何模型中包含了成本和进度数据，则可以自动获得项目随时间对资金的需求，便于管理人员进行资源的调配。

支持开放式标准，即支持按开放式标准交换建设信息，从而使建设全生命周期各阶段产生的信息在后续环节或阶段中容易被共享，避免信息的重复录入。

2.3.2 BIM 技术的好处

（1）改进和提高水利工程制图技术。二维设计图突出的问题是，①以二维的形式表达三维空间实体，计算机无法理解这种表达；②目前无法让计算机像人一样，从二维设计图构建出水利实体的三维模型。

由于 BIM 技术以三维几何模型为基础，不仅可以解决水利工程制图存在的关键问题，而且最终可以取代传统的水利工程制图技术，成为新一代的水利工程制图技术。

（2）促进和提高水利工程施工的建造水平。借鉴 CIMS 技术经验，直接利用设计数据，并使用数控加工设备，自动进行继续部件的加工，大幅度提高机械制造的自动化水平。通过利用 BIM 技术，完全可以达到类似的效果。通过三维设计结果进行施工放样，可以显著提高施工放样的精度和效率；又可以进行虚拟建造，发现可能在施工过程中产生的问题，形成经过优化的施工方案，还可以更直观地对施工人员开展技术培训；再就是利用三维设计结果，并实时感知施工过程，开展工程施工动态反馈，进行人-机-料-法-环等优化，提高施工建造水平。

（3）促进和提高水利工程施工的提质增效。BIM 技术可以不同方式给水利施工的各参建方带来效益。通过 BIM 技术的应用，设计单位能提高设计效率和质量，开展更直观地制图、审图；施工单位能优化施工方案，避免用料过度、人工浪费；监理单位能现场和远程旁站结合，业主能全过程模拟和进度把控，政府监督部门能全方位监督施工质量。总之，不仅为自身带来新手段、新技术，也可以为各参建方带来效率和效益。

2.4 BIM 技术的服务模式

云计算的服务模式自下而上有基础设施服务（IaaS）、平台服务（PaaS）和软件服务（SaaS）三种，三种服务之间存在依赖关系，基础设施服务、平台服务、软件服务依次为后者的基础。

BIM 应用的最终目标是提供软件服务，体现为针对特定工作流程的各类工具软件，如面向建设、结构、MEP 等各个专业的建模工具、分析工具、管理工具等。目前，BIM 的工具软件中大量存在单机软件和相互独立的 C/S 结构软件，处于相互隔离的状态，仅通过数据文件的导出/导入来实现数据的互用。这种状态一方面不能利用云计算技术网络化、可扩展和虚拟化的计算模式带来的好处，另一方面也无法支持工程项目全局层面的 BIM 数据集成和管理。因此，在基于云计算的 BIM 集成与管理架构中，需要建立包含软件、平台和基础设施三个层次的 BIM 服务模式：在云计算的基础设施之上，搭建支持 BIM 数据集成管理的云计算平台，再开发运行于云计算平台之上的各类工具软件。其中的软件、平台和基础设施都可以被当作一种资源以服务的形式提供给不同的用户。

2.4.1 BIM 软件服务

基于云计算的 BIM 软件服务，即服务提供商将 BIM 软件的各项功能以服务的形式提供给用户，服务对象是 BIM 软件用户——最终实施 BIM 应用的建设业从业者，例如各个专业的设计师、造价工程师、各类管理人员、决策者等。

在开放式的基于云计算 BIM 服务模式中，对各类用户的特定工作内容和 BIM 应用需求，都可以开发相应的 BIM 软件服务加以满足，而这些软件服务可以共享 BIM 云计算平台及其基础设施作为 BIM 软件运行的公共基础。基于云计算的 BIM 软件服务与传统的 BIM 工具软件具有一些明显的区别，主要体现在以下三个方面：

（1）购买方式。基于云计算的 BIM 软件服务由服务提供商统一部署在 BIM 云计算平台上，用户可以根据需要通过互联网向服务提供商订购 BIM 软件服务，通常一个 BIM 软件服务还可以划分为多个细分服务（功能），服务提供商根据客户所订购软件的服务功能、时间长短等因素收费。该模式的优势是给用户提供了按需租用软件的选项，用户可以不再购买整套 BIM 软件，而是可以灵活地选择需要使用的功能和时长。

（2）使用方式。用户使用轻量化的客户端访问基于云计算的 BIM 软件服务，例如标准的 Web 浏览器客户端，用户只需从普通的联网桌面或移动设备打开浏览器，即可使用服务提供商提供的基于 Web 的 BIM 软件，既不需要花费资金在硬件、软件和维护等方面，还降低了使用限制，可以使用各类移动设备、智能手机访问 BIM 软件服务，能够极大地方便 BIM 软件的使用。研发基于 Web 的 BIM 软件服务，一个需要克服的难题是基于 Web 浏览器的图形操作，WebGL 等图形标准的出现，使得在浏览器上渲染和操作三维模型成为可能，虽然目前性能还无法满足大型工程的 BIM 建模和模型管理等工作的需求，但基于 Web 的 BIM 软件服务已经成为重要的研究和研发方向。

（3）数据互用方式。传统的 BIM 工具软件使用数据文件来进行数据的交换，即不同的工具软件导入/导出特定相同格式的数据文件。如果支持标准的 BIM 数据互用格式（如 IFC 格式），软件工具间的互用性可以得到保障，但无法实现全局的 BIM 数据集成和管理，对工程项目多参与方之间的数据互用无法做到很好的支持。而基于云计算的 BIM 软件服务，采用类似于 BIM 数据库/服务器的数据互用方式，BIM 数据通过服务端底层的 BIM 云计算平台和数据中心进行统一的存储、集成和管理，再通过接口提供给各个 BIM 软件服务进行应用，能够支持工程项目全生命周期的数据互用和信息共享。

2.4.2　BIM 平台服务

基于云计算的 BIM 平台服务，即 BIM 平台服务提供商将基于云计算的 BIM 开发环境与 BIM 软件的运行平台作为服务来提供。BIM 平台服务的一类服务对象是 BIM 应用软件开发者，给 BIM 软件开发者提供开发环境、服务器平台、硬件资源等，开发者可在平台上定制开发并运行自己的 BIM 应用软件，再通过其服务器和互联网以 BIM 软件服务的方式传递给最终用户。目前业内尚未出现专业的平台提供商这一角色，有部分软件厂商推出了支持自己软件产品的平台，例如达索 3D Experience 平台，支持运行 CATIA、SOLIDWORKS 等工具软件，形成整套解决方案，Autodesk BIM 360 平台可支持以内部格式进行数据文件的存储、查看和协作，支持使用 Revit 等 Autodesk 系列软件的 A360 插件进行在线的渲染、分析等。在开放平台方面，一些 BIM 服务器产品或原型产品已经具有类似的特性，例如 BIMserver.org，除了提供 BIM 模型服务器的一般功能外，也向其开源开发者提供完整的服务接口（API），支持在基础平台上自行定制开发服务和应用模块。

BIM 平台服务的另一类服务对象是工程项目中 BIM 数据管理者,因为全局层面的 BIM 数据集成与管理唯有借助平台才能实现。BIM 数据集成和管理是 BIM 云计算平台必须具备的核心功能之一,BIM 平台服务除了向应用软件提供开发和运行环境外,更重要的是提供基于 BIM 互用标准的数据接口,支持各 BIM 应用软件获取和提交 BIM 数据,实现数据互用,同时将 BIM 数据的集成和管理方法也作为一种服务提供,帮助 BIM 数据管理者管理项目全局 BIM 数据的创建、存储、集成和互用的完整过程,支持工程项目全生命周期的数据共享。目前还没有具备以上特性的 BIM 平台服务的理论、技术和产品出现。

2.4.3 BIM 基础设施服务

基于云计算的 BIM 基础设施服务,即服务提供商将完善的计算机基础设施作为一种服务通过互联网来提供,可以包括计算服务、存储服务和网络服务等。用户可以按需付费使用服务商提供的硬件设施。BIM 基础设施服务提供的基础设施既可以简单包装以存储和计算资源的形式直接提供给用户,也可以在其上运行 BIM 平台或 BIM 应用软件,因此其服务的对象相对灵活,既可以是最终用户,也可以是平台或软件提供商。一种最常见的基础设施服务是云服务器租用,用户购买存储空间、计算性能和网络流量,在其上发布自己的网站或运行系统,并通过互联网进行管理。直接面向最终用户的 BIM 基础设施服务所能提供的服务内容过于简单,考虑到平台在数据集成和管理方面的关键作用,本书不建议在深入的 BIM 应用中直接采用 BIM 基础设施服务(云空间、云存储等)或者在基础设施服务中直接运行传统 BIM 工具软件,例如使用虚拟化桌面运行和操作 Revit 等。

2.5 BIM 技术的应用

2.5.1 BIM 技术的应用现状

BIM 技术与水利工程结合的研究和应用已经成为国内的一大热点,而当前的研究方向主要还是以工程设计、施工阶段的应用居多。黄强等以邕宁水利枢纽船闸工程为例,证明了 BIM 技术可以解决项目结构复杂、机电设备众多等特点带来的困难,还提高了项目的设计、施工、管理水平,能够系统、实时地掌握项目的建设情况,提高了经济效益。李景宗等了解到水利工程施工具有受天气影响大、施工要求高难度大等特点,分析了 BIM 技术应用于施工阶段所遭遇到的问题,对 BIM 技术在施工领域的具体应用进行了分析。

苗倩针对 BIM 技术的可视化仿真这一特点,结合 Navisworks 软件模拟了水利工程施工过程,并开发了可视化仿真系统来调高对施工过程的把握,并结合观音岩水电站项目证明了可行性。李德等结合水利行业的特点剖析了 BIM 技术的实际应用价值,通过 4D 模型规划施工场地、控制工资,不仅能够提高行业的工作效率和管理水平,还能实现信息共享、监控项目进展。钟金玲研究了传统和基于 BIM 技术的深基坑全生命周期流程,将两者进行比较后更加突出了 BIM 技术的优势所在,在深基坑的流程中有明显的优化,并通过实际案例进行了论证。BIM 技术的加入不仅保障了深基坑施工的质量和安全,还能对施工进度有一定程度的控制,节约成本。BIM 技术能够集成建设物的所有工程信息,更应该将其应用于工程管理方面，在整个项目建设的全生命周期中发挥出至关重要的作用。与传统的管理模式不同，BIM 技术的加入使得管理模式向精准、高效的方向发展。

姜韶华等针对传统的信息管理方式已经无法对类型复杂、数量庞大的信息进行有效地管理方面，提出将可以结构化储存文本信息的文本挖掘技术与 BIM 模型进行有效结合，提高建设信息管理的效率，随后针对 BIM 的建设领域文本信息管理系统还提出了相应的构建框架。杜成波依次对信息模型的建立、共享管理和使用反馈进行研究，构建起以水利水电工程信息模型为核心的协同设计及信息共享平台，并利用进度耦合动态仿真研究对施工过程中进行全面把控。张卫等引入 BIM 技术提高了工程的质量与施工安全性，以 BIM 模型作为信息集成载体，推行精细化管理理念，实行三维审批模式，指出尽管短期内会造成投入增加、人力物力消耗变多，但是从发展的眼光看待时，利用 BIM 技术能够减少政府的行政开支、提高各部门的协同合作能力与管理水平。赵继伟基于水利工程信息集成化管理的理念，研究了水利工程全生命周期各阶段及各专业之间的信息分类与编码标准，促进信息数据向规范化、标准化的使用方向发展，开发的 HPIM（Hydropower Project Information Modeling）平台能够满足多用户、多阶段的使用需求，有效地避免了数据的流失，提高了数据的安全性与交换使用效率。造价也是信息管理的重要组成部分。付艺丹研究在集成项目交付（Integrated Project Delivery，IPD）模式下协同应用 BIM 技术，进行水利工程项目建设全过程的造价管理，结合混凝土堆石坝工程进行协同管理仿真应用，证明用此方法可以提高造价管理水平。

2.5.2　BIM 技术在工程设计阶段的应用

在水利工程施工项目的初步设计阶段，BIM 技术可以应用其中，在这个过程当中，可以通过初步设计理念和可行性的研究报告作为重要的参考，从而完成满意的概念模型的构建，而且 BIM 技术软件的工程量计算能够极大程度上降低工作人员的劳动强度，并且能够确保计算结果的精确性，所以说初步模型确定之后，接下来就需要对该 BIM 技术模型进行直观有效的展示，从而让更多的 BIM 技术人员设计，选择最恰当的设计方案，设计方案选定之后，能够让更多的建设工程企业在前期工程准备阶段做好工程预算工作，这样能够极大程度上降低工程成本。除此之外，很多水利工程的设计人员要想更加直观地感受到建设物的效果，那么 BIM 技术的合理应用就能够凸显出来，在这个过程中能够极大程度上减少相关工作人员的设计工作量，能够避免一些传统手工计算工程量的误差和烦琐，可以提高整个工程项目设计的效率。

BIM 协同功能要求在整个设计过程中，各个设计环节及部门均能合理配合，共同参与到施工工作中，BIM 技术的协同设计工作应严格遵守施工相关流程以及规范，才能更好地完成工作。应遵循的工作流程如下：

（1）工程设计人员应结合水利工程施工的实际情况，构建其基础模型，以此为基础，对其他环节中模型的设置工作制定标准。

（2）BIM 技术的协同设计工作包含的环节及流程较为复杂，其中结构、建设、电气等的建设专业均需要应用到 BIM 技术。首先建设结构工程师应使用合理化的方式构建结构模型，将该模型交由其他环节工作人员，对其涉及的模型进行进一步优化以及细化，最终实现模型的整合。

（3）利用各个施工环节的模型信息，构建建设信息系统，对制定完成的模型进行有效的检查，检查其运行过程中是否存在矛盾现象。当检查完成确认无误之后，方能将工程设计图纸导出。如果在这一过程中发现其存在问题，则应将其返回上一步，进行细致检查以及妥善处理。

水利工程项目中 BIM 技术的应用还表现在具体施工方案的审查上，该方面的应用主要目的就是评价具体施工方案的可行性，对于后续施工建设中可能难以落实的内容进行及时修正处理。BIM 技术可以针对设计方案进行有效模拟分析，通过相关模块虚拟运行设计方案，结合地形模型分析设计方案的后续施工应用效果，尤其是在复杂管线的碰撞检测分析中，BIM 技术的应用价值较为突出，可以直接明确设计方案和施工现场可能存在的冲突，为后续施工建设提供较强的指导。

2.5.3　BIM 技术在工程施工阶段的应用

水利工程枢纽布置工作的根本任务是对水利工程的水平以及高程进行计算，并合理布置。水利工程是较为复杂的工程项目，在设计过程中，不能以一般的确定算法解决其建设中的枢纽布置任务，应先了解施工条件，并在此约束下，选择合适的施工方案。当前施工方案均在平面的基础上建立，在此过程中需要工作人员具有较为丰富的施工经验，并掌握较强的综合性推理能力。

在对比不同方案的过程中，建立水利工程的 BIM 模型，并结合当地的地形，对建设完整的项目总体沙盘，能让建设人员更加直观地了解到水利工程以及其周围地形之间的制约关系。同时，在 BIM 技术下建立的模型，还能实现空间上的移动，并能实现更改一处内容带动其他内容共同更改的效果，能让每一个决策均成为对施工工程整体进行更改的决策，并完成可视化沙盘。在项目比选阶段实行可视化，能让项目工程的参见者均对项目工程有较完善的了解，实现对其项目的有效控制，更好地了解水利施工工程的重点以及难点，并实现对资源的合理化配置，为后续施工工作以及组织设计工作的优化奠定基础。

在水利工程项目施工建设中，施工任务量较大，要求多部门施工人员协同施工，多个专业施工领域之间信息共享与交流。参与项目施工方单独施工操作，对信息交流会产生较大负面影响。通过 BIM 模型能将多项信息汇总成一个完整档案，再将多项数据信息集中展示，全面提升综合管理效率。在 BIM 信息平台运用中，主要是建立项目设计平台、施工平台、验收以及运维管理平台。在项目设计管理信息平台中，要录入项目建议书、初期设计方案以及项目施工可信性研究；在实施阶段的信息平台中，要注重融入水利工程项目施工环境以及技术交底内容；在项目验收平台中，主要是对完整项目进行验收，掌握项目运行阶段信息。通过 BIM 技术能够建立较为完整的数据信息库，对施工阶段各过程进行管理。水利工程项目施工投资较多，项目应用周期较长。项目施工中部分隐蔽工程损失量较大，通过平台能有效对多项损失进行控制，提高各环节信息完整性。

2.5.4　BIM 技术在工程运行阶段的应用

水利工程项目建设主要是提高区域防洪、发电、航运等多项任务，在水利工程施工调度中，要注重设定洪水调度以及兴利调度。通过 BIM 做好水库以及水体大坝模型计算，在综合技术分析中，通过坝前水位结合上游水流量对洪水调度合理控制。在高效化计算中划分相应流量作为水库防洪、兴利分界流量。水库洪水调度运行中主要是拦蓄洪水、降低坝前水位、泄洪等方式进行操作。在 BIM 计算中，要分析水库淹没影响，对区域水力发电效益进行分析，做好洪水消退回蓄、涨水预降水位等管理判定洪水调度方式，提高水库运行安全性，能成功度过汛期，提高水利项目综合经济效益。

在水利工程运行管理中，相关管理人员要对水电站运营、泄水闸、船闸等进行管理，提高库区运行管理与安全监管成效。泄水闸运行管理中，要做好泄水闸启闭操作，对各类闸体建设物、机电设备、施工结构等进行运行管护，定期实施维修操作。在船闸运行管理中，管理人员要合理组织人员船舶通航过闸，对建筑物、金属结构、机电设备养护维修等，对船舶启闭机房进行管理，对多种水利建设物、堤防项目、导托渠等进行运行监管以及多项维护。在项目管理中，管理人员要全面提高安全监管重视度，做好库区工程、枢纽工程监管，对各项数据合理整合，分析项目施工监测结果，掌握建设物基本运行情况。多项工作之间相互独立且相互联系，做好此类管理操作要注重分析多项工作之间的交叉对应关系。通过 BIM 技术运用，能分析不同水利工程中建设物、建设设备、电气设备的联系性，提高工程管理成效。同时能整合多项安全监管数据，发现项目施工中存有的各项问题，及时拟定针对性维修养护措施，对各项负面问题产生危害进行控制。

BIM 技术在设计、建设以及管理中均能被广泛应用。BIM 技术贯穿到施工项目运行的全过程，能让施工人员了解施工的周期以及相关信息，并能通过数字工程的模拟工程展示施工过程的实施状态，为工程角色、设计、建设以及运行管理等工作提供科学依据和技术支撑，为水工程安全运行和高效利用提供数据底版和信息共享（图 2.5-1）。

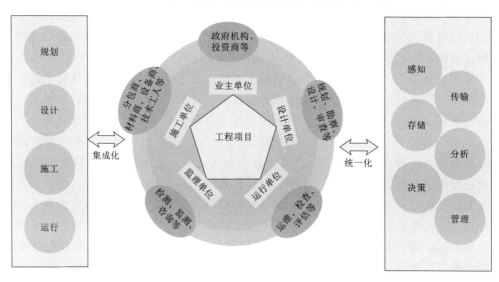

图 2.5-1　工程项目各方各阶段全生命周期集成模式

第 3 章　BIM 管理平台与体系架构

3.1　工程信息管理

3.1.1　工程项目

人类有组织的活动可分为两种类型：连续不断和周而复始的活动称为"作业"（operation）；非常规性、非重复性和一次性的活动，称为"项目"（Project）。建设工程项目作为项目的一种，具有项目的基本特点，包括：目标性、约束性、唯一性、临时性、不确定性、整体性。建设工程项目除了具有项目的基本特点外，还具有如下特点（图 3.1-1）：

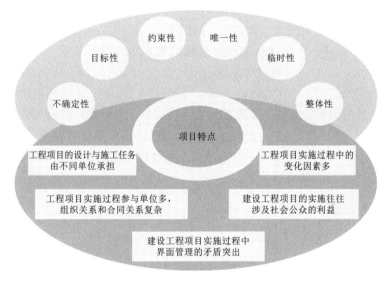

图 3.1-1　建设工程项目的特点

（1）工程项目的设计与施工任务由不同单位承担。除采用项目总承包模式外，一般工程的设计与施工任务由业主分别委托。设计与施工长期分离，往往造成设计不合理，设计的可施工性差，经常发生设计变更。

（2）工程项目实施过程参与单位多，组织关系和合同关系复杂。一般大型工程业主方往往要签订几百个合同，即有数百个单位参与一个项目的工作，对于大型复杂工程这个数量更多。建设工程项目实施过程参与单位多就会产生大量的信息交流和组织协调的问题和任务，会直接影响项目实施的成败。

（3）建设工程项目实施过程中界面管理的矛盾突出。界面（Interface）又称接口、交互，一般是指在相关区域、实体、物质或阶段之间所形成共同界限的面。最初出现在工程技术领域，因为界面的概念较好地反映了两种物体之间的结合状态，能够用于说明要素与要素之间的连接关系，因此人们将其引入了管理活动当中。一个建设工程项目往往有多个设计单位、施工单位、咨询单位以及众多供货单位参与，在各参与单位之间都存在界面管理问题，有效和及时的信息处理是界面管理的核心。

（4）工程项目实施过程中的变化因素多。项目管理的一个重要的哲学思想是：在项目实施过程中，变是绝对的，不变是相对的，平衡是暂时的，不平衡是永恒的。因此在项目实施的过程中应重视项目目标的动态控制。而动态控制的核心是计划值和实际值的比较，这涉及大量有关数据的采集、整理和加工，有效的数据管理手段起着非常重要的作用。

（5）建设工程项目的实施往往涉及社会公众的利益。建设工程项目的目标能否实现不仅涉及项目业主的利益，往往还与社会公众利益有关。

通过以上分析，信息处理与建设工程项目实施有着紧密的联系。建设工程项目的项目周期（或称建设工程项目的生命期）是指从建设意图产生到项目废除的全过程，它包括项目的决策阶段、实施阶段和使用阶段（运行阶段或运营阶段）。工程项目的实施阶段包括设计准备阶段、设计阶段、施工阶段、动用前准备阶段和保修阶段，每个阶段又可分为更详细的阶段。招投标工作分散在设计准备阶段、设计阶段和施工阶段中进行，因此可以不单独列为招投标阶段。工程管理（Professional Management in Construction）指的是工程项目全寿命过程的管理，它包括：①项目前期的策划与管理（或称开发管理，Development Management，DM）；②项目实施期的项目管理（Project Management，PM）；③项目使用期的设施管理（Facility Management，FM）。其中 DM 属投资方和开发方的管理工作，FM 属项目使用期管理方（可能是业主方，或由业主方委托的设施管理单位）的工作，而项目管理又涉及项目各参与方的管理工作，包括投资方或开发方（业主方）、设计方、施工方和供贷方等的项目管理。因此建设工程管理不仅仅是业主方的管理，它涉及建设工程项目的各个参与方单位的管理。

3.1.2　工程信息流

工程信息由众多工程参与方创建、使用、维护，具有不同的信息存储和交换格式。随着工程的进展信息不断累积，并由前一阶段传递到下一阶段（图 3.1-2）。由于信息传递方式的局限性，信息的传递过程会造成信息丢失。工程不同阶段具有不同的目标，所产生和需要的信息不同，同时信息也具有明显的不同特征。此外，由于很多信息被跨阶段的工作所用，因此还应以工程生命期视角分析各阶段的信息特征。

计划阶段包括项目立项、项目决策等，主要制订施工计划、材料计划以及估算施工成本，主要信息来源于设计成果，但并非设计信息的直接输出，而是包含施工方法和施工组织等，是为了实现既定目标的过程计划（Process Plan）。计划阶段产生的信息有可能反馈到的设计阶段，引起设计的变更，以优化设计，因此这两个阶段应进行集成管理。计划阶段还应确定哪些需要招投标，并编制详尽的技术规格书。

实施阶段为项目设计、项目施工，是对计划的执行，支持设计信息和施工计划向建设实体转化的过程，包括更为详尽的信息，例如增加工具、任务细分、材料采购和设备的分

图 3.1-2 项目全生命周期阶段划分及特征

配等。实施阶段的信息包括设计信息、施工计划以及其他相关信息，这些信息应集成在一起，需要集成管理。施工阶段结束后，反映施工方法和过程计划（How to）的信息应减少，强调"What is"的信息应完整地记录下来。

设施运行和维护阶段为项目运行、项目终止，主要包括设施管理、设备运行和建设物的维护等内容。设施管理强调空间的分配和利用，包括空间管理系统和决策支持系统需要紧密集成。设备运行需要的信息包括设备参数、运行计划、周围环境信息和气候条件等，以使设备能尽可能地保值增值。建设维护需要的信息包括建设物的体量和外观尺寸、材料性能和维护计划等。

3.1.3 工程信息特点

工程不同阶段、不同的参与方之间存在信息交换与共享需求，具有如下特点：

（1）数量庞大。工程信息的信息量巨大，包括设计、施工、监理、业主、监督等各方的各种技术文档、工程合同、业务流程、过程数据等信息。这些信息随着工程的进展呈递增趋势。

（2）类型复杂。工程项目实施过程中产生的信息可以分为两类：一类是结构化的信息，这些信息可以存储在数据库中便于管理；另一类是非结构化或半结构化信息，包括投标文件、CAD 设计文件、声音、图片等多媒体文件。

（3）信息源多，存储分散。工程的参与方众多，每个参与方都将根据自己的角色产生信息。这些可以来自投资方、开发方、设计方、施工方、供贷方以及项目使用期的管理方，并且这些项目参与方分布在各地，因此由其产生的信息具有信息源多，存储分散的特点。

（4）动态性。工程项目中的信息和其他应用环境中的信息一样，都有一个完整的信息生命期，加上工程项目实施过程中大量的不确定因素的存在，工程项目的信息始终处于动态变化中。

另外，工程信息还具有应用环境复杂、非消耗性、系统性以及时空上的不一致性。

3.1.4 当前工程信息管理模式

工程建设领域中的信息管理主要有以下两种管理模式（图 3.1-3）：

（1）人工信息管理模式。目前，我国大多数工程项目都是使用手工进行工程信息的管理，与手工管理信息相对应的主要工具和方法包括信息编码、信息管理制度、信息流程图等。该模式容易造成信息流失、难以保持信息一致性和准确性、信息更新难以跟踪和

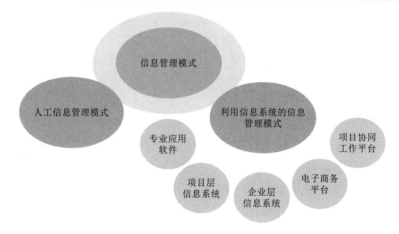

图 3.1-3 工程建设信息管理模式

管理。

（2）利用信息系统的信息管理模式。人工管理模式已经无法满足大型复杂工程项目的信息管理要求，落后于时代，将逐步被利用信息系统的信息管理模式所取代。信息系统广泛应用于工程的不同阶段。以施工阶段为例，该阶段所应用的信息系统可以分为以下五种类型：①专业应用软件。属于企业内部使用的信息系统，指用于某些具体的专业工作的软件，一般是单机版的，由特定的专业工作人员使用。②项目层信息系统。属于企业内部使用的信息系统，指施工项目部的管理人员共同使用的信息系统。该类系统一般是基于网络的，既可以是侧重于项目管理的某个方面的系统，也可以是综合性的系统。③企业层信息系统。属于企业内部使用的信息系统，指企业管理人员（包括企业层的管理人员和项目层的管理人员）共同使用的信息系统。该类系统一般基于网络，既可以是侧重于企业管理的某个方面的系统，也可以是综合性的系统。④电子商务平台。属于企业与外部共用的信息系统，指用来在因特网上进行交易的平台。⑤项目协同工作平台。属于企业与外部共用的信息系统，指施工项目的多参与方针对项目进行系统工作的平台。

信息系统仅针对工程生命期的某个特定阶段，缺乏工程全生命周期知识和经验的积累，例如施工阶段难以重用设计阶段数据，运营阶段则难以重用设计及施工阶段的数据。

3.1.5 基于 BIM 的工程信息管理

3.1.5.1 工程信息管理的关键要素

基于 BIM 的工程信息管理的重要理念是工程生命期中各要素的集成，包括四个关键要素（图 3.1-4），即组织要素、过程要素、应用要素、集成要素的集成，这四个要素相互关联，形成 BIM 体系框架的四面体模型。

（1）组织要素指实现 BIM 的组织管理模式及组织内的成员角色。实现 BIM 的组织管理有四种主要模式，即工程项目总承包、

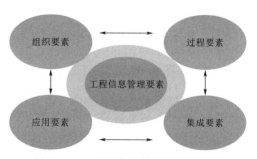

图 3.1-4 工程信息管理的关键要素

Partnering、全生命集成化管理组织、网络/虚拟组织。另外，在建设工程中人员按照组织结构获得各类组织角色，承担相应的职责和完成规定的任务。因此，BIM 的体系框架包括对组织要素的描述，建立组织视图模型。组织视图模型描述各类角色对建设工程信息的需求、获取方式和操作权限等。

（2）过程要素是指在工程生产过程中的工作流和信息流。传统的建设过程及其相应工作过程被认为是彼此分裂和顺序进行的，一直无法从全局的角度进行优化，严重影响了工程建设的有效性和效率。BIM 的实现需要对过程进行改造，从而形成支持工程生命期的过程管理模式。

（3）应用要素指支持 BIM 信息创建的专业软件系统。随着计算机技术在建设工程领域的普及和应用，各类工程参与人员通过各种计算机信息系统完成对各种事务的处理。BIM 的体系框架包括创建 BIM 信息的专业应用系统。建设产品信息是 BIM 建模和管理的核心，这些信息按照多种格式编码和存储，通常包括非结构化的 Office 文件、CAD 文件、多媒体文件以及结构化的工程数据。

（4）集成要素是指将不同阶段不同应用产生的 BIM 信息进行集成，形成面向工程生命期的 BIM 信息。由于工程生产过程产生的数据众多、格式多样，如何将这些信息有效的集成和共享，需要 BIM 信息集成平台的支持。

3.1.5.2　工程信息管理的步骤

传统的工程信息管理其信息交换过程涉及多个参与方，是一种多点到多点的信息交换过程。而基于 BIM 的工程信息管理改变了传统的信息传递方式，工程信息被有效地集中地管理起来。BIM 的信息管理主要由以下步骤组成：

（1）确定组织模式。组织模式的确定应当充分体现 BIM 的理念，发挥 BIM 信息集成的优势，改变传统的线性信息流为并行信息流，从而提高建设生产效率，发挥集成优势。

（2）制定相应的过程管理规章制度。信息的传递和交换，需要由规章和制度进行规范和约束，包括信息的创建、修改、维护、访问等。

（3）确定相应的专业软件平台。基于 BIM 的专业软件能够充分发挥信息集成的优势，因此需要对建设生命期不同阶段及不同专业的软件进行选型，需考虑对数据标准的支持、对数据格式的兼容性、专业软件间的交互性等问题。

（4）选取 BIM 信息集成软硬件平台。BIM 信息集成平台是实现异构系统间数据集成的关键，需要满足与工程建设规模及要求相适应的 BIM 信息集成平台，例如数据的存储规模、网络支持、对数据集成标准的支持等。

3.1.5.3　BIM 信息模型

如何解决 BIM 数据的存储和分布异构数据的共享，是实现基于 BIM 的工程信息管理需要首先解决的技术问题。其基本思路是随着工程项目的进展和需要分阶段创建 BIM 数据，即从项目策划到设计、施工、使用不同阶段，针对不同的应用建立相应的子信息模型。各子信息模型能够自动演化，可以通过对上一阶段模型进行数据提取、扩展和集成，形成本阶段信息模型，也可针对某一应用集成模型数据，生成应用子信息模型，随着工程进展最终形成面向工程生命期的完整信息模型（图 3.1-5）。

（1）数据层。面向工程生命期的工程数据，总体上由结构化的 BIM 数据和非结构化

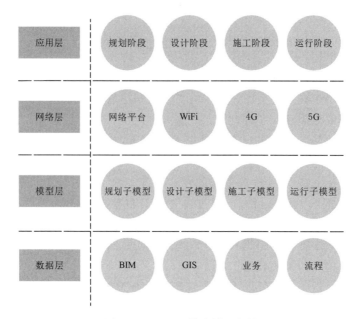

图 3.1-5　BIM 信息模型架构

的文档数据组成。对于结构化的 BIM 数据利用数据库存储和管理。为了应付企业级系统庞大的数据量、很高的性能要求，底层数据库通常需要选用 Oracle、SQL Sever、Sybase 等大型数据库。由于 IFC 的信息描述是基于对象模型的，而关系型数据库则建立在关系模型之上，用二维表的数据结构记录和存储数据。

（2）模型层。数据模型层通过 BIM 信息集成平台，实现 IFC 模型数据的读取、保存、提取、集成、验证。这些子信息模型可以是面向阶段层面的规划子模型、设计子模型、施工子模型以及运营子模型等，也可以是针对某个应用主题的子信息模型，如成本信息模型、施工安全信息模型、管理信息模型。

（3）网络层。网络通信层基于网络及通信协议搭建，实现局域网和广域网的数据访问和交互支持，支持项目各参与方分布式的工作模式。

（4）应用层。应用层由来自建设不同阶段的应用软件组成，这些软件包括规划设计软件、工程设计软件、结构设计软件、施工管理软件、工程管理软件等。

在该 BIM 基本架构中，BIM 的建立实际上是对工程生命期数据的积累、扩展、集成和应用过程。分阶段或面向应用创建子信息模型，为 BIM 的实现提供了可行的途径，BIM 信息集成平台和 BIM 数据库及其相应的数据保存、跟踪和扩充机制，有效解决了 BIM 数据的存储和分布异构数据的一致、协调和共享问题。

3.2　基于 BIM 的建设管理平台

随着 IT 技术的发展，企业架构（Enterprise Architecture，EA）和面向服务的架构（Service Oriented Architecture，SOA）逐渐融合，形成了一种新的架构理论。近年来国际上普遍采用 EA 来进行企业信息化规划、管理以及复杂系统设计与实施，EA 以帮助企业将战略规划正确、有效地落到实处为目标。EA 是基于业务导向和驱动架构来理解、分析、设计、构建、集成、扩张、运行和管理信息系统。根据联邦总体架构框架（FEAF），主要由两部分内容组成，即业务架构和 IT 架构。

SOA 是面向服务的体系结构，组件间通过松散的方式进行耦合，整个应用程序被设计和实现为一组相互交互的服务，以企业总线的方式进行发布，使得服务间能够相互调用，而无须考虑其物理位置。具有粗粒度性、松耦合性、位置透明性和协议无关性及共享服务性等特征。可见，SOA 和 EA 均普遍采用层次方式组织体系结构；SOA 注重系统的总体架构，突出面向服务，通过建立服务模型，划分不同的层级对总体架构进行描述；而 EA 关注于系统的业务架构、数据架构、应用架构和技术架构，弱化了系统的总体架构。将二者融合构建系统的总体架构将会带来质的飞跃，EA 结合 SOA 后则获得了技术上先进性和规范性，通过 SOA 治理保证架构的实施符合企业治理的需求，从而与 EA 在概念、活动、流程、结构等方面紧密契合、相互渗透；SOA 结合 EA 后获得了业务的生命力，成为 SOA 落地的最佳利器。

EA 模型结合建设管理的业务实际需求，采用 EA 架构思想，以 BIM 信息流为中枢、BIM 技术为核心、SOA 面向服务为主线，基于 BIM 的建设管理顶层规划，提出基于 BIM+SOA+EA 的建设管理平台系统架构，实现基于 BIM 的业务战略和 IT 战略，形成基于 BIM 的建设管理平台 EA 模型，包括业务架构、应用架构、数据架构以及技术架构。

（1）业务架构是业务战略目标的可操作转换，实现将建设管理高层次的业务目标转换成可操作的建设业务，是数据架构、应用架构、技术架构的基础和决定因素。

（2）应用架构（Application Architecture，AA）描述了建设管理应用系统的蓝图，包含应用层次、功能、实现方式及标准等，并作为数据架构和技术架构的重要依据。

（3）数据架构为工程建设管理提供符合业务逻辑和信息物理的数据资产和数据管理资产，是基于业务架构基础上的信息数据层，站在系统整体的角度分析数据资源和信息流结构。

（4）技术架构是企业架构系统实现的技术保证，包括系统部署和技术环境等，为上层的业务架构、数据架构、应用架构提供技术支持。由 BIM 基础设施、三维数字技术、数据管理及应用服务技术构成，为工程建设管理提供支持业务、数据和应用服务必需的基础设施能力。

3.3　基于 BIM 的建设管理平台总体架构

采用 BIM、3DGIS 与 EA、SOA 融合的 N 层架构，采用 C/S 和 B/S 混合模式，以 BIM 模型信息流为中枢、以 SOA 为服务主线，基于 EA 架构的构成和 SOA 不同服务组件粒度及服务组合搭建建设管理系统。N 层架构自上而下划分为服务主体层、用户访问层、业务应用层、应用服务层、数据资源层和基础设施层，EA 的业务、信息、应用、技术架构融合在 N 层中（图 3.3-1）。

（1）基础设施层（感知层、传输层、基础层 IaaS）。基础设施层是总体架构的底层技术基础结构，基于各种软件技术、硬件技术、网络技术和信息安全技术间的相互作用支撑

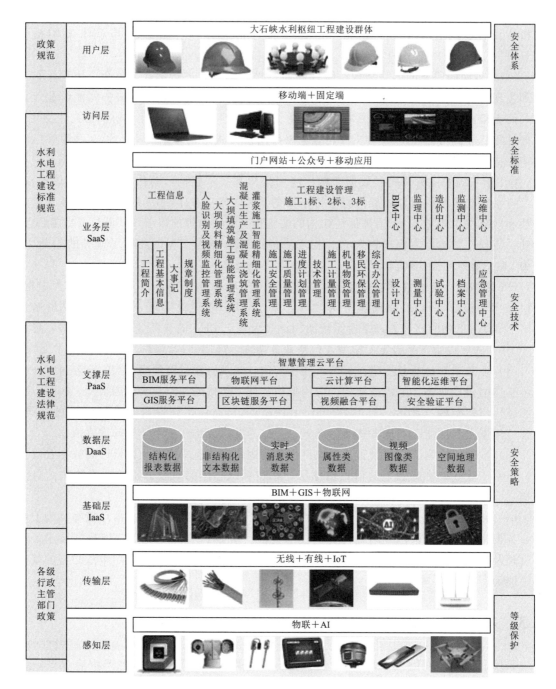

图 3.3-1　BIM 技术管理架构层

整个系统正常应用，包括信息感知层、网络传输层和设施资源层。这一层体现了基于 BIM 的建设管理平台 EA 中的技术架构，主要为工程建设管理系统提供支持业务、数据和应用服务必需的软件和硬件相关资源和运行的基础设施能力。

1）信息感知层。通过物联网、北斗导航等新一代感知技术以规范工程的规划设计，基于自动化监测设备、RFID、GPS、三维激光扫描仪、视频监控等感知设备，动态实时智能化地识别、感知、定位、跟踪、采集、监控、管理现场信息，为平台提供及时、准确的数据来源。

2）网络传输层。平台的传输层采用 WiFi、4G/5G、卫星通信、移动互联等网络，为平台数据的上传和调度指令的下达提供实时的通道，实现采集到的数据安全快速传输到数据中心。

3）设施资源层。基于光纤通道、IP、DAS 等存储设备实现工程数据的云存储，并通过信息集群、并行计算和分布式存储等技术，通过虚拟化管理、安全监控和数据加密传输实现对外提供存储数据的访问服务。

（2）数据资源层（数据层 DaaS）。依托建设管理过程中采集、存储和处理的各类数据资源及公用基础编码体系，实现对工程建设的业务数据、模型数据、GIS 数据以及公用基础数据的综合管理，并为 BIM 应用管理建设提供标准、规范的项目类、组织机构类、人员类、文档类以及模型构件类等基础数据信息。

数据资源层是技术架构的业务数据中心，包括工程综合数据库、数据加工工具以及基础公共数据信息。综合运用数据汇集、清洗、转换、存储、分析等技术，实现工程综合数据的集成和共享。这一层体现了工程建设管理系统 EA 中的信息架构，为工程建设管理提供符合业务逻辑和信息物理的数据资产和数据管理资产。

1）工程综合数据库。通过对工程建设领域的勘测设计数据、建设施工业务数据等结构化和非结构化数据进行采集，建立 BIM 数据库、GIS 数据库、业务数据库、图片视频数据库及文档数据库等六大数据库。

2）基础公共数据信息。基于编码技术将建设各阶段离散的公用基础数据进行抽象提取、清洗整合，形成统一的、规范的、标准的公用基础主数据，从而实现工程建设数据集中化、标准化的管理。

（3）应用服务层（支撑层 PaaS）。为工程的勘察设计、建设管理、工程实施和运营维护阶段项目参与各方搭建基于 BIM 技术的应用架构，实现了技术部署、服务组合模型、流程管理模型等，完成对基于 BIM 的建设管理平台中各个业务功能模块级信息集成的统一综合展示。包括工程建设管理应用、工程项目管理应用以及工程监督管理应用。以服务总线的方式，通过服务接口的 WSDL 文件在 UDDI 服务注册中心查找定位相应的服务，为基于 BIM 的工程建设领域各种异构的信息化系统提供稳定、可靠的数据共享服务和应用服务支撑。包括搜索引擎、认证授权、流程引擎、短信服务、接口服务等一系列技术服务，以及 WebGL、ActiveX、HTML5、HOOPS、云渲染以及 ECharts 等相关技术。这一层体现了基于 BIM 的建设管理平台 EA 中的技术架构。

（4）业务应用层（业务层 SaaS）。实现与用户访问层交互，基于调用服务组合层服务，实现工程建设领域的建设管理、项目管理和监督管理综合应用。所有应用以统一的门户管理和单点登录方式进行访问。用户访问层通过 SOAP 协议发出服务请求，通过工作流引擎 Web 服务接口的 WSDL 文件在 UDDI 服务注册中心查找定位相应的服务，并调用服务进行执行处理，将执行的结果反馈给用户进行业务交互。通过工作流引擎、企业服务总线等完成对各种服务的组合、编排，形成更为复杂的服务满足实际业务集成融合管理（详细业务应用规划相见后续业务架构）。这一层体现了 EA 中业务架构，实现对建设管理系统中将业务目标转换为可操作的业务模型，描述了各业务应该以何种方式运作才能满足所必需的灵活性和扩展性。实现了技术部署、服务组合模型、流程管理模型等。

（5）用户访问层（访问层、用户层）。用户访问层是用户通过 Web、VPN 虚拟网络或移动互联网，基于数据传输加密（SSL）实现基于浏览器、智能终端、调度指挥大屏等不同方式对基于 BIM 的建设管理平台的访问。满足建设公司、设计单位、施工单位、监测单位、监理单位和运维单位等多用户服务主体的业务需求。这一层体现了 EA 中的应用架构，完成对建设管理系统中各个业务功能模块级信息集成的统一综合展示。

（6）标准规范。工程建设和信息共享为目标，统一技术、实施和应用三方面的标准，形成面向建设项目管理、建设管理和监督管理新模式构建的标准支撑体系。参照中国国家 BIM 标准，BIM 建设标准可以分为三个层次：第一层次为最高标准，即工程信息模型应用统一标准；第二层次为基础数据标准（也可以说是技术标准），即工程信息模型分类和编码标准、工程信息模型存储标准；第三层次为执行标准（实施标准），包括工程信息模型交付标准等。

（7）安全体系。在总公司信息安全规范指导下和信息系统安全保护等级第二级要求下，构建基于 BIM 的建设管理平台信息安全防护体系，包括信息安全管理制度以及物理安全、网络安全、主机安全、数据安全、应用安全以及安全管理平台。信息安全管理制度是信息安全的总体方针、目标和方法，指导和规范物理安全、网络安全、主机安全、数据安全、应用安全以及安全管理平台建设。物理安全提供一个安全可靠良好的运行环境，以保证其运行的稳定可靠。网络安全采用多种安全技术手段，根据不同域的重要程度，采取不同级别的安全策略，实现网络安全防护。主机安全保证应用云平台和数据中心的主机系统的安全。数据安全实现数据可用性、数据机密性和完整性。应用安全采用身份认证与访问控制、数字签名、软件容错、资源控制、移动安全保障应用安全。安全管理平台实现对数据中心统一集中的安全防护管理。

3.3.1　建设业务管理

业务架构由服务对象、建设管理及协同组织构成，三者相辅相成，体系支持服务对象进行工程建设管理，管理又进一步完善体系和规范服务对象行为；体系支撑对象进行基于 BIM 的管理和达成目标。

BIM 建设管理服务于 BIM 建设战略规划，并从组织机构、管理制度、人才队伍等方面提供支撑，不仅能够推动建设创新技术的应用，而且还可以对传统组织方式、管理模式和建设过程进行革新，是 BIM 技术在建设应用的重要保障。

结合自身特性，借鉴国内外以及其他行业 BIM 发展的成功经验，制定适合我国 BIM 建设发展的战略规划。为了实现 BIM 建设发展战略规划，各建设相关单位如建设单位、设计单位、施工单位和供应商等，应制定本企业 BIM 建设发展目标，从最底层应用促进 BIM 建设技术在行业的发展。在充分考虑组织、过程、资源、成本、环境、信息等要素，构建基于 BIM 的建设管理业务架构，覆盖建设公司、建设指挥部/项目部及施工标段的四级管理。覆盖工程建设管理、项目管理和监督管理三大建设业务板块，为建设全过程的管理者提供管理服务。将 BIM 技术运用工程建设管理，统筹协调项目参与各方，制定合理的管理目标；在项目实施过程中对目标和工期、进度、质量、费用、风险、安全、采购、沟通等多个工程要素全盘规划和考虑，实现管理决策、指挥调度、现场监控和风险管控，实现建设全过程信息共享以及建设项目全过程信息化、标准化、协同化管理，最终达到项目的全局优化，固化建设的管理模式。

在项目实施过程中，各参建方代表不同的利益主体和 BIM 技术应用主体，在 BIM 建设发展战略规划的指引下，各参建方应明确本企业职责，共同推进 BIM 建设技术的发展和应用。其中，建设单位是 BIM 建设技术应用中最具活力和最大收益方，设计单位是项目 BIM 应用的主要创造者，施工单位是项目 BIM 应用的最终实现者，监理单位代表建设单位监督和管理各参建方的 BIM 技术应用。BIM 建设管理是一项系统工程，它不仅着眼于设计、施工和维护等建设的各个阶段，更是对建设全生命周期管理的整体优化。BIM 建设管理制度是实施 BIM 建设管理行为的依据，是建设过程顺利进行的保证。BIM 建造管理制度可以从资源、管理对象、管理要素、工作流程等角度进行划分，编制科学合理的管理制度，提高管理效率。

BIM 相关人才队伍是 BIM 建设战略规划实现的人才保障，为了保证 BIM 建设管理顺利推进和 BIM 技术深入应用，应从职业道德、健康素质、团队协作能力和沟通协调能力等基本素质方面提出更高要求，锻炼队伍，储备人才。

3.3.2 建设协同管理

基于 BIM 的建设全生命周期协同管理是以工程全生命周期的整体功能最优为目标，综合运用 BIM 技术，将各个阶段的全过程作为一个统一的整体进行管理，通过 BIM 模型获取所需的信息，基于 BIM 标准规范，将信息与模型关联，集成整合各类资源，实现建设过程以 BIM 模型信息各个阶段传递；实现不同参与方在不同阶段的有效集成，使工程项目的管理系统、管理组织和管理目标等得到有机的集成，形成具有连续性的、协同的、集成化的管理系统，实现建设工程项目的功能优化和整体价值的提升；实现从勘察设计、建设施工、运营维护整个过程的基于 BIM 协同的工程建设全生命周期管理模式，实现目标利益最大化的高效率信息化管理。BIM 建造全生命周期协同主要是对信息的协同，旨在以信息模型为管理基础，通过信息流和数据流管理系统解决了工程项目过程管理的信息断层问题，实现工程项目在生命周期内的协同管理。主要包括项目协同、阶段协同、任务协同和专业协同，基于 BIM 的建设全生命周期协同模型。

（1）项目协同是以 BIM 协同技术增强了项目信息的共享，促进更有效的互动，提升了各方的协同能力；基于 BIM 协同技术的 IFD、IFC、IDM、EBS 标准，形成项目群统一的构件库支撑各协同功能模块。

（2）阶段协同是以 BIM 技术标准为依据，实现阶段之间的信息流通与传递，以工程对象为核心的 BIM 传递方式，从而解决阶段与阶段之间的资源、信息、任务调配问题，实现同一个项目的设计、施工、运维不同阶段的协同。

（3）任务协同是指在建设过程中多项任务交叉的情况下，为了加快信息交换与传递效率，围绕 BIM 模型对各个任务合理分解，解除任务之间的交叉耦合关系，提高工作效率，减少冲突。

（4）专业协同模型是在充分了解建设项目涉及的大坝、隧洞、边坡等多专业的设计及施工流程和特点，基于协同学理论，合理分解分配专业任务，有效避免专业间的重叠和冲突，依据专业间的统一标准，可以辅助进行信息的高效流转与共享。

3.4　基于 BIM 的建设管理平台应用架构

以 BIM 数据架构和技术架构为基础支撑搭建 BIM 应用架构，支撑系统中各业务功能的正常运行，优化管理方法和流程。基于 BIM 的建设管理应用包括基于 BIM 的工程建设管理应用、工程建设管理应用、项目管理应用和监督管理应用。通过基于 BIM 的建设管理应用平台的集成运行，实现信息的自动化流动，提高建设管理业务的效率、降低建设管理风险，减少建设过程浪费，降低生产成本，提高建设质量和效率。

3.4.1　建设管理应用功能

结合基于 BIM 的建设管理应用功能特点进行分析，形成了工程建设管理 BIM 应用、项目管理 BIM 应用、监督管理 BIM 应用的三类建设管理业务 16 种 BIM 核心应用。

（1）基于 BIM 的可视化，实现项目规划、设计、施工、运维全生命周期过程中的各参与方之间可视化协同办公、互动与反馈以及三维展示。

（2）基于 BIM 的协调性，实现在项目的不同阶段、不同利益相关方通过在 BIM 中插入、提取、更新和修改信息，以支持和反映其各自职责的协同作业。

（3）基于 BIM 的模拟性，实现建设过程的数字化虚拟建造、模拟分析和仿真计算，提前发现和预判生产中可能存在的问题，辅助各建设主体进行战略决策。

（4）基于 BIM 的优化性，实现建设全生命周期管理过程的进度、质量、成本和安全等管理要素的优化。

（5）基于 BIM 的可出图性，实现利用 BIM 技术表达工程对象 3D 几何信息及拓扑关系、工程对象完整的工程信息描述和工程对象之间的工程逻辑关系。

3.4.2　工程建设管理应用

基于 BIM 的工程建设管理，主要利用 BIM 模型及其标准形成行业标准，进行规划设计、建设监督、验收管理、规章标准管理。

（1）基于 BIM 的规划设计。应用 BIM 与 GIS 结合，进行勘测规划；方案设计阶段主要利用 BIM 技术实现设计方案评审和方案优化比选；在初步设计阶段利用 BIM 模型进行深化、整合、优化、分析，综合协同设计提高设计质量和效率；施工图设计阶段利用初设 BIM 模型的基础上进行模型深化，进行方案展示、参数化建模、虚拟模拟、能耗分析、工程概算、碰撞检查和绿色设计等，并根据分析结果对模型优化，形成施工模型。

（2）基于 BIM 的建设监督。应用 BIM 技术，综合检查监督建设程序执行、建设资质、建设单位管理制度及标准执行情况、施工现场检查、质量责任落实情况等一系列有关监督资料收集、整理、归档，并形成监督工作可视化档案。

（3）基于 BIM 的验收管理。应用 BIM 模型，对按照验收标准形成的验收资料进行审核，如检验批质量记录、分项分部工程验收记录、单位工程质量控制资料核查记录、实体质量核查记录、观感质量检查记录、质量验收记录等。

（4）基于 BIM 的规章标准管理。应用 BIM 模型进行技术标准管理，主要包括研究建立工程建设标准体系，组织国家标准立项、编制及报批，组织行业标准计划、制定、发布和复审，组织开展工程建设标准的科研工作等。

3.4.3 工程项目管理应用

基于 BIM 的工程项目管理，实现工程建设项目施工阶段工程进度、人力、材料、设备、成本和场地布置的动态集成管理及施工过程的可视化模拟、风险可视化管控、精细化工程算量（图 3.4 - 1）。

（1）基于 BIM 的进度管理。基于 BIM 模型，形成基于 BIM 模型的项目二维、三维形象进度展示以及全线工程进度的跟踪、预警；通过建立 BIM 模型和管理流程的联系和规则，进行施工组织计划模拟、建设进度跟踪、形象进度分析、4D 施工进度管理、三维可视化应用；最终实现对施工进度、资源调配、场地布置的有效科学动态优化配置，全面掌握工程建设施工进展情况。

（2）基于 BIM 的质量管理。运用 BIM 技术实现 4D 质量管理。对质量管理过程进行全真环境的三维模拟，复杂工程节点优化设计，保证节点部位的施工质量。实现试验

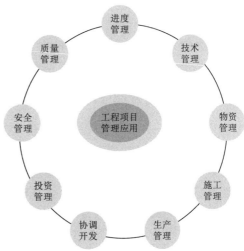

图 3.4 - 1　工程项目管理应用模块

室、拌和站等原材料、半成品及工程实体检验批、隐蔽工程影响资料管理等可视化管理，实现从宏观总体到细微个体的监控，形成质量问题的闭环处置。

（3）基于 BIM 的安全管理。对工程项目的风险进行识别、评估、分析，制定风险应对措施，并基于 BIM 技术建立风险评估体系、安全管理体系和安全技术措施，实现安全风险监控、安全隐患分析及事故处理，强化风险可视化管控等，为安全管理持续推进提供参考，提高工程建设安全风险防范能力。

（4）基于 BIM 的投资管理。投资管理主要基于 BIM 模型实现对建设工程的总投资概算编制、招标控制价分析、总投资执行预算控制、总投资结算和总投资决算的总体把控；利用 BIM 技术实现工程项目成本测算与控制的全要素、全过程动态管理，方便测算、控制、核算成本，提高项目成本动态管控能力，从而提升企业成本管理水平和效益。

（5）基于 BIM 的技术管理。由建设单位组织、设计院提交各专业基于 BIM 模型设计交底；施工单位项目部基于 BIM 模型施工技术交底；各施工单位重难点工程施工方案文档管理。形成基于 BIM 模型的建设、设计、施工图审核、监理、施工单位五方会勘及变更设计管理。

（6）基于 BIM 的物资管理。实现基于 BIM 模型进行甲供物资、施工单位工程建设物资的采购、进场、使用消耗、追溯管理，实现对物资清单、原材进出场、库存验收进行可视化、数字化管控，全面加强源头控制。

（7）基于 BIM 的施工管理。基于 BIM 模型，实现施工现场关键工序、风险点、关键部位的实时监控和有序管控，加强对施工现场精细化、标准化管理及作业程序管理；通过应用各种物联网、自动检测等先进技术，实现基于 BIM 模型对工程建设各个专业施工作业各种信息自动采集、集中存储、三维分析、可视化预警等应用。

（8）基于 BIM 的生产管理。基于 BIM 技术，实现钢筋加工厂生产管理、梁场生产管理、轨道板场生产管理、预装配厂生产管理等；应用 BIM 技术融合先进的三维扫描技术、物联网技术、自动加工技术等，实现对各种关键生产加工预拼装、远程质量监控、过程质量追溯、全生命周期信息管理等。

（9）基于 BIM 的协调开发。基于 BIM 模型实现对建设单位项目的征拆工作遇到的重难点问题协调管理，地拆迁投资和地方资金到位情况、已上报待批征拆阶段性概算调整、组卷完成拟上报征拆调整增加概算、地方征拆资金到位情况等预算与资金的协调管理。

3.4.4　工程监督管理应用

基于 BIM 的工程监督管理主要包括监管项目信息、监理单位资质及诚信信息管理。

（1）基于 BIM 的监督管理。实现在监项目、监督检查计划、监督检测计划基于 BIM 模型的信息化填报、监督手续线上办理、实施情况的在线监督、监督通知书的自动生成、举报调查事项信息上传以及事故信息查询等。

（2）基于 BIM 的监理管理。利用 BIM 模型，建立监理企业信用体系、监理人员执业管理体系两个体系，促进监理行业的稳步发展，监理队伍素质不断提高，实现监理诚信体系的完善，打造出一批重合同、守诚信、精管理的品牌监理企业。

（3）基于 BIM 的诚信管理。完成招投标违规行为、建设期通报、信用评价结果以及不良行为等信息的发布、查询、管理。

3.5　基于 BIM 的建设管理平台数据架构

数据架构由面向主题信息模型、公用基础数据编码、建设综合数据库、公用基础信息模型及公共基础数据服务组成。

数据架构从总体角度描述了基于 BIM 建设管理台的数据资源与数据流向结构，围绕建设项目永久机构、项目结构、人员组织、实体项目、编码数据等基础数据以及建设管理业务数据"分类、定义、管理、整合"，从数据采集开始，到数据获取、数据清洗、数据管理、数据应用、数据共享的全过程进行数据全生命周期管理，实现面向工程建设管理、工程项目管理、工程监督管理等主题信息模型服务应用目标。

基于 BIM 建设管理平台的数据架构是基于 EA 理论，通过建立面向对象的工程信息模型，将建设业务实体和业务运作模式分别抽象为信息对象和对应的属性和方法，建立工程信息模型主数据映射关系，将公用基础编码及主数据从各业务系统中抽取出来，通过制定统一的标准，规范数据格式，确保建设管理主数据的一致性，建立全路集中的主数据库，实现公用基础编码及主数据变更的全程监控，并配套建设相应的组织机构和管理制度，为全路提供统一的主数据服务，最终实现企业基础信息抽象为企业信息。

3.5.1　BIM 应用信息流程

　　信息的传递是联系各层的纽带，也是集成和协同的基础，信息能够为各层间的共享提供支持。对介于上层 BIM 管理层和下层 BIM 单元应用层之间的执行控制层来说，在信息传递的过程中对信息进行明确分类和有效处理是非常重要的。BIM 管理层向执行控制层提供建设计划等信息，驱动执行控制层的运作；同时执行控制层也将来自 BIM 管理层的建设计划信息细化、分解。执行控制层向上层提交建设任务情况、材料消耗、进度状态等涉及建设过程实时状态的信息，向 BIM 单元应用层下发作业任务的准备工作信息等（图 3.5 - 1）。

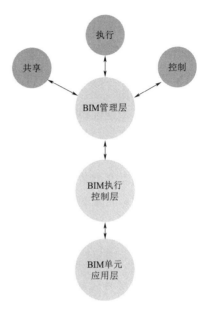

图 3.5 - 1　BIM 信息应用流程

　　BIM 单元应用层将相关过程信息反馈至执行控制层。

　　BIM 共享信息：指 BIM 建设执行控制模式中 BIM 管理层所发布的信息，包括项目基本信息、设计图信息、WBS（工作分解结构）、工程量清单和主计划等，能够为执行控制层提供基础应用信息。

　　BIM 执行信息：反映 BIM 管理层下达的作业计划的整个执行过程，记录建设流程、任务状态、进度状态、质量信息和重要节点信息等。

　　BIM 控制信息：从底层采集的建设状态实时信息，包括在建任务的建设数据、材料消耗情况以及设施的使用情况等，这些信息经执行控制层处理后向 BIM 管理层反馈短期建造任务的完成情况，触发作业计划的调整和优化。工程建设 BIM 应用范围主要包括设计阶段应用、施工阶段应用、竣工交付应用等方面。通过设计成果交付施工阶段，在施工阶段进行深化和信息附加形成完整竣工资料交付运维阶段，进而将设备设施的运营和维护数据进一步分析形成设计优化信息，反馈到设计，形成闭环管理，有利于从设计源头对项目进行优化。

3.5.2　面向主题信息模型

　　针对建设领域多专业、多业务、多应用交互复杂的实际情况，综合应用基于规则的数据加载及清洗技术、海量数据交换共享技术、基于内存计算的 Redis 技术、海量数据表分区存储的方法、基于时间戳的数据版本管理及追溯技术、定制化模式数据模型方法等，实现数据应用规范化、功能模块组件化、业务流程集成化、应用服务标准化和各种应用与服务之间松耦合访问，从而满足基于 BIM 的建设管理平台应用多变、数据融合、功能复杂、信息共享、业务协同的真实需要，最终实现面向工程建设管理、工程项目管理、工程监督管理和综合协同管理等主题信息模型服务。

按照工程建设管理所涉及的对象角度划分，按照一个建设项目为中心，建立工程项目管理、工程建设管理、工程监督管理和建设协同管理四大主题，建立建设工程相关对象（各主题）之间的关系，从而理清楚建设工程的基础数据关系；并以工程信息模型为载体，实现工程建设信息和 BIM 模型自动映射、数据组织和关联建立。

3.5.3　公用基础数据编码

工程建设全生命周期公用基础信息模型的统一数据编码。公用基础编码包括项目类、组织类、人员类、文件类和 EBS 及 IFD 等基础信息编码，是将信息数据按照一定规则与要求，采用字母、数字、符号或其多种组合方式进行编码，形成唯一编码，实现信息的有效传递。

（1）项目类基础数据编码。依据《工程施工质量验收标准应用指南》《基本建设工程综合概算章节表》，制定统一的项目分类编码标准，作为服务于工程建设各业务信息系统的用以标识建设信息元素的唯一代码，规范化全路所有项目管理。

（2）组织类基础数据编码。为了对工程建设各参与单位和工程建设项目机构进行全路统一分类管理，制定规范的组织类编码标准，便于规范化管理工程建设与相关信息存储以及信息检索。工程建设中的实体单位编码由 7 位组成，分为三个层面，前三位为第一层面，表示一级单位；第 4、第 5 位为第二层面，表示二级单位；第 6、第 7 位为第三层面，表示三级单位。

（3）文件编码。为了便于文档信息管理，对工程建设用的文件进行分类编码。文件编码采用可变长度，分成 3 节，采用"-"进行连接。

（4）IFD 编码。工程信息模型的分类遵循 ISO 12006-2《房屋建筑　施工信息的编制　第 2 部分：信息分类框架》体系框架编制工程信息模型分类和编码标准，标准采用面分法，分为建设资源、建设过程、建设成果信息模型。

（5）EBS 编码。综合考虑工程建设全生命周期管理的要求，将工程各专业实体工程合理划分成适合信息化管理的建设单元。并根据各专业的特点进行工点划分，作为 EBS 第一层级，之后针对工点进行 EBS 分解。

（6）模型构件编码。模型构件类基础信息是管理工程建设领域相关的桥梁、隧道、路基、线路、站场、四电等专业的 BIM 信息模型及构件进行集中统一管理。

3.5.4　建设综合数据库

将公用基础数据进行提取并整合，统一规范公用基础数据，建立一个统一的建设综合数据库，根据数据源类型的不同将数据源分为四大类：模型数据、业务数据、基础数据和GIS 数据。

根据三维建模技术的不同，模型数据分为 BIM 建模软件参数化模型、基于三维扫描的点云模型、基于倾斜摄影的图像模型以及 IFC 模型数据和轻量化模型数据等。

业务数据包括工程建设管理数据为涉及工程规划设计、建设监督、验收管理和规章标准业务数据；工程建设管理为工程质量、进度、投资、安全、物资、协调开发、技术、绿色、施工和生产等管理数据；工程监督管理涉及监督管理、监理管理和诚信管理等业务管理数据。

基础数据即主数据涵盖工程建设全生命周期内各类基础数据，含组织类、项目类、机构类、人员类等主数据和IFC、IFD、WBS、EBS、CBS、PBS、OBS等基础编码数据。

GIS数据按照工程建设全生命周期阶段划分，即基础地理信息库和勘察设计、工程建设、运营维护等过程地理信息库，满足建设地理信息需要的各种数据。

3.5.5 公用基础信息模型

所有的项目均需要通过设计单位、建设单位、监理单位与施工单位的协同工作共同完成；各个参与单位均有相应的组织机构与人员；所有项目的勘察设计、施工以及运营各个阶段均会产生各类文档信息；工程建设各阶段中项目类、文档类等信息均需要进行编码与字典管理。依据此类共性特征，总结工程建设全生命周期相关的主要公用基础数据，包含项目类、组织类、人员类、文档类和模型构件类等五类基础信息模型，以及编码和字典等公用资源数据，由此研究构建工程建设全生命周期的公用基础信息模型。

3.5.6 公用基础数据服务

通过公用基础数据抽离工程建设相对静态的业务数据，实现对业务数据的支撑和解释，便于对数据进行统一维护和管理，为各业务应用系统提供统一的、规范的工程管理基础平台，为应用平台各业务系统提供项目、组织、人员等基础数据和流程、报表等公共的运行服务。

（1）公共运行服务主要通过地理信息、服务总线、流程引擎、消息队列、认证授权、日志服务、搜索引擎、大数据等技术为业务应用提供统一的运行支撑环境，保障平台高效运行。

（2）基础数据应用服务包含基础数据管理以及系统管理，提供界面对基础数据及系统配置等参数进行操作。

（3）各类数据通过ESB数据总线进行注册登记，ESB数据总线对各类数据进行集中统一管控，为各业务应用系统提供统一数据服务。

3.6 基于BIM的建设管理平台技术架构

技术架构是采用面向服务的多层次技术体系，为上层的业务架构、数据架构、应用架构提供技术支持，是整个基于BIM的建设管理平台的部署、分布和技术环境的技术实现。基于虚拟化技术对计算、存储、网络等虚拟化资源进行统一管理，为工程管理平台的各种应用模块提供按需获取的应用服务和数据存储资源，减少重复投资，实现资源的公用共享和最大化利用。

技术架构由BIM基础设施、三维数字化技术、数据管理及应用服务技术构成（图3.6-1）。BIM基础设施技术是BIM实施的基础支撑体系，包括计算资源、存储资源、网络资源、移动互联、信息感知以及安全资源；基于虚拟化技术对计算、存储、网络

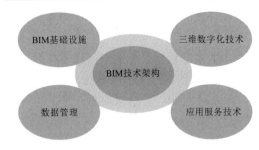

图 3.6-1　BIM 技术架构组成

等虚拟化资源进行统一管理，实现大模型数据、空间地理信息数据的海量存储、数据访问的超大规模并发和计算的并行处理，为工程管理平台的各种应用模块提供按需获取的应用服务和数据存储资源，满足建设管理各种按需获取的应用服务和数据存储资源需求，为工程建设管理提供支持业务、数据和应用服务必需的基础设施能力。

三维数字化技术是以 BIM 为核心的关键技术，包括 BIM 建模及分析软件、BIM 模型转换工具、多源数据融合技术、WebGL、ActiveX、HTML5、云引擎技术及 3S 技术等；基于 BIM 建模软件实现工程信息模型建立，基于 BIM 模型分析软件进行 BIM 分析应用，基于 BIM 模型应用软件实现对 BIM 建设管理信息整合、综合处理和深度应用；引入地理信息系统（GIS）、云计算、物联网以及大数据等，综合采用内存计算、分布式存储、并行计算、倾斜摄影、电子沙盘等技术，为实现复杂场景的建设三维综合应用提供技术支撑。

数据管理及应用服务技术基于数据存储和访问技术，实现对 BIM 数据存储、数据管理、高效查询、传输以及数据访问，解决面向建设的结构化模型数据和非结构化的文档数据；是面向 BIM 应用架构的服务总线，以服务总线的方式，通过服务接口的 WSDL 文件在 UDDI 服务注册中心查找定位相应的服务，为基于 BIM 的工程建设领域各种多源异构的信息化系统提供稳定、可靠的数据共享服务和应用服务支撑。

3.7　基于云计算 BIM 应用的架构构建

3.7.1　体系架构的演化

软件体系架构也称为软件体系结构，是指可预制和可重构的软件框架结构，是构建计算机软件实践的基础。软件体系架构有两个要素：一个是软件系统从整体到部分的最高层次的划分；另一个是建造一个系统所作出的最高层次的、以后难以更改的、商业的和技术的决定。前者指一个系统是由哪些元件组成的，这些元件如何形成、相互之间如何发生作用；后者指该决定必定是有关系统设计成败的最重要决定，必需经过慎重的研究和考察。

软件构建从产生到现在经历了多种架构的变革。每次变革在一定程度上都是为了处理不断增加的软件复杂度。对软件体系架构的研究，一方面可以为基于软件体系架构的重用带来可能；另一方面在指导系统设计时，有利于在宏观层次上进行软件开发质量的控制。当前软件体系机构的模式由面向过程的体系机构技术（Process Oriented Architecture，POA）、面向系统的体系架构技术（Entirety Oriented Architecture，EOA）发展到面向服务的体系机构技术。体系架构的演化、软件技术的进步对 BIM 软件平台的设计思想和产品开发等均有着深远的影响。

3.7.2 架构类型的考量

根据实际的 BIM 应用中数据的使用方式，BIM 应用可分为三种（图 3.7－1）：以计算为中心的应用、以数据为中心的应用和需要兼顾计算与数据的应用，对应的架构也有类似的三种类型的架构。

（1）以计算为中心的 BIM 应用架构考量。通常见到的大部分 BIM 应用，计算所需的数据量往往都不是很大，而影响执行效率

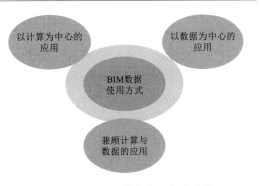

图 3.7－1　BIM 数据使用方式分类

的通常是计算量。这样的应用，有基于 BIM 的建设设计中的实体造型、建设建模、创建复杂建设实体、利用真实感渲染技术将几何模型和计算结果转换为逼真的三维及两维图像或虚拟动画，基于 BIM 的建设结构分析（比如有限元分析），基于 BIM 的节能分析、舒适度分析和日照、采光、通风、声音、可视度等建设品质分析等。此类应用由于单个计算所需的数据量较小，数据传输的代价小，故可以将数据集中存放，并根据计算的需要实时发送数据，由多台计算机同时计算，以提高计算速度。当某 BIM 应用需要提高计算速度时，除了利用本机的多线程编程外，应侧重选择并行计算。对于前端因特网应用可以使用负载均衡器来解决，对于后台的大计算量可以选择 Platform Symphony 等工具来解决。

（2）以数据为中心的 BIM 应用架构考量。该应用与前者的区别在于计算所需的数据"量"。当需要的数据量较大，数据传输的时间消耗远远大于使用多台计算机共同计算所节省的时间时，单纯地使用多台计算机提高计算速度甚至都不如通过在数据所在的服务器使用多线程计算来提高计算速度。针对这样的 BIM 应用，采用 Google 的 MapReduce 计算框架（利用 hadoop 实现）是现在最为有效的计算方式，它将数据在最初产生时就分布存储在分布式文件系统中，每一个数据存储节点同时也是数据计算节点。这样，就大大节省了数据传输时间，提高了计算速度。

（3）需要兼顾计算与数据的应用架构考量。在实际应用中还存在需要兼顾大数据量与计算量的 BIM 应用。针对这样的情况，可以采用分而治之的方式，将该 BIM 应用的不同功能模块根据实际情况采取不同的技术，比如前端使用负载均衡器提高用户相应速度，后台大数据量计算借助 MapReduce 结构来解决，从而提高计算效率。

3.7.3 BIM 应用体系架构

BIM 应用中单纯的以计算为中心的应用或以数据为中心的应用较少，相对而言，当前面临的计算问题要比大数据问题突出。因此，基于云计算的 BIM 应用体系框架选择在偏重计算的同时应兼顾以数据类型的应用。从下至上包括支撑层、应用层、门户层和用户层等四层和安全及保障体系、标准及管理体系和云计算管理及支撑体系等。其中支撑层的设计及配置是满足两种类型应用的关键，具体构建云环境时可以根据应用类型主次及经济能力适当取舍。由于 BIM 系统涉及了建设领域各企业大量工程信息，企业本体信息和工程项目本体信息在 BIM 应用系统中高度地集中，所以基于云计算的 BIM 应用系统安全问

题比传统的应用模式下管理风险性高得很多。倘若发生安全问题，可能会给建设主体企业和有关企业带来巨大损失。而基于云计算的 BIM 应用系统本质上是一种基于网络的集成管理体系，体系的安全是 BIM 在工程项目顺利实施的前提保证。安全体系及保障体系应在满足 Cloud & BIM 应用系统能够高效地分享信息、能够满足不同企业、不同用户的信息管理需求和权限需求以及能够满足数据动态更新和可视化的要求等前提下进行构建。主要包括数据和设备安全防护体系、账号和网络安全防护体系和应用层安全防护体系等三个子防护体系。此外，标准及管理体系和云计算管理及支撑体系等，也是保障应用体系架构实施和运行的必要条件。

支撑层包括支撑平台运行的各种物理资源、虚拟资源和相关的云计算工具。它们一起构成了 BIM 应用的云计算基础环境。包括 BIM 云平台的基础层和平台层，主要提供 BIM PaaS 和 BIM IaaS 两个层次的服务。应用层包括了各类 BIM 应用程序子层和数据类型子层，该层主要将建设处理及信息服务组件按照 Web Service 标准进行封装，并能通过工作流引擎（通过基于 SOA 的建设业务流程整合套件实施）进行业务流程建模。Autodesk Architecture、Bentley Architecture、ArchiCAD 和其他 BIM 辅助软件实际上是以各类服务形式提供。语义检索是基于本体的信息检索模型，可为用户提供先进的检索功能，通过各种资源整合形成检索结果。

移动应用程序主要针对便携设备，其主要功能为 BIM 模型的信息反馈。应用程序子层下面是应用程序所采用的数据类型层。RDF/OWL 语言是对基于 IFC 标准的 BIM 模型的补充，用于表达 Web 资源元数据和对建设领域本体进行语义描述的语言，借助 RDF/OWL，基于 IFC 数据格式的 BIM 用户的搜索和信息交换就有了扩展的可操作性，同时也为其他 Web 应用系统集成到 AEC 领域提供了一个有效的手段。

应用层是 BIM 云应用框架中很灵活的一层，不同的云服务提供者可以依据需求，部署或构建不同的 BIM 程序服务、BIM 编程接口服务及其他 BIM 辅助接口。

门户层提供了注册、计费、权限分配、界面、目录和个性化等服务功能，这是 BIM 应用平台良性运行管理的保障。考虑云模式下交互增多，为缓解网络传输负荷，采用 AJAX 技术增强 BIM 应用的交互性。门户的界面的美观友好，使用 RIA（Rich Internet Applications）来加强。

用户层对应建设过程中的各类用户，通过授权，可利用终端设备，如 PC、工作站、平板电脑（如 iPad）、手机（如 iPhone 或 Android 系统）和传感器（收集数据）等，通过门户层授权验证可以访问 BIM 的三个层次的功能服务：BIM 应用软件功能服务、BIM 数据服务、BIM 数据安全服务、BIM 协同服务、BIM 开发环境、云高性能计算和存储服务等。

3.7.4　架构实施的关键技术

基于云计算的 BIM 应用平台基础架构具体实施可以原服务器及存储系统为基础。云计算平台当前有 Open Source 版和 Enterprise 版，前者主要有 AbiCloud、Hadoop、Eucalyptus、MongoDB、Enomalism 弹性计算平台和 Nimbus 等，后者包括 Microsoft 的 Azure、Google、IBM、Amazon、Oracle、Saleforce 和 EMC 等提供的商业化云计算平台。

对于基于云计算的 BIM 应用构建，生命周期模型、并发模型、多重螺旋模型将成为主流，在平台部署后、中间版交付、不断升级将成为常态。并行计算技术、虚拟化技术、分布式文件系统技术、负载平衡技术、系统监控技术、云安全技术、MapReduce 技术、云内数据容灾备份技术和云计算中间件等技术均是基于云计算的 BIM 应用架构实施的关键技术和重要的支撑技术。但它们几乎是所有云计算架构实施的技术。

与 BIM 应用关系密切的关键技术主要集中在该架构的应用层及数据管理层，主要包括本体论技术、数据组织与管理技术和 BIM Web 服务建模技术等（图 3.7 - 2），分别用于解决基于该架构的 BIM 应用的语义问题、数据组织管理问题和面向云计算的 BIM 应用的 Web 服务建模问题，涵盖了该架构包含的主要功能，它们是架构具体实现的核心。

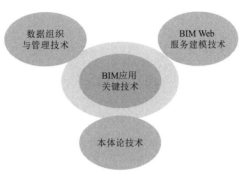

图 3.7 - 2 BIM 应用的关键技术

本体论技术在三者之间居于中心位置，它是 BIM 应用中数据一致性理解的基础，同时也是语义检索、BIM Web 服务建模中进一步的基于本体的需求工程、服务发现和服务组合的语义技术基础和理论研究基础，还有基于本体的不同数据源的数据集成等；数据组织与管理技术是基于云计算的 BIM 应用的数据基础，主要为上层各类 BIM 应用提供数据服务；BIM Web 服务建模技术是 BIM 应用系统构建的基础，是领域企业软件生产技术，是在云模式下转化成领域应用软件的技术核心。本体包括对建设领域的基本概念的机器可理解的定义，其目的是：①在使用信息的人们或软件代理之间形成对信息结构的共同理解；②使领域的约定明确，并能重用领域知识；③通过领域知识进行分析和推理。

建设工程信息或数据不仅包括结构化方式存储的结构化数据，以 IFC 数据为主，还包括半结构化和非结构化数据，它们是与 BIM 应用相关的重要数据，是工程建设中海量数据的重要组成部分，将与结构化的工程数据相互关联一起构成 BIM 数据。因此，BIM 数据的存储与访问需要同时处理结构化、半结构化和非结构化数据。通过分析建设工程中不同阶段的计算机应用发现，该领域中的数据量巨大、建设工程中的类型复杂多样、分散存储、建设工程的参与方众多，具有大数据的特征。因此，在基于云计算的 BIM 应用框架下，数据的组织与管理研究具有重要的理论和实践意义，是该架构实施的又一关键性技术。

过去 BIM 应用系统基本是采用"面向系统"的体系架构，这些系统规模大且复杂，开发周期长，维护困难且成本高，扩展性差；系统中的功能很难单独升级和替换；各个系统的功能不能为另一个系统共享。如何建成一个开放、可扩展的功能服务支撑体系结构，以满足各类应用需求，已经成为 BIM 应用系统下一步的发展问题。新一代的 BIM 应用系统应首先研究和建立面向服务的体系结构和机制，才能为适应领域的各种业务需求提供支持。在面向服务的体系架构支撑下，搭积木式的组装软件的梦想才会得以实现，BIM 应用系统的构建和维护就变得更加简单。BIM Web 服务是基于网络的一种软件构建模式，它通过规范性的设计、发布、实现和调用，可以实现多个 BIM Web 服务构建成了一个完整的 BIM 应用程序功能。另外，当前现存的几乎所有的 BIM 应用系统间都是通过 IFC 中性文件进行信息转换的，由它带来的问题如果采用 Web 服务方式是解决问题的比较有效的途径。通过 BIM Web 服务建模，能够使得传统的 BIM 软件系统的构建方式将转向使用 BIM Web 服务组合构建应用程序来完成。BIM Web 服务建模，是该架构实施过程中较为复杂的技术难题。

第4章 BIM 多源信息分类与编码体系

4.1 建设施工信息分类与编码现状

利用统一的分类编码体系可以规范与联系不同结构的数据集合，进而支持施工多源信息的集成。然而目前施工阶段应用编码标准无法覆盖全部概念，各建设信息分类与编码标准也主要针对设计信息，对施工信息划分不精细且存在遗漏。与此同时，缺乏自动为数据集合添加编码的技术也制约了信息分类与编码标准在施工阶段的应用。

4.1.1 信息分类与编码现状

建设工程是一项参与方众多的动态且复杂的生产活动。一个建设工程项目的顺利进行可涉及数十个不同专业领域的工程师或技术人员的协同工作。工作的协同是以信息的高效与正确共享为前提的。不论信息的存储形式，保证其正确共享的主要方式是对其进行分类。分类的意义在于：①统一概念称谓，避免在信息共享、交换与集成等环节中产生误解或多义；②限制信息的范围，使信息的生成更易操作；③支持在信息中进行精确检索并提取部分内容，对于在沟通过程中快速定位问题、提高效率有显而易见的帮助。

BIM 的数据存储标准 IFC 的定义也属于对信息分类的过程，其相对于一般信息分类的特别之处在于其对各概念的存储结构与它们之间的关系进行了详细定义。但是一般的信息分类可以支持多类型的多源数据，相对于结构化的数据格式更具普适性。由于在分类的过程中，常对各类别附加编码，最终形成的分类体系亦可称为编码体系，因此常将整个过程称为分类与编码过程，而称结果为分类与编码体系。添加编码对于分类结果的应用提供了更多的可能，如标识、检索等。但编码的编制不仅依赖分类，一些不可枚举的信息或者随机生成的唯一标识也可作为编码的一部分，用于描述某个对象的属性特征。因此，编码的意义是超出分类的。

建设信息分类与编码体系是指针对建设工程全生命周期中所有信息进行的分类与编码。此类体系的基本依据是 ISO 12006-2《房屋建筑 施工信息的编制 第 2 部分：信息分类框架》，该标准对建设工程全生命周期中可能涉及的所有概念均进行了归类与关联性分析，形成了一个概念模型。在该标准的 2015 版中，提出的概念模型中包括了三个核心概念：建设成果、建设过程以及建设资源。该标准认为，建设工程整体或其中的某个关键活动均可认为是将建设资源经过建设过程形成建设成果。这三个核心概念又可进行分解，形成了建设信息、建设产品、建设人员、建设工具、管理、建设过程、综合体、建设实体、空间、建设元素、工作成果、建设属性等类别。这些类别对建设工程信息进行了切分，保证了切分后的各概念集合间不存在交集，即成为面分类的基础。以 ISO 12006-2

为基础的分类与编码体系具备以下特征：

（1）仅具有分类意义。编码完全依赖分类的过程，即编码仅作为分类枚举项的标识而不用作其他解释（如流水序号或数值）。

（2）具有多个分类表。以 ISO 12006-2 中对信息的划分为基础，各概念集合无交集，各成一个分类表。不同表中的编码可相互组合，从不同的角度共同描述和定位一个概念。

（3）逐级分解。在各分类表中，均采用逐级分解的线分类方式。最终一个分类表可形成一个树状分类结构。该树的每个节点与所有子节点是包含关系。若将体系中的所有分类表的根节点作为同一父节点的子节点，该体系即成为一整棵树。以 ISO 12006-2 为指导标准，目前国际上使用最广泛的建设工程全生命周期信息分类与编码标准包括 Uniclass 以及 OmniClass。

Uniclass、OmniClass 以及 GB/T 51269—2017《建筑信息模型分类和编码标准》与 ISO 12006-2：2015 中建议的分类表虽然大部分可对应，但仍有部分差异。其中，Uniclass 缺少了工作成果和建设属性这两个类别，但增加了 CAD 相关概念，同时将建设元素进一步划分为元素和系统这两种概念。OmniClass 与 GB/T 51269—2017 的结构一致，缺少了综合体这一类别，同时对建设产品、建设人员、管理、建设过程、建设实体与建设空间进行了进一步划分或进行了调整。在各表内部的分类方式方面，虽然同样采用了线分类的方式，但即使同时与 ISO 12006-2 中的某个表对应，三个分类与编码标准中相关表的分类结果仍存在差异。这些差异主要体现在如下四个方面：

1）分类细度。不同标准的两个表中，对于一个概念的划分存在细度的差异。如在一个标准中通过分类得到了某个概念，但在另一标准中将此概念拆分成了多个。如 Uniclass 中的"En_25 文化、教育、科研与信息实体"，在 OmniClass 和 GB/T 51269—2017 中则分别定义了文化、教育等建设类型的概念，而并非这一总的概念。同时，分类细度的差异还体现在分类的深度方面。如对同一概念，有标准会进一步划分，而有标准不会。如 Uniclass 中的 En_25_10_60 高等教育建设，可与 OmniClass 中的 11-12 24 更高教育设施对应，但后者进行了进一步划分。

2）分类广度。由于文化或应用环境的差异，在对一个概念进行分类时，一个标准中所考虑的范围可能与另一个标准存在区别。例如在 Uniclass 中的 EF_45 动植物元素，在 OmniClass 中并不包含。而 GB/T 51269—2017 中的 11-10.10 场地，在 Uniclass 与 OmniClass 中均不包含。

3）概念理解。不同标准对同一概念的理解存在的差异会导致这一概念下的分类出现差异。如 OmniClass 中的 11-15 游乐设施，其中包括了运动设施。但 Uniclass 中虽然有 En_40 游乐实体，但同时还定义了 En_42 运动与活动实体。因此例如高尔夫等户外运动的概念属于 11-15 但不属于 En_40。GB/T 51269—2017 中类似，分别定义了 10-09 游乐休闲建设和 10-13 体育建设。

4）分类依据。两个标准中，两个表的分类依据可能存在差异。如 OmniClass 中的 11-51-65 桥梁，被划分为车用桥、铁路桥以及人行天桥，而在 Uniclass 中的 En_80_94 桥梁，被划分为固定桥和开启桥。虽然两个标准均采用了功能作为分类依据，但倾向是完全不同的。实际的情况常比该例子更复杂，某个概念在不同的标准中可能被放置在了完全不同的父分类结构中，即向上的所有分类依据都不一致。

　　现有的建设工程全生命周期信息分类与编码标准中，分类差异基本难以避免，并且很可能混杂出现，导致两个体系基本无法融合。因此若为了在一个项目中同时应用多个分类与编码体系而对它们进行统一是困难的。但这些标准，特别是 OmniClass 与 GB/T 51269—2017，由于更新频率较低，并且在制定过程中的分类方法、细度与范围并未在工程中得到充分验证。因为即使是同样遵循 ISO 12006-2 的标准，它们的分类结果也产生了很大差距，所以在并未得到充分验证之时，单独使用这些标准以完全满足实际工程对信息分类的需求无疑是困难的。上述两个原因导致了这些标准在实际工程中的使用受到局限，并难以推广。同时，目前仅有 GB/T 51269—2017 中对分类与编码结果的扩展提出了原则性规范。而尚未见到一个建设工程全生命周期信息分类与编码标准针对性扩展与编制工作的具体方法。现有的各标准仅分别体现了对建设相关信息的一种具体的分类与编码方式。它们是局限的，但基于 ISO 12006-2 的分类方式使它们有了扩展与修正的潜力。同时，它们的分类方式与编码结构具有显著的相似性。

4.1.2　信息分类与编码的需求

　　信息分类与编码在建设工程项目的全生命周期均可产生作用，但在施工阶段尤为显著。在项目的规划与设计阶段，信息交互主要出现在设计组织内部各专业人员或不同的设计组织之间。而在施工过程中，发生了设计方与施工承包商之间的信息交互，相对于仅设计方之间的信息交互，统一的编码更成了沟通设计成果的关键。同时，对于施工的项目管理，对于组织、资源、进度、成本等信息的分解与编码是传统且必要的工作。至于项目的运维阶段，由于人员与日常工作趋于稳定，因而在运维过程中一般不会产生新的分类编码需求，可能在运维之初需要对资产进行分类编码便于后续的资产管理。按照编制的依据，建设工程的施工过程中使用的分类与编码可分为如下三种类型（图 4.1-1）。

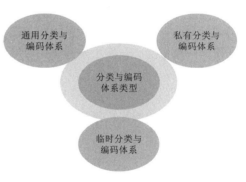

图 4.1-1　工程信息编码体系类型

　　（1）通用分类与编码体系。对于一些十分系统化的专业领域，或者一些普遍必要的需求，在国际与我国间，存在一些标准对工程建设相关的信息分类与编码进行规范。这些标准可能并不仅针对工程的施工阶段，可能不局限于建设工程，也可能仅针对建设过程中的某一类管理活动，但它们在建设施工过程中都可以广泛应用。然而由于缺乏针对性这一共同的缺陷，在实际应用的过程中难免遇到编码细度不够、范围过小或分类原则与编码形式不合适的问题。

　　（2）私有分类与编码体系。由于通用分类与编码标准存在的适配问题，部分企业出于对分类编码的强烈需求，会自己制定企业内部编码。这类编码一般与企业在建设项目中的角色与工作模式密切相关，在企业的各项活动中对内部人员的沟通以及对外部人员的成果交付均有帮助。但即使是同一行业，各企业之间的业务范围与工作模式难免存在差异。而一般此类标准在编制过程中也以便于使用为主要目标，因此这种标准一般不易推广。

（3）临时分类与编码体系。在现代施工项目管理方法中，临时的分类与编码过程不可避免，如 WBS。由于建设设计结果以及施工组织设计的差异，不同的建设工程项目中，对于施工工作的划分方式是有区别的。而施工管理人员以及其他参与各方的差异，也同样会造成工作划分方式存在区别，如在一般的建设工程中，对机械设备产品的分类与编号。

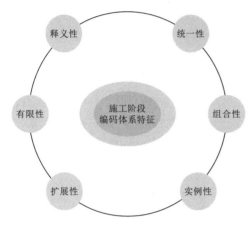

图 4.1-2　施工阶段编码体系特征

这些临时制定的分类方法与编码方式不论在范围与扩展性上均具有显著的局限性。而若各项目均需要重新制定这些编码，那么不论在效率或结果方面均存在缺陷。建设施工分类与编码的主要问题在于标准的不完善与扩展困难。通过分析这些分类与编码标准，结合对应用现状的分析，适用于施工阶段的分类与编码主要具备以下六个特征（图 4.1-2）。

1）释义性。与所有在信息分类基础上的编码相同，建设施工分类与编码体系所产生的编码，其能表达一定的信息。可通过极有限的资源明确表达一系列关键信息，这一特征的重要性在条件有限的施工现场极为突出。

2）统一性。分类与编码体系的所有使用者必须使用同一版本，并且对于每个概念，对其进行分类与编码的方式必须相同。这一特征的重要性主要体现在多个分类与编码体系共同使用的条件下。在使用多套分类与编码时，对它们负责的范围以及使用方式的统一是施工前的必要工作。

3）有限性。主要体现在单一编码的有限性与分类体系的有限性两方面。单一编码的有限性不仅指的是编码所体现的信息是有限的，同样指编码长度是有限的。前者主要体现在编码中一般不会放置存在无限可能的信息片段，比如构件的体积、长度等，因为这些信息一般不作为划分依据。后者主要体现在分类规则中，一般并不允许在编码的应用过程中补充额外的信息，即分类与编码体系在指定完毕后不应更改。此举是为了保证分类和编码的统一性在应用过程中不发生变化。分类体系的有限性指的是一套分类与编码体系能够覆盖的范围是有限的。其根本原因是信息在不同的使用情形下所需要的分类角度是不同的，同时由于工作量与专业性的问题，一般的分类与编码标准也不会涵盖多个不同专业的概念，而是针对一类专业领域或者一类关键活动所设计的信息进行分类。

4）组合性。分类与编码的组合性来源于其本质是一系列有限的信息集合的关系定义。在一套分类与编码体系的内部，一个编码结果是由多次分类或者编码片段的附加组合而成的。实际上编码结果的形成即是对多个集合中求交集的过程。而在一套分类与编码体系最终得到的交集并不能精确定位到希望描述的概念时，通过引入其他的分类与编码体系继续求交集则是明智的选择。当然，交集只是分类与编码的一种基本组合方式，根据不同的用途，采用不同的组合方式是可能的。

5）扩展性。当现有的分类与编码体系不能覆盖应用需求的范围时，可以根据其分类的依据按照需求进行扩展。对现有的分类与编码体系进行扩展的主要原因包括两个：第一，现有体系细度不够，无法精确定位概念；第二，现有体系无法覆盖目标范围。这两种情况若在应用过程中出现，对体系进行临时的扩展是唯一的选择，而非等待体系的更新。

6) 实例性。在建设施工中的编码不仅体现分类的结果，一般会对所有概念的对象进行唯一的标识。因为即使是同一类对象，它们在工程上也必然存在不同的属性，比如空间位置、使用日期等。只有通过唯一标识完全区分才能在施工以及后续的运维阶段实现单一对象级别的工程应用。

建设施工分类与编码的释义性与实例性是其主要的功能特征，统一性、有限性是其应用限制特征，组合性、扩展性是其应用优势特征。组合性与扩展性可有效弥补有限性，而统一性为保证在超出原有限制时仍可使用提供了依据。

在知识的形成与复用方面，通用与私有的分类与编码体系已经可以从一定程度上避免分类与编码工作的低效以及结果的不稳定。但在我国的工程建设中，除了使用强制要求采用的分类与编码体系，更普遍的现象是编制临时的分类编码甚至在项目中对部分信息不制定统一的分类方式。由此造成的重复工作以及对信息沟通带来的阻碍是可以预见的。而企业内部制定私有的分类与编码体系实际上也是通用体系不完备这一环境下的无奈选择。因此，需要一个针对施工阶段并且普适性高的分类与编码体系。但编制合适的通用分类与编码体系十分困难。因为工程建设涉及的信息覆盖各专业领域，所以需要形成一个可对所有这些信息进行分类的编制委员会，此种方案的可行性很低。而在编制过程中，各领域内的信息分类方式需要满足大部分建设活动的需求，这种完备性要求在没有知识积累或指导性标准的情况下，很难在短期内满足。而同样由于分类方式难以确定，因此借助行业内的外部力量提供补充也会因无法确定评判标准而难以实行。鉴于完善通用分类与编码体系的困难程度，提高制定私有与临时分类与编码体系的便捷性也是可行的。

4.2 信息分类与编码扩展方法

信息分类与编码体系是解决我国建设施工分类与编码问题的常见方案。然而由于目前主流建设信息分类与编码标准亦有局限性，直接用于建设施工阶段仅可得到有限的效果。因此需要根据实际的需求扩展现有的信息分类与编码以符合施工过程中大部分活动的需要。建设信息分类与编码扩展主要包括两个方面：一方面是针对分类与编码体系（如各分类与编码标准）的扩展。这类扩展的主要目的是充实分类与编码结果，在原有概念的基础上细分、补充以完善整个体系。另一方面是针对编码形式的扩展。仅能表示类别的编码无法满足施工阶段的编码需求，因此需要在应用时添加其他与分类无关的信息。

4.2.1 信息分类与编码体系扩展方法

信息分类与编码体系的扩展包括面分类扩展与线分类扩展。面分类扩展指的是创建新的分列表，线分类扩展指的是补充与深化现有的分类表。基本扩展主要用于处理现有体系的分类广度无法达到实际需求的情况。为了保证在扩展后不影响现有分类与编码标准共同体现的特性，基本扩展应符合以下原则（图4.2-1）。

图 4.2-1　工程信息分类与编码的扩展原则

（1）分类表不相容。扩展过程中不删除原有的分类表，同时，新增的分类表与原有的所有分类表之间不存在相同的概念。这里的相同指的是概念的范围以及认知角度均相同。例如 Uniclass 中的 EF_65_80 空调，以及 Pr_70_65_03 空调元件。前者指的是具备空调这一功能的所有元素，而后者指的是厂商提供的空调设备与元件。前者用于对象的修饰，明确的是对象的一类信息，而后者用于定义对象的类别，明确的是对象的一系列相关信息。因此二者可认为是不同的概念。

（2）线分类方式的一致性。线分类的扩展过程中，需要避免在分类细度与分类依据方面与原体系出现差异。在分类表所代表的分类树中，对于已有子节点的分类节点，若需要进行纵向补充，则需与已有子节点保持一致。对于无子节点的分类节点，则应尽可能遵循分类表的既定分类方式补充子节点。

（3）线分类的补充性。与分类表不相容这一原则类似，线分类所增加的概念不应改变已有的概念，也不应与已有概念产生重叠。与之不同的是，由于一个分类表中的分类方式一般是一致的，即对于概念的认知角度一般不会产生差异，因此不存在同一概念范围但用不同角度分类的情况。这意味着对于某一个分类节点，除了所有父系与子系节点，其他节点与该节点不存在任何交集。

（4）线分类的非平行性。一个分类节点与所有子节点独立代表的概念是包含与被包含的关系。例如 OmniClass 中的 11-51 58 铁路，以及 11-51 58 11 重型铁路，二者不是平行的概念，后者的分类节点必然是前者的子系节点。扩展后的信息分类与编码体系亦分为通用体系、私有体系与临时体系。这三类结果是在不同使用情形中不同的约束条件下产生的。一个扩展后的通用体系需要满足基本扩展的所有四个原则，以保证扩展结果的质量。而私有体系与临时体系的要求则可降低。在扩展的四个原则中，分类表不相容、线分类方式的一致性以及线分类的非平行性难以保证在扩展过程中完全遵循。特别在分类体系扩展人员对信息分类不熟练的情况下，易受实际需求以及既有概念影响而忽视这些原则。这种情况在建设工程施工中应属常见。而如此分类的结果，可重用性存疑，但对于临时体系是足够的。因此，对于临时体系，仅需满足线分类的补充性原则即可。而对于私有体系，需要根据实际要求综合考虑。

4.2.2　面向施工的编码应用扩展方法

在建设施工分类与编码的 6 个特征中，释义性、有限性与扩展性是建设信息分类与编码体系能够自然满足的，统一性在使用过程中可以保证。组合性与实例性能否保证是能否将建设信息分类与编码体系应用于施工阶段的关键因素。就组合性而言，同一体系甚至不同体系中不同分类表的编码都可以进行组合，然而具体的实现方式有良好的自由度。就实例性而言，现有的建设信息分类与编码体系并不能满足对某一对象的精确定位，需要在现有分类编码的基础上添加唯一标识。对现有的建设信息分类与编码体系进行扩展使其能够满足工程施工阶段的组合性与实例性要求，是在基本扩展基础上的额外要求。这种扩展不涉及分类，可称之为编码应用扩展。

编码应用扩展可以从组合性与实例性两方面弥补其在工程施工阶段中的不足。实例性方面，可以添加唯一的标识码，使整个编码具备一定的唯一性。在原分类编码后，添加唯一标识码，并用一级分隔符分隔。由于分类编码中存在不需对象化的概念，因此该标识码是可缺省的。如 OmniClass 中的 21-07 10 10 工地清理，可能会用于表示某个对象的阶段，但其本身是不需编号的。当然对于可以对象化的概念，可存在因没有需求而不添加唯一标识的情况。如 Uniclass 中的 Pr_25_93_72_13 黏土素砖，在工程中并不需要对每块砖添加唯一标识，一般仅计量。与全局唯一标识码不同，这里扩展使用的唯一标识码主要为了区分类别编码相同的对象，因此一般简单采用数字或字母按顺序排列。如此，编码的更新过程需要采用特殊的方式以避免冲突。组合性方面，OmniClass 以及 GB/T 51269—2017 中提出了基于运算符的编码组合方式。这种方式适合在上下文为自然语言的环境下或作为信息检索工具使用，但并不适用于结构化的信息模型中。在一个工程对象中，所有编码的组合关系一定是求交集，因此在对象内部也不需要复杂的运算符将他们组合。理想的编码是作为对象的属性值，如此可以结合属性名对该编码所表示的含义进一步确定。如使用 Uniclass 中的 SL_20_15_50 会议室以及 En_20_50_85 超市，表示某超市中的某会议室，可以为该会议室空间对象的"建设"属性添加编码 En_20_50_85，同时在"空间类型"中添加编码 SL_20_15_50。如果这个会议室同时是一个接待室，那么可以在"空间类型"中再添加 SL_20_15_71。这种对对象进行描述的结果是用运算符难以达到的。编码的组合分为属性间组合与属性内组合。有的编码用于标明与目标对象相关的其他对象，这些编码使用关联标识码。有的编码用于确定对象的具体类型，则使用类型标识码。修饰编码与类型编码的作用很接近，但一个修饰编码仅表征对象的一种特征，而一个类型编码一般会表征对象的一组特征。

4.3 施工信息分类编码应用方法

4.3.1 基于规则匹配的编码批量关联

为了使数据集合间拥有信息共享的能力，需要在它们之间使用统一的分类与编码体系。这些数据集合可以看作实体集合，因此整个过程可以理解为数据集合中的实体附加对应编码的过程。这个过程可以通过在生成实体时为用户提供界面而以人工或半自动化的方式进行。但在实际项目中，很多情况下并无法修改软件系统的逻辑或者数据存储方式。这种情况下利用人工添加编码效率低且易产生错误。因此，需要一个可以通过实体相关信息为实体添加对应的编码。由于数据集合中对信息的表达很可能与分类编码体系中不一致，因此很难提出基于这些数据集合中的已有信息生成编码的通用方法。本研究选择了另一种方式，先确定需要添加的编码，之后基于规则匹配获取该编码的所有相关实体，最后为这些实体批量添加编码。因为可以根据数据集合的具体结构制定匹配规则，这种方式能解决通用性问题。在介绍该方法前首先需要明确数据集合的描述视图（图 4.3-1）。该视图应是通用的，并可以展示数据集合内的信息结构。实体关系模型可以满足该需求。不论是关系型数据库、非关系型数据库还是应用程序中的逻辑模型（如 Autodesk Revit 中的各种对象），均可使用实体关系模型展示实体的相关信息以及它们之间的基本关系。

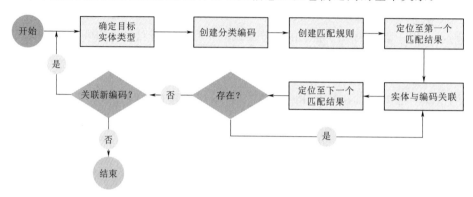

图 4.3-1　基于规则匹配的信息编码关联

首先确定规则匹配的目标实体类型，保证匹配结果是该类型实体的集合。之后确定需要关联的编码，并确定编码对应于数据库中的匹配规则。例如需要关联的编码标示的含义是"混凝土"，而目标实体类型是"墙"，并且具有一个"材料"属性，则匹配规则应为"'材料'为'混凝土'的'墙'"。遍历所有的匹配结果，即可将"混凝土"的编码与所有"材料"为"混凝土"的"墙"发生关联。

根据不同的数据集合访问场景，匹配规则可能存在不同的形式。对于数据库而言，匹配规则是 SQL 或者 NoSQL 的查询语句；对于一般的行业软件而言，匹配规则可能是一条或几条条件语句。它们的作用与结构基本一致，因此在这里统称为查询语句，查询语句中对某一个实体进行判断的部分统称为查询条件。以 SQL 中的单个 SELECT 语句为例，其查询条件是一个谓词，运算结果为布尔型，而一个谓词可能由多个谓词通过逻辑运算符组合而成。组成谓词的基本元素包括谓词运算符以及表达式。表达式的结果为值，包括变量和常量。这里的变量指的是此量在多个该类对象中可能存在差异。谓词运算符利用两端的表达式生成谓词结果。一个变量或常量也作为一个表达式存在，而一个表达式可以是以多个表达式为自变量的显示函数。

在规则匹配的过程中，属性是形成查询条件的关键。但由于实体间关系的不同，目标实体所能使用的可形成查询条件的属性以及它们的作用是存在区别的。对于目标实体（图 4.3-2），其规则匹配过程中可能使用到的属性，主要包括 5 类：第 1 类是自身的属性 1，第 2 类是具有一对多关系的实体 B 的属性 2，第 3 类是具有多对多关系的实体 C 的属性 3，第 4 类是具有一对一关系的实体 D 的属性 4，第 5 类是具有多对一关系的实体 E 的属性 5。其中，将除了属性 1 的其他属性均称为相关属性，该属性的实体称为相关实体。根据相关实体与目标实体之间关系类型的不同，相关属性的地位不同，应采取的查询方式存在区别，具体如下：

（1）一对多关系或多对多关系。由于某个目标实体与一系列相关实体关联，因此无法直接从目标实体得到某一个相关属性。此时需要首先对相关实体进行查询，之后以该结果

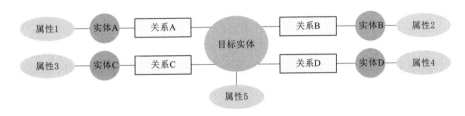

图 4.3-2 目标实体信息查询

完成目标实体的规则匹配。

（2）一对一关系或多对一关系。此种情况下由于对于一个目标实体而言，相关属性是唯一的，因此可以如自身属性一般对待，使用单次查询即可。

当然，目标实体与相关实体之间可能存在多组关系与实体，因此实际情况可能更复杂。考虑这些情况，相关属性分类标准可以提升为更通用的形式：以是否能直接通过一个目标实体找到一个唯一对应的相关属性为基准，若能，则是直接相关，否则为间接相关。对于直接相关的属性，只需要对目标实体的集合进行一次查询即可。但是对于间接相关的属性，需要对相关实体进行一次或多次查询。不论是进行单次查询还是多次查询，每次规则匹配的结果是目标实体集合中的部分。将其中的所有实体与编码关联是自动实现的，可以采用的方式如在实体上附加该编码或者在外部文件中储存关联。所以，上述基于规则匹配的批量关联方法是通用的，对于任何编码都适用。甚至可以在附加分类编码的时候在其后添加标识码，使该分类编码成为唯一标识。

4.3.2 基于规则的分类编码自动生成

基于规则匹配的编码批量关联方法虽然适用性广，但需要为每个编码编制实体匹配规则，因此在需要关联大量编码时，仍需要消耗大量的人工，并且在有了新编码需求时，需要继续添加新的匹配规则。该方法主要针对的是有一个根节点的树状分类编码体系，但其并不限于严格的线分类，即上下级概念可能采用的是不同的分类依据，而并非严格的包含与被包含关系。因此，这种分类编码体系树状结构中的某个节点可能会独立确定一个对象集合，这种节点与对象之间的关系是保证新生成的树与信息模型能够自动且正确地与构件关联的基础。此类节点可称为独立节点，在一个独立节点的根路径中的所有独立节点关联的所有实体集合的交集则是该节点实际关联的实体集合。

将目标实体的某个直接相关属性与目标分类编码体系的某一层节点产生映射关系（属性的所有可能值均与该层的某个节点对应）称为编码生成规则，则可以基于多条编码生成规则，利用目标实体的属性可生成该分类编码体系中的与目标实体对应的编码。编码生成规则设计的基本原则如下：

（1）一个分类编码体系一般采用多个编码生成规则，每一层独立节点对应一个规则。

（2）一个分类编码体系对应的所有编码生成规则对应一类目标实体，认为它们的属性以及与其他实体的关联关系是相同的。

（3）每个编码生成规则与目标实体的直接相关属性或间接相关属性中的一个对应，这个属性称为该规则的目标属性。

（4）每个编码生成规则所对应的独立节点的可选集合与目标属性值的可选集合具有相同的大小，并且定义了它们之间的一一对应关系。

为了满足上述要求，基于 XML 定义了编码生成规则的示例结构。一个规则（rule）节点包括一个表示其属性路径（attributePath）以及一个表示与其对应的分类编码树中所有节点的父节点的编码（parentCode）的 XML 节点属性。其中，属性路径指的是以目标实体 A 为基准，通过多组属性分隔符与属性名称定位到目标属性的路径。这种方式一般仅适用于直接相关的属性。父节点编码可以包括一个父节点或多个父节点。通过这两个 XML 节点属性，目标对象的某一相关属性与分类编码树的一层独立节点便形成了关联。而该属性的某一属性值与该层中某一代码的对应关系则使用一个值关联（valueRelation）表示。这种编码生成规则的结构实际上是分类编码与目标实体之间一种匹配规则。

与一般的匹配规则不同的是，这种编码生成规则中，值关联是可以通过遍历目标实体集合自动生成的。针对每个目标属性，遍历所有目标实体可以得到所有值。之后需要考虑已有值关联的情况（初次则所有都是新值），仅为新值建立值关联，即为新值确定层代码并存储至编码生成规则中。确定层代码可以利用人工，适用于既有的分类与编码体系，但当对编码并无要求时，层代码可以自动生成，而整个流程则成了全自动化的流程。基于编码生成规则，可以确定目标实体的编码，生成分类编码树（若原不存在），并建立该树和目标实体的关联（图 4.3-3）。

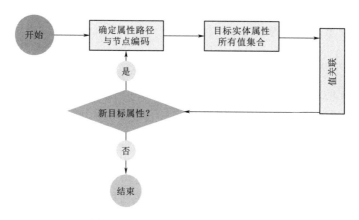

图 4.3-3　定义值关联的基本流程

在建立了该与目标实体关联的分类编码树之后，若属性发生了变更，则临时编码树也应变更。考虑到分类编码树中各节点可能与其他信息实体产生关联或者已经附着了已有信息，因而对于编码树的更新需要明确节点的处理方式，如删除、移动、新增等。对编码树的通用更新过程可分解为两步进行：①生成新的编码树；②新旧编码树对比。第一步通过自动编码生成流程可以完成，第二步通过遍历新旧编码树进行。在遍历的过程中，可能出现几种需要更新的情况：

（1）新编码树中的某节点在旧编码树中不存在，则认为该节点是新增节点。

（2）旧编码树中的某节点在新编码树中不存在，则认为该节点是被删除节点。

（3）新旧编码的某个对应节点所关联的对象集合发生了变化。

当一个新增节点与一个被删除节点关联的对象集合一致时，可认为这两个节点属于移动的关系，即新增节点保留被删除节点的信息以及其他关联关系。除了移动关系，所有新增节点的相关信息均视实际情况而定。

图 4.3-4　基于分类编码的施工信息处理

4.3.3　基于分类编码的施工信息处理

基于分类编码的施工信息处理主要包括信息检索、信息共享与信息更新（图 4.3-4）。

（1）信息检索。在完成了对目标实体添加分类编码（包括分类编码的扩展形式）之后，可以基于分类编码进行信息检索。检索过程是一个朴素的过程，即寻找该分类编码体系所表示的概念集合中的某个子集，并找到这个子集对应的所有实体。一个目标编码可以代表一个概念集合，在具体判断目标实体的编码是否属于该目标编码的范围时，采用首段匹配原则，即目标编码位于实体编码的前段且完全匹配，这意味着该实体编码是目标编码的子节点。在进行首段匹配时，对于扩展的分类编码，应忽略仅与对象相关的组合性标识。

一般而言，由于分类与编码体系对描述的概念有了完整的枚举，所以其任意的子集均可通过多个编码求并集而得。对于符合建设信息分类与编码非平行性特征的体系而言，由于其所代表的概念形成了严格的树状分类结构，因此某些概念的集合可以直接用它们共同的父概念代替，从而可以在某些情况下用差集代表数量众多的并集。这种方式对不严格遵循非平行性特征的体系同样适合。这种体系在确定了各层级的顺序之后，也形成一棵分类树，其特殊之处在于某节点的意义由所有父系独立节点共同表征，正因如此，父节点仍可作为所有子节点的并集，所以仍可通过求差集完成信息检索。当两种编码混用，或者使用了多种临时建立的分类与编码体系进行信息检索，可被认为是在完成若干单一类型分类编码的检索之后，对结果进行集合运算。这包括了所有可能的集合运算，即交、并和差。在该结构的基础上，添加标明优先度的运算符号可以令检索式的编制更自由。

（2）信息共享。在建设工程的施工阶段，利用编码扩展、编码关联以及编码自动生成方法，可以满足大部分施工过程将信息规范化的需求，进而实现信息共享、信息集成、信息更新等目标。该体系通过书面、匹配规则或编码生成规则的方式定义，不仅应明确编码节点对应的概念，还应明确它们的目标实体以及需满足的条件。信息共享的接收者首先需要编制信息获取的需求。此需求将用于信息共享者的信息检索，故该需求应包含基于分类编码的信息检索式或可以转化为信息检索式的信息。利用这些检索式，信息的共享者通过信息检索，得到需共享的实体集合，并按照需求以及保密性原则对集合中实体的信息进行过滤，最终形成可以共享的数据，交付给接收者。

（3）信息更新。因为结构化数据存储与专业性的数据处理（如结构设计）一般是分离的，在专业人员完成了一系列信息的更新后，需要将更新的结果同步至结构化数据集合。在不发生冲突的情况下，数据存入数据集合即数据集合的增长过程，此过程中，可能存在实体级别的更新，即新增实体，也可能存在信息级别的更新，即为实体新增属性或属性值。该过程对数据的信息、结构与关系不发生根本性改变。而当需要更新的属性值已存在时，若该属性被用于关联编码，则应考虑维护编码以及相关的其他数据结构。

基于上述这些基本的方法与流程，施工阶段的信息处理过程的效率与正确性可以有一定的保证，同时信息的集合的质量也会因这些方面的提升而提升。当然，若仅能使用编码批量关联的方式为实体添加编码，则人工的消耗是不可忽略的。尽可能使用自动生成编码的方式是提高效率的重要原则。

4.4 基于 BIM 的施工多源信息集成方案

4.4.1 施工信息的特点

建设施工阶段是一个信息产生、集成、交换、更新等活动的高发阶段。在这个阶段项目管理方需要处理所有的这些信息，并据此对大部分资源进行严格控制，使项目可以利用尽可能低的成本消耗、在尽可能短的时间内、在保证成果质量的情况下顺利完成。对这些信息的获取与处理方式是影响项目成败的关键因素。为此，首先需要从信息处理的角度分析它们的特点，进而研究具体的处理方法。

现阶段的施工管理能够或希望获取的信息主要具有下列特点（图 4.4-1）。

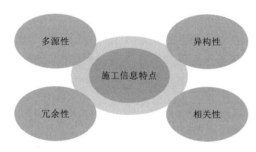

图 4.4-1 施工信息特点

（1）多源性。施工信息的多源性主要体现在信息产生的多源性以及信息存储的多源性两方面。施工阶段的参与方众多，由于专业、组织、角色、工作范围等限制，各参与人员面对与负责的信息范围不可能完全一致。若无一个完全协同的工作环境与数据存储、交互平台，那么他们产生的信息均是孤立的。这即说明了信息产生的多源性，而这也是目前施工过程的典型状态。信息产生的多源性不仅体现在空间层面，还体现在时间层面。由经验积累而成的历史信息是重要的数据来源。当一项信息处理或生成的工作被分解为若干个部分、分配给多人完成后，他们的工作成果最终需要进行整合，即形成了信息集中存储的需求。然而这是对于信息集中存储的最低级的需求。在此基础上可能存在多层的集中存储需求，层级越高意味着存储的信息范围越大，也意味着用户可以掌握的信息越多。在信息由低层级的存储集合集成至高层级的存储集合时，信息存储的多源性得到了体现。不仅如此，由于信息存储集合可能并不是完全由低层级的存储集合集成而得的，其信息中的一部分可能是其他信息存储集合的一部分，可能直接是通过软件产生的并未集成过的信息，也可能是即时采集的信息。因此，信息存储的多源性同时体现在数据源的数量以及类型两方面。

（2）异构性。施工信息的异构性体现在数据形态的异构以及数据格式的异构两个方面。数据形态的异构指的是数据的表达可能采用的是结构化或者非结构化的形式。典型的结构化的数据存储方式包括工程专业软件生成的模型或计算结果文件、一般的数据处理软件（如 Microsoft Excel）格式的文件、通用数据库等。而典型的非结构化的数据存储方式指用于存储文本的所有格式文件。而上述存储方式对于数据结构的描述的程度也是有差异的，如 Excel 仅可将数据以表格的形式存储，而多个表之间的关系需要使用特殊的方式表达，但关系型数据库可以存储数据表之间的关系。数据格式的异构指的是不同专业软件之间一般相互支持访问专有的文件格式。它们之间的数据交换一般通过中间格式进行，但这对中间格式具有较高的要求。仅使用通用的格式如 XML 存储信息，则需要同时提供数据解析与信息提取的方法。虽然已有 ISO 国际标准 IFC 定义了建设工程全生命周期信息的数据存储方式，但其必然无法做到面面俱到。同理，数据格式的异构也会造成信息集成的困难。

（3）冗余性。施工信息的冗余性源于其多源性。信息的分散生产与存储意味着同一概念可能存储在多地但相互无关。其中的部分信息可能由于版本的更新而无效但并没有被及时发现而被作为最新的版本分享给他人或直接用于生产新的数据，也可能在信息集成的过程中相互冲突而需要利用额外的流程进行处理。

（4）相关性。施工过程的基本单元是活动。这些活动包括以建设资源和命令为输入、以建设结果为产出的施工任务，也有以数据或消息为输入、以指令为产出的管理活动。施工过程中的所有活动之间除了顺序逻辑关系、信息共用的关系，总会以计划为纽带产生关系。施工过程是一个计划导向的复杂过程。在施工过程中，所有涉及施工资源的关键活动在进行前均应被纳入计划。即使某项活动的计划开始时间与结束时间不确定，或者某项活动在发生前并未被纳入计划，但在它们发生后，也将作为后续活动计划的制定依据而被存档。将活动作为关键对象，施工阶段的所有信息均存在关联，这意味着施工信息存在相关性。同时，施工信息之间的关系纽带不仅包括活动，任何对象均是其相关信息的关系纽带。施工过程中的信息均与活动相关，因此可以通过施工任务分析信息的类型、内容与特征。

4.4.2 施工信息的分类

建设信息模型的主要活动类型，包括深化设计、施工模拟、预制加工、进度管理、预算与成本管理、质量与安全管理、施工监理。

（1）深化设计。针对施工阶段建设信息模型中的施工图设计模型，以该模型为基础，细化不精确的部分以令模型达到可直接用于工程算量的精细度。涉及的信息即为建设信息模型中的信息。

（2）施工模拟。完整的施工模拟包括利用进度计划建立 4D 模型的过程。通过 4D 模型的更新以及施工模拟结果的自动生成实现进度计划结果的直观判断与持续优化是这个过程的主要目标。施工模拟是施工进度计划过程中的可选活动，涉及的信息与进度计划过程类似，包括施工组织设计信息、进度信息、资源信息等。这些信息不仅是施工模拟活动的输入信息，同时也是输出信息。对这些信息的调整是施工模拟的目的。

（3）预制加工。在使用了预制建设产品的施工过程中，将预制构件的生产与运输纳入进度计划的考虑范围内是必要的。为此，施工单位需要向预制建设产品的生产厂家提供明确的需求，由厂家与施工单位共同确定生产与运输时间，进而将这些信息纳入进度计划的考虑范畴。除了建设信息模型可以提供的设计信息之外，整个过程还涉及进度、资源和成本信息。

（4）进度管理。是施工过程最重要的管理活动之一，同时涉及的信息也十分复杂。进度管理的主要内容包括进度计划编制与进度控制。其中，进度计划编制过程中除了建设信息模型中可以提供的信息之外，还涉及施工组织信息（如 WBS）、进度计划、资源信息。进度控制过程中除了需要利用进度计划以及相关的建设信息外，会额外考虑实际的进度信息。

（5）预算与成本管理。在施工图预算过程中，工程量与造价计算的工作建议采用建设信息模型作为数据基础以提高效率与准确度。除了严格按照施工图建立的设计模型外，还需要清单、定额等作为工程算量与造价估算的依据。在清单、定额中，主要存储的是被系统分类的资源信息。而造价估算需要提供所需资源的价格信息，如市场价或信息价。对于一个分包、分项、部位或者其他部分任务的成本管理过程是建立在施工图预算结果以及进度计划的基础上的。据此生成的合同与相关的施工任务、资源等信息应建立并保持关系。与进度管理类似，成本管理过程中，实际成本的信息也在额外考虑的范畴。

（6）质量与安全管理。在质量管理过程中，质量验收活动可以基于深化设计后的建设信息模型进行。质量验收活动可以发生在施工过程中，或在一批施工任务完成后统一组织。不论是上述何种形式，信息模型可以辅助确定验收的范围与设计结果、确定质量验收计划。在验收过程中通过对比设计结果而发现的质量问题的情况则是需要额外考虑的信息。在安全管理过程中，除了安全生产/防护措施的设置、安全检查的情况、风险源等信息，突发安全事故信息也相关。

（7）施工监理。施工监理主要包括监理控制与监理管理两部分主要内容。监理控制针对的是所有须进行第三方监管的施工任务或施工管理活动。监理控制的过程是收集目标活动的信息并产生施工监理信息的过程。而监理管理中，除了安全管理部分，还有合同管理中合同分析、履行情况等信息需要纳入考虑。通过对这些施工阶段主要活动的分析，发现了若干主要的信息类别。在施工过程中，可以使用设计模型，尽量不使用其他的数据源。这种考虑已经超出了目前 BIM 施工阶段一般的实施情况，所以所有其他列举的需要补充的信息类别都是必要的。同时，考虑到管理流程的一般性，以流程为主的信息不被考虑。施工组织信息在施工前产生，并会在施工过程中持续更新。更新的过程主要是从总设计方案直到具体施工方案的细化过程。施工组织信息范围很广，包括进度计划、资源配置、场地配置、质量与安全要求等，但其中大部分信息可以单独分类。在施工组织过程中独立产生的信息主要包括施工工作分解与施工顺序，这也是本章对施工组织信息的定义。在施工组织方案编制的过程中，主要依赖的其他信息包括设计模型与相关的资源信息。产出的施工组织信息对于进度计划以及资源配置方案的制定有显著作用。进度信息的形成主要依赖施工组织信息中对施工任务的分解，其包括计划进度与实际进度信息，对其他信息产生依赖的主要为前者。进度计划的生成依赖于施工组织信息中施工任务之间的顺序安排。当施工组织信息完整且可用时，设计模型以及资源等信息可以直接在施工组织信息中体现或通过施工组织信息的关联间接发现。但在进度计划的编制与更新过程中，若施工组织信息并不完整，则对设计模型及资源等信息依然存在直接的依赖性。资源信息主要包括如定额将施工任务与资源关联的数据集合，在预算中的资源用量以及实际资源情况信息。除了在工程算量过程中会使用设计模型中的信息，此外没有其他信息依赖。成本信息主要包括资源单价、清单报价与合同相关信息等。资源单价和清单报价信息主要用于成本预算或制定合同，前者对其他信息不具有依赖性，后者需要使用与良好划分的施工任务挂钩的工程量信息，因此对设计信息与施工组织信息依赖。对于合同，由于合同金额存在多种计算方式，依赖的信息可能有差距。对于工程量不清楚情况下确定的单价合同或成本加酬金合同，合同金额的计算依赖于实际工程量和实际资源消耗等信息。而对于总价合同，固定的总价合同一般只依赖施工组织信息，用于确定合同范围。可调的总价合同会依赖资源的单价信息。质量信息中，验收的顺序与时间安排需要依赖施工进度计划完成，而验收范围的确定依赖设计模型。安全信息更独立，除了危险源、安全措施、安全检查等信息依赖设计模型，并无其他依赖信息。监理控制体现在施工管理的各项活动中，所以对所有的重要信息均有依赖。但其自身生成的监理结果、证明等信息仅用于改变流程、存档等，并不被其他施工任务依赖。

按照对其他信息的依赖程度从重到轻分别为：监理、进度、施工组织、成本、质量、安全、设计模型。这也是信息完全集成的困难程度的排序，对其他信息的依赖程度愈高，信息集成愈困难，在信息集成过程中愈需要重视。考虑到监理信息的集成与否对施工过程实施的影响并不严重，因此在分析信息依赖性时可暂时将其忽略。在这种情况下，设计模型、施工组织、进度与资源这 4 类信息被其他信息依赖，因此在设计施工集成信息模型时，宜将它们作为核心部分考虑。成本、质量、安全信息并不被其他信息依赖，这意味着它们的缺失对于信息集成过程基本无影响，可以将它们作为扩展部分考虑。

4.4.3　施工信息的集成需求

施工信息存在产生的多源性，因此带来了信息集成存储的需求。但由于存储的多源性，其不可避免地体现出冗余特征。同时，由于施工过程涉及各专业角色，信息相关活动的类型众多，因此数据的异构性难以避免。多源性、异构性以及冗余性是阻碍施工阶段信息利用的关键原因。为了避免在信息存储过程中出现冗余，需要采用完全集中的数据存储方式。这里的完全集中可以是采用一个统一的数据容器，也可以是采用分布式的方式完成地域性的集中，也可以是采用内已有的多源数据库但仍保证其与数据中心的实时更新。理论而言，相互不相关的几个信息集合可以分别形成数据中心。但这违背了施工信息的相关性，得到的数据是不完整的。实现信息完全集中需要一个可集成施工阶段所有相关信息的数据模型。施工阶段信息集成模型的设计可以基于 BIM 实现。区别于扩展 IFC，基于 BIM 数据存储的通用概念以及施工信息的关键概念形成核心模型，可在此基础上与各类活动的重要概念与数据关联形成支持关联性扩展的信息集成模型。考虑到异构性与多源性，该模型对数据源的数据存储方式不应有强依赖性，以尽可能保证充分利用现有数据。信息集成的关键在于形成核心模型。为此在信息集成前需要充分评估所有数据之间可能存在的相关性，并确定必要的关联。由于信息缺失的原因，有些应有的重要关联无法建立，例如 BIM 建模细度不足。这种情况下必须完成信息的补充，如 BIM 的深化建模。为了保证在施工过程中信息集成核心模型能够顺利建立，在施工规划阶段应进行核心模型的信息集成方案设计，主要内容应包括数据源方案、信息关联方案。明确核心模型的数据源，保证模型中的关联均可实现，是对模型的管理、扩展以及后续的应用的保证。

4.4.4　施工信息集成方案

施工阶段信息集成方案应至少具备在异源异构数据集合之间建立关联的能力。异源数据指的是在物理或逻辑上并不存在关联的多个数据源中的数据（并不排除处理后可形成关联的情况）。异构数据指的是数据管理工具或数据存储结构不相同的多个数据源中的数据。在异源异构的数据集合之间建立关联，需要考虑关联依据、关联过程。关联依据需要具备以下三个性质（图 4.4 - 2）。

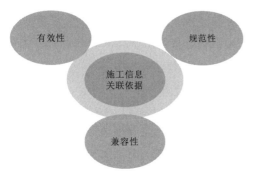

图 4.4 - 2　施工信息关联依据

（1）有效性。即数据源中的大部分待关联数据需要拥有关联依据，否则将影响关联成功率。

（2）规范性。即形式上的统一，这在一定程度上可保证有效性，同时也使自动化关联成为可能。

（3）兼容性。简单而言，在数据结构与数据内容方面无限制的关联依据是最优的，以满足大多数施工应用需求。

鉴于这三个性质，统一的信息分类与编码体系是良好的关联依据。首先是模型可关联。关联过程主要包括关联依据的生成以及利用关联依据产生数据关联这两个步骤，与关联依据的选择密切相关。关联过程是施工阶段数据集成的基本技术，通过在多个数据源之间实施关联过程，这些数据源可以实现数据的互通与共享。其次是模型可扩展。在完成关联后，无一例外，多个数据源会形成一个整体的数据模型。

模型结构主要包括两个方面：①逻辑结构，即概念之间的逻辑关系，直接影响模型的应用范围；②存储结构，即数据的组织方式，直接影响模型的后续维护。为了保证模型的可用性，需要对数据模型的逻辑结构进行规范，这个过程即是信息建模的过程。施工中信息种类繁多，需要采用一个兼具可用性与兼容性的信息模型架构。为了保证可用性，信息模型需要拥有核心部分，而为了保证兼容性，需要拥有扩展部分。因此该模型必须是一个可扩展的信息模型。

4.5　基于编码的模型信息集成

4.5.1　模型信息集成技术思路

在施工阶段的初期，仅有设计模型可供使用，需要通过一系列手段使其成为集成模型。

首先需要构建核心模型，此过程必须使用自动化手段实现以满足对集成效率、模型质量以及后续维护的要求。其次还需要有知识化的数据库为核心模型提供必要的进度与资源信息，本书中称之为工作包模板库。在该库中，工序与资源以基于经验的结构存储，通过与设计模型之间进行关联以及进一步处理，可以生成完整的核心模型。以核心模型为骨架，可以针对监测、质量、安全与成本等外部数据源进行集成，由此才形成了施工集成信息模型。在信息集成后，整个模型内部的信息可以动态共享与变化。

4.5.2　工作包与工作包模板

在实际工程中，工作包一般用于承载施工组织信息中可被划分的最小施工任务，是在工程管理任务交付中的常用概念。施工组织信息中，施工任务的顺序信息使用工作包实例间的顺序关系表达。同时，工作包还与资源关联。将多种资源完成单位工程量的需求量集合称为资源组合，一个资源组合可以代表完成一项施工任务的所有资源需求。工程量定额是资源组合的一个代表。工作包与资源组合的关联在施工过程的不同阶段会发生变化。

在施工规划前，资源组合与工作包的关联属于假想关联。将某一类工作包称为工作包模板，则该模板可能与多种资源组合产生关联。但在施工组织设计的过程中，每个工作包后会确定其唯一的资源组合。在设计信息充分时，可以利用资源编码协助确定一个工作包所对应的唯一资源组合。而在施工任务完成后，对应工作包应附加实际资源的使用信息。其中资源的组合方式以及使用量可能发生变更。上文中已经提及工作包模板的概念，为了提高工作包制定过程的效率，保证结果，需要建立工作包模板库。

在施工信息模型的建立阶段，首先从库中抽取所需的工作包模板，之后按实际需求将工作包模板实例化为各工作包。工作包中包括了施工任务与所需施工资源。此时该模型可用于自动生成之后施工过程的进度与资源计划。同时，在施工过程中，模型由于实际进度信息的增加、工程的变更等原因，需要持续更新。在进度计划编制与模型更新等过程中，各工作包中包含的信息会随之变化。在工程结束后，这些工作包中的某些实际信息可以更新至其相对应的模板中。

为了满足核心概念模型的信息集成要求，并考虑令核心概念模型可以支持自动化的进度计划生成过程。每个工作包模板包括其基本信息、构件分类信息、过程信息以及相关的定额。其中，基本信息和过程信息属于文本信息，如注意事项、操作步骤甚至相关文档。建设元素类别用于和 IfcElement 的关联。一个工作包模板包含一个或多个定额，用于根据 IfcElement 的工程量计算资源需求量。每个定额应具有一个衡量单位工程量的基本单位。定额中另一个关键属性是使用条件，可以通过它对工作包模板所关联的 IfcElement进行进一步筛选。比如，一个工作包模板代表了混凝土柱施工，但相关的定额中，根据柱高度的不同，需要采用不同的资源组合，因为施工工艺是不同的。通过判断 IfcElement中的属性是否符合使用条件将它们进一步分组的过程在模型转换中实现。时长函数是与进度计划模型密切相关的概念。在其他条件不变的情况下，工序时长与其所用的人工量有显著关系。为了表征这一关系，使用了时长函数。这个函数可能包含多个等式，表达一个定额中所有人工的实际用量与工序时长之间的关系。

4.5.3　工作包实例化与重组

工作包的实例化将所有工作包模板转化为工作包的过程。这个过程中，一个工作包模板可能生成多个工作包。在施工管理中，此类任务一般被称为"划分施工段"，划分依据是施工空间。因此，工作包实例化过程亦即工作包模板按其对应的 IfcElement 所处的施工空间被划分的过程。划分后的每组 IfcElement 即对应一个工作包。工作包需要进行重组以保证它们所关联的构件对应相同的定额。通过遍历所有 IfcElement，依次判断其属性是否符合其关联工作包的各个定额的使用条件即可完成这项重组工作。之后，可以得到各构件具体所对应的定额组合。对于一个包含了 n 个定额的工作包，其定额组合有 $2n-1$ 种可能，当某定额组合与构件完全匹配时，就生成一个新的工作包。在完成了这个分解步骤之后，新生成的所有工作包中可用的定额以及对应的工程量均可确定，可直接用于后续的进度优化过程。

4.5.4　基于规则的施工顺序生成

通过明确实例化后的工作包之间的前后关系，可以建立施工顺序逻辑。这些关系按照建立的原因可以划分为技术性需求以及非技术性需求。

关注于因技术性需求而建立的工序间关系，即施工过程中必须遵循的顺序逻辑，这也是施工规划阶段需要主要考虑的一方面。这些顺序逻辑基于规则生成。例如，某种类型的构件必须在另一种类型的构件完成之后进行施工，又如必须在下一层完成后才能够进行本层构件的施工等。这类规则的定义基于如空间位置、构件类型、工程专业这些工作包的属性，基本的形式是具备某个属性（或属性组合）的工作包对于具备另一个属性（或属性组合）的工作包，具备特定的施工顺序。

在预定义这些规则后，通过工作包所包括的属性标记，查询到相关工作包，可进而将各工作包之间的关系按规则内容生成。一条全局规则定义了两方，并明确了这两方之间施工的先后关系或更具体的要求，如时间间隔、顺序类型等。其中每一方都是通过一个或多个属性定义的。一个属性代表着一个工作包集合，多个属性代表这些集合的交集。至于并集的情况，可采用定义多个并列规则的方式处理。

4.5.5　集成模型信息更新

4.5.5.1　基于编码的扩展信息集成

扩展信息集成方法分为自动集成与手动集成。其中，手动集成适用于可以加入用户使用流程的信息集成过程，如添加日志、附加安全问题信息等，可适应信息不完备的情况，但无法应用于需要实现大量数据批量集成的场合。自动集成在信息充分的情况下是最优的选择，可为集成信息模型的自动更新与维护提供条件。自动集成的通用流程基于统一的分类编码体系完成。此编码需具备一定的分类特性。若可用的编码仅具备标识性，将不能提高信息集成效率，此种情况建议采用手动关联或寻找其他可用的分类编码。

在扩展信息的自动集成流程中，首先需要建立扩展模型。这里的扩展主要针对实体扩展，将外部数据源的结构转化为实体模型，并分析该模型与本研究核心模型之间的关键关联。对于每组关联，需要首先判断两端实体是否存在相同的属性可以支持建立关联。如果存在，则基于该属性完成关联即可，否则需要通过施工编码技术提取必要的信息生成统一的编码，之后基于编码完成关联即可。这里的相同属性指的是所有属性值的对应概念相同，例如同一分类编码体系中的编码、具有同样枚举空间的枚举值。在建立数据源前明确其与核心模型的关联关系即可在应用过程中直接进行数据集成。当在利用编码完成关联前，需要保证需要关联的实体具备编码后附着的完备信息。在信息完备的情况下，利用编码批量关联技术可为数据源中的已有实体批量添加编码，进而利用编码匹配实现实体间的关联。

4.5.5.2 集成信息模型更新流程

工程项目的施工过程中，由于参与方众多，并且设计与施工方案持续变更，因此集成信息模型存在更新需求。根据内容的不同，集成信息模型的更新可分为模型结构更新和附加信息更新两种类型。

（1）模型结构更新，即改变已有模型结构的过程。产生模型结构更新需求的原因包括原结构设计错误、新的信息应用需求、数据源变更等。模型结构更新过程可分解为删除多余关联与建立新关联。删除多余关联过程简单，因此模型结构更新的主要工作与信息集成相似，可采用信息集成流程。

（2）附加信息更新，即改变模型中实体的值属性。基本的需求包括删除与添加。其中，删除过程需要对已有属性的外部依赖进行判断，若被删除属性是关联依据，则对应的关联也无法继续成立。而属性添加的过程影响面更小，除了目标实体，并不会对模型其他结构造成影响。

在信息模型的实际应用过程中，两种更新类型会同时出现。在对模型更新的过程中，需要分析每条更新需求，分清主次与前后关系，再实施更新流程。整个流程中，两个删除步骤在不影响新增结构或信息的情况下是可忽略的，但在后续模型扩增的过程中，这部分数据不应继续更新。对于多余的关联，若其为自动关联，则模型的应用系统将不再完成这项关联，若其为手动关联，则用户对信息模型的使用流程中应删除这个步骤。对于拟删除的属性值，若其在之后会重新添加新的值，则对其依赖的所有关联需要在值更新后重新建立，即删除原有关联后再重新添加正确的关联。否则直接删除即可。由于建立新的关联可能依赖新属性，因此新属性的添加需要在新关联建立步骤之前完成。

基于上文所述的模型信息基础技术思路、工作包与工作包模板、工作包实例化与重组、基于规则的施工顺序生成、集成模型信息更新等步骤，实现基于编码的模型信息集成。其具体实现过程依据工程实际编码体系开展模型信息集成。

编码体系主要根据水库工程实际进行编制，编码体系各部分代码及其编码规则如下：

1）工程项目分解相关部分。该部分共有 6 位数代码，皆用阿拉伯数字代码，其中单位工程分配一位代码、分部工程分配两位代码、单元工程分配三位代码。根据腊姑河水库工程项目分解，各代码示意如图 4.5-1 所示。

单位工程代码如下：1 代表土石坝单位工程；2 代表大坝灌浆单位工程；3 代表溢洪道单位工程；4 代表导流输水隧洞单位工程。

若相关电子文档为工程整体内容，不涉及具体单位工程等相关内容，在此处填写代码时可选择 000000 代替。

2）工程属性相关部分。该部分共有 3 位数代码，皆用阿

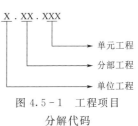

图 4.5-1 工程项目
分解代码

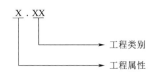

图 4.5 - 2　工程属性
分解代码

拉伯数字代码，其中工程主要类别分配一位代码、工程二级类别分配两位代码。根据腊姑河水库工程项目分解，各代码示意如图 4.5 - 2 所示。

其中工程属性代码如下：［1］代表地基与基础工程；［2］代表土石方工程；［3］代表混凝土工程；［4］代表金属结构制作与机电安装工程；［5］代表导流与度汛工程。

工程类别代码如下：

a. 地基与基础工程：01 为水泥灌浆；02 为高压喷射灌浆；03 为化学灌浆；04 为混凝土防渗墙；05 为预应力锚索；06 为断层破碎带处理；07 为地基处理。

b. 土石方工程：01 为爆破技术；02 为土石方明挖工程；03 为边坡处理工程；04 为地下工程；05 为碾压式土石坝工程；06 为混凝土面板堆石坝工程；07 为堤防工程；08 为疏浚与吹填工程。

c. 混凝土工程：01 为混凝土原材料选择；02 为常态混凝土配合比设计；03 为砂石骨料生产系统；04 为混凝土生产系统；05 为模板、钢筋及预埋件；06 为混凝土浇筑；07 为混凝土温度控制及防裂；08 为特殊条件下混凝土施工；09 为混凝土接缝灌浆；10 为混凝土施工原型观测；11 为碾压混凝土施工；12 为砌石坝施工；13 为特种水工混凝土施工；14 为混凝土缺陷修补。

d. 金属结构制作与机电安装工程：01 为水工金属结构制作与安装；02 为水轮机、水泵/水轮机附属设备安装；03 为水轮发电机、发电/电动机及附属设备安装；04 为电气设备安装；05 为水电站机组和成套设备启动及试运行。

e. 导流与度汛工程：01 为施工导流标准；02 为施工导流方案；03 为导流泄水建筑物及水力学计算；04 为导流挡水建筑物；05 为河道截流；06 为施工期度汛；07 为基坑排水；08 为施工期水库蓄水与供水；09 为导流截流水工模型试验与水力学原型观测。

3）工程管理相关部分。该部分共有 3 位数代码，皆用阿拉伯数字代码，其中工程管理主要分项分配一位代码、工程主要分项中的子项分配两位代码。根据腊姑河水库工程项目分解，各代码示意如图 4.5 - 3 所示。

其中工程管理主要分项代码如下：1 代表工程合同管理；2 代表工程进度管理；3 代表工程质量管理；4 代表工程财务管理；5 代表工程公文管理；6 代表工程安全管理。

X.XX
管理子项
工程管理分项

图 4.5 - 3　工程管理分解代码

另外各工程管理主要分项中的子项代码如下：

a. 工程合同管理中所包含的子项代码：01 为工程建设合同；02 为工程采购合同；03 为工程咨询合同；04 为工程监理合同；05 为工程合同变更；06 为其他。

b. 工程进度管理中所包含的子项代码：01 为工程进度设计；02 为工程进度变更；03 为工程进度统计；04 为其他。

c. 工程质量管理中所包含的子项代码：01 为单位工程质量管理相关；02 为分部工程质量管理相关；03 为单元工程质量管理相关；04 为工程质量评定相关；05 为质量缺陷记录相关；06 为工程质量检测相关；07 为工程质量报验相关；08 为其他。

d. 工程财务管理中所包含的子项代码：01 为工程预算相关；02 为工程结算相关；03

为工程决算相关；04 为相关变更记录；05 为工程支付相关；06 为其他。

e. 工程公文管理中所包含的子项代码：01 为上级来文相关；02 为管理处发文相关文档；03 为建设方上报相关文档；04 为监理方上报相关文档；05 为检测方上报相关文档；06 为其他。

f. 工程安全管理中所包含的子项代码：01 为工程安全行政条文相关文档；02 为工程安全巡查记录相关文档；03 为工程安全会议纪要相关文档；04 为工程安全事故记录与处理相关文档；05 为其他。

4）工程位置方面。该部分共有 7 位数代码，皆用阿拉伯数字代码，其中工程标段表示为一位代码、工程位置表示类型主要有桩号与高程两类、地理位置信息分配四位代码。根据水利工程项目分解，各代码示意如图 4.5-4 所示。

标段分配两位代码，按照实际的标段号，若无标段，默认为 00。当按照标段填写后面的地理位置时，空余的位数可用 0 代替。

地理位置的表示类型主要有两种：高程与桩号。其中高程用 G 表示，桩号用 Z 表示。

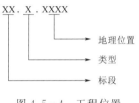

图 4.5-4　工程位置分解代码

地理位置代码分配 4 位，填写工程施工范围的高程起点或者桩号起点，当施工位置用高程与桩号共同界定时，按照高程填写，如主堆石料填筑相关文档中，既有高程又有桩号，按照桩号起点填写即可。

5）工程电子文档提交时间。工程电子文档提交时间分配 6 位代码，按照实际提交时间填写，包括年份，两位代码；月份，两位代码；日期，两位代码。

6）工程电子文档属性方面。分配 1 位代码，代码属性如下：1 为 word 格式的电子资料；2 为 excel 格式的电子资料；3 为 ppt 格式的电子资料；4 为 dwg 格式的电子资料；5 为 dxf 格式的电子资料；6 为 pdf 格式的电子资料；7 为 jpg 格式的电子资料；8 为其他。

7）提交单位方面的电子资料。分配 1 位代码，代码属性如下：1 为工程建设管理单位；2 为工程设计单位；3 为工程监理单位；4 为工程建设单位；5 为工程建设第三方检测单位；6 为工程上级主管部门；7 为其他。

按照以上的编码体系，结合水利工程建设管理云平台建设中模块设计，进行如下电子文档编码体系的示例：

a. 主堆石料坝体填筑开仓证。编号为 106022-205-303-00G2111-120830-1-1。

主堆料坝体填筑开仓证

项目名称：水库大坝工程　　　　　　合同编号：HPLGH-DB-SG-01　　　　　No.2

单位工程	面板堆石坝	分部工程	主堆石体
单元工程	∇2111.30～∇2112.10m 主堆石体	工程部位	主堆料
高程	∇2111.30～∇2112.10m	起止桩号	0+172.41～0-156.21
设计图纸、通知	大坝分期填筑图（LGH-SZ-DB-01）		大坝施工技术要求
上道工序（合格）	上道工序合格	申请下道工序	申请下道工序

续表

项次	保证项目	质量标准	检测结果
1	颗粒级配、渗透系数、含泥量	符合《施工规范》和设计要求	符合《施工规范》和设计要求
2	坝体每层填筑时	前一填筑层已验收合格	前一填筑层已验收合格
3	铺料、碾压	按选定的碾压参数进行施工；铺筑厚度不得超厚、超径；含泥量、洒水量符合规范和设计要求	按选定的碾压参数进行施工；铺筑厚度不得超过 80cm；含泥量、洒水量符合规范和设计要求
4	纵横向接合部位；与岸坡接合处的填筑	符合《施工规范》和设计要求；与岸坡接合处的料物不得分离、架空，对边角加强压实	符合《施工规范》和设计要求；与岸坡接合处的物料没有分离、架空，对边角已加强压实
5	设计断面边缘压实质量；填筑时每层上下游边线	按《施工规范》（SL 49—94）规定留足余量	按《施工规范》（DL/T 5128—2009）规定留足余量

项次	基本项目	质量标准		检测结果
		合格	优良	
1	压实控制指标干密度（设计干密度：2.21g/cm³）	干密度合格率大于等于 90%，不合格干密度不得低于设计值的 0.98，不合格试样不得集中	干密度合格率大于等于 95%，不合格干密度不得低于设计值的 0.98，不合格试样不得集中	设计干密度 2.21g/cm³，共测 1 点，实测值 2.24g/cm³ 合格率 100%

项次	允许偏差项目		设计值/cm	允许偏差/cm	实测值（项次 1cm，项次 2m）
1	铺料厚度		80	±8	78 75 89 82 83 71 79 85 83 85 80 76
2	断面尺寸	下游坡填筑边线距坝轴线距离	132.46	±20	132.42 132.57 132.76 132.42 132.61 132.62 132.56 132.29 132.22 132.51 132.60 132.49 132.38
		过渡层与主石区分界线距坝轴线距离	122.01	±30	121.71 121.78 122.22 122.11 122.32 121.89 122.28 122.22 122.24 122.13 122.17 122.33
		垫层与过渡层分界线距坝轴线距离	125.01	−10～0	124.91 124.90 124.92 124.94 124.91 124.96 124.91 124.98 124.92 124.96 124.91 125.06

施工班组初检意见		初检人： 年 月 日	施工单位复检意见		复检人： 年 月 日
施工单位终检意见		终检人： 终检部门： 年 月 日	下序开仓签证意见	□同意 □申报联合检验 □不同意	签证人： 工程监理部： 年 月 日

说明：一式三份报送监理部，签证后返回施工单位一份，作相应单元工程支付签证和质量评定资料。

b. 单元工程施工质量报验单。编号为 1024032 - 203 - 307 - ZB02100 - 120830 - 1 - 1。

CB18 单元工程施工质量报验单（承包〔2012〕质报 013 号）

合同名称：水库大坝工程　　　　　　　　合同编号：HPLGH - DB - SG - 01

致：大理禹光工程监理咨询有限公司腊姑河水库工程建设监理部
右岸边坡支护（LGH - DB - Ⅱ - 2）单元工程已按合同要求完成施工，经自检合格，报请贵方核验。

附：右岸边坡支护单元工程质量评定表。

承包人：湖南中格建设集团有限公司
　　　　　腊姑河水库工程项目部
项目经理：

日　　期：　　年 月 日

（核验意见）

经核验＿＿＿＿＿＿＿＿＿＿＿＿＿＿＿＿＿＿＿＿＿＿＿单元工程质量：
□优良
□合格
□按附言提交补充材料、证明文件、或重做、补做检验
□不合格，提交《施工质量缺陷处理措施报审表》
□附言

监理机构：大理禹光工程监理咨询有限公司
腊姑河水库工程建设监理部

监理工程师：
日　　期：　　年 月 日

说明：本表一式＿＿＿份，由承包人填写。监理机构审签后，随同"合同项目开工令"，承包人、监理机构、发包人、
　　　　设代机构各 1 份。

c. 单元工程施工质量评定表。编号为 1024032 – 203 – 304 – ZB02100 – 120830 – 1 – 1。

锚喷支护单元工程质量评定表

单位工程名称		主坝工程	单元工程量	
分部工程名称		高边坡处理	施工单位	湖南中格建设集团有限公司 腊姑河水库工程项目部
单元工程名称、部位		趾板边坡支护（ZB12～ZB22）	检验日期	年　　月　　日
项次		项目名称	工序质量等级	
1		锚杆、钢筋网	优良	
2		喷射混凝土	合格	
评　定　意　见			单元工程质量等级	
两个工序质量均达合格标准，其中锚杆、钢筋网工序质量达优良			合格	
施工单位	初检：　　　　　日期： 复检：　　　　　日期： 终检：　　　　　日期：		建设 监理 单位	

第5章　BIM 多源异构模型与数据融合

5.1　BIM 元数据模型及子模型

5.1.1　BIM 元数据模型

所谓元数据是数据的数据，或者说是信息的信息（图5.1-1）。BIM 元数据模型（BIM Metadata Model，BMM）是指用于组织管理 BIM 模型中实体的分类信息、实体与实体间的继承关系、实体与属性集间的关系以及实体与 IFD 关系的数据模型，旨在为子模型定义提供全面的、上下文关联的信息，从而更加有效地实现基于子模型的信息交换。简言之，BMM 是在对 BIM 模型深入分析的基础上建立的模型，是对 BIM 及相关知识提取和总结的结果，使得 BIM 模型更易理解及应用。主体实体部分是定义子模型的入口。该部分存储 IfcObject 派生类的元数据，具体包

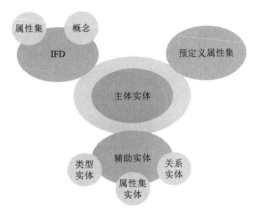

图 5.1-1　BIM 元数据概念

括实体的名称、属性、用法说明、继承关系、领域分类信息、IFC 规范的网页链接等信息。辅助实体部分由三个子部分组成，分别是由 IfcTypeObject 派生的类型实体、由 IfcPropertyDefinition 派生的属性集实体以及由 IfcRelationship 派生的关系实体。辅助实体部分的元数据包括实体的名称、属性、用法说明、继承关系、领域分类信息、IFC 规范的网页链接等信息，同时增加了适用的实体类型信息，该信息在主体实体和辅助实体间建立了联系。实现通过查询主体实体，定位与之相关的辅助实体的功能。预定义属性集部分的元数据包括属性集名称、属性集定义、IFC 规范的网页链接以及适用的实体类型信息，从而实现了通过主体实体查询相关的属性集定义的功能。

Schema 为了让 BMM 实现语言无关，与 BIM 模型兼容，采用 EXPRESS-G 定义了 BMM Schema。BMM Schema 由多个实体组成，其中 BmmPrimaryEntity、BmmAuxiliaryEntity、BmmPropertySet、BmmIFDPropertySet、BmmIFDConcept 分别对应主体实体、辅助实体、预定义属性集、IFD 属性集、IFD 概念。实体 BMM Schema 间通过关系实体（BmmPrimaryEntity、BmmAuxiliaryEntity、BmmPropertySet、BmmIFDPropertyset、BmmIFDConcept）链接。

BIM 元数据信息主要来自 BIM 模型本身，包括以自然语言描述的 IFC 规范及以 EX-PRESS 文件格式定义的 IFC 模型，还包括由 IFD 库提取的相关信息。这些信息通过不同的方法和途径转换为 BMM 数据，方法如下：

（1）主体实体、辅助实体元数据。主体实体、辅助实体的大部分元数据可以通过提取 EXP 文件获得，包括完整的实体继承关系、实体的属性信息。提取后的信息存储在 BmmPrimaryEntity、BmmEntityAttribute、BmmAuxiliaryEntity 中。

（2）主体实体的领域分类信息按照 IFC 规范输入，例如 IfcBeam 的分类为共享的建筑构件。

（3）主体实体和辅助实体的依赖关系通过分析 IFC 规范得到。

（4）预定义属性集的提取。预定义属性集信息可以直接从 IFC 标准中提取，提取的信息由 BmmPropertySet、BmmProperty 描述。通过分析预定义属性集中的适用的实体类型，可以建立实体与属性集间的关系元数据，通过 BmmRelPrimaryToPropertySet 实体描述。

（5）IFD 库中的概念元数据。通过标准的 API 函数访问 IFD 库，获得与当前概念对应的多种语言的解释。

（6）IFD 库中的属性集元数据。IFD 中定义了大量的属性集，这些属性集同样可以通过 API 函数获取，并将这些信息通过 BmmIFDPropertySet、BmmProperty 描述。

5.1.2　子模型和子模型视图

对 BIM 子模型进行如下定义，BIM 子模型是相对于 BIM 全局模型而言的子集，是按照子模型视图由 BIM 全局模型提取，或由应用软件生成的 BIM 局部模型。在实际应用中，子模型通常通过 STEP 文件或 IfcXML 文件进行交换。子模型是面向过程的 BIM 信息提取与集成的基础，应用软件通过子模型由 BIM 全局模型提取数据，并将生成的结果通过子模型与 BIM 全局模型集成。子模型的使用可以使应用程序仅提取相关的数据，能够减少数据的网络传输开销、减少数据的并发访问，有利于保持数据的一致性，避免数据冲突。

子模型视图是子模型由全局模型提取和集成的依据，定义了子模型信息交换的必要信息，包括相关的实体类型、实体属性及属性的访问状态信息。子模型视图具体由以下部分组成（图 5.1-2）：子模型视图名称、子模型视图描述和参与交换的实体类型集合。其中对于实体属性可以设置可选的过滤表达式，例如对于 IfcCovering 可以指定其 PredefinedType 属性为"CEILING"作为过滤条件，默认值为不进行过滤。另外，对实体属性可以设置属性的访问方式。IfcProject 定义了必须的全局信息，构成了子模型的必要组成部分。IfcProject 在 BIM 全局模型中有且仅有一个实例，定义的信息包括默认单位、世界坐标系、坐标空间的维数、在几何表达中使用的浮点数的精度、通过世界坐标系定义正北方向。这些信息的确定需要于项目实施前在各参与方间达成一致，一经创建便应尽量保持只读状态，从而避免由于单位、世界坐标系的不同导致数据的不一致与冲突。

子模型视图的定义流程分为五个主要步骤（图 5.1-3）。

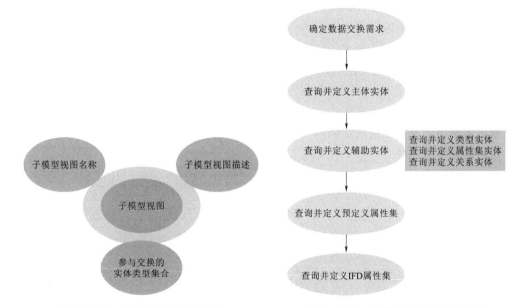

图 5.1-2　子模型视图基本组成　　　图 5.1-3　子模型视图的定义流程

步骤 1：数据接收者根据应用软件的输入确定信息交换需求，这些交换需求以自然语言描述。

步骤 2：根据信息交换需求确定主体实体。通过 BMM 可以按照领域信息和关键字检索主体实体。

步骤 3～步骤 5：通过 BMM 获取与主体实体关联的辅助实体、预定义属性集及 IFD 的相关信息，并根据信息交换需求选择其中的部分或全部参与子模型的信息交换。

子模型视图存储了信息交换的关键信息，这些信息在子模型提取和集成的过程中发挥着重要的作用。因此，子模型视图需要以一种标准的格式进行保存。

子模型数据的提取需要与全局模型数据分离，其分离通过两种不同的机制实现：一种是通过实体的反向属性分离；另一种是通过子模型视图中实体属性的访问表示进行分离。

第一种分离机制利用 BIM 模型中对象化的关系实体实现。关系实体（IfcRelationship）提供了一种类似于关系数据库中关系表的功能，它将相关联的实体引用保存在自身的实例中，而被关联的实体则通过反向属性查询存储关系的关系实体的实例。实体的反向属性是一个接口在需要时被动态调用，并不被存储。因此，子模型可以自然地通过反向属性与全局模型分离。

第二种分离机制利用子模型视图中定义的实体属性的访问方式实现，提供了更加灵活的子模型分离控制。子模型在访问方式被标识为 Ignore 的实体属性处分离。当子模型重新集成时，被标识为 Ignore 的实体属性忽略外部作出的修改，保留原有数据。

子模型视图存储了用于信息交换的实体类型，由主体实体和辅助实体构成，均为可独立交换的实体。而对于某一实体其属性值对应的实体类型，既可为可独立交换的实体又可为资源实体。在实体数据的提取过程中，依次提取实体的显示属性（Explicit Attribute），若显示属性为引用类型则按照递归的方式继续调用提取实体的算法。递归调用的终止条件有两个，满足其一便可终止递归调用过程返回临时结果，这两个条件是：①属性值为非引用类型；②模型视图中访问属性为 Ignore。

由于 IFC 模型实体间存在着复杂的关联关系，一个实体实例可能被多个实体实例引用（图 5.1 - 4）。为了避免实体提取过程中出现重复提取，进而造成数据的不一致和冲突，在实体的提取过程中，将成功提取的实体存储在一个以 GUID 为关键字的字典结构中。每次提取实体前首先在该字典中检索实体是否已被提取，若已被提取则直接由实体字典获取实体引用，若未被提取则调用上述的实体提取算法。

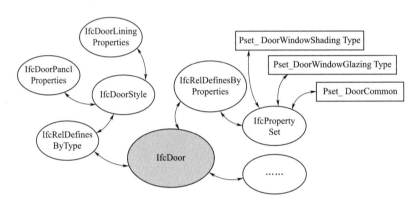

图 5.1 - 4　实体及属性集信息关联关系

首先初始化实体字典结构，并读取子模型视图，生成实体类型列表。然后对实体列表中的每一个类型进行遍历，并根据实体类型在数据库中查询对应的数据库记录。对数据库记录集进行遍历，每一条记录对应一个实体实例，并由一个 GUID 作为主键。由于 IFC 模型的复杂引用关系，当前的实体可能在之前的过程中已经建立。因此根据 GUID 在实体字典中查询实体是否存在，若存在则处理下一条记录，若不存在则提取实体，并将成功提取的实体添加到数据字典中。数据的提取过程不删除数据库中的记录，在提取的同时为相应的数据记录标记实体的访问方式。

子模型数据的集成过程需要根据子模型数据和子模型视图对数据库执行添加、更新和删除操作。这些操作首先要根据子模型中的实体数据对数据库中的实体记录进行定位。根据 BIM 模型的特点，实体的定位有两种情况，即可独立交换实体的定位和资源实体的定位。

子模型数据的集成流程。首先，读取子模型视图，子模型视图中记录着实体属性的访问方式。然后，建立可独立交换的实体实例列表，对该列表中的实体实例进行遍历并执行上节描述的实体提交过程。

5.2　GIS、BIM 等多源异构模型

BIM 与 GIS 之间并无可替代性，而是更倾向于一种互补关系。BIM 与 GIS 在数据模型上采用了不同的几何表达方式和语义信息描述方法。BIM 侧重于三维可视化智慧建设

设计以及几何语义表达；GIS 侧重于利用空间数据库对模型、多源数据的分级组织管理。利用 3DGIS 的海量三维地理空间数据的存储、管理和可视化分析应用能力为 BIM 提供各种空间查询及空间分析等能力，弥补 BIM 软件在大范围基础设施建设工程中应用的不足。

　　围绕工程信息模型与大场景 GIS 信息相融合的多尺度宏观、中观和微观管理需要，研究工程信息模型与 GIS 多尺度数据耦合机理（图 5.2-1），突破了 BIM 与 GIS 数据格式转换、数据采集交换、数据集成融合、数据组织管理和数据可视化分析等关键技术，建立了 BIM-GIS 多元异构数据库，开展多层级综合展示应用。

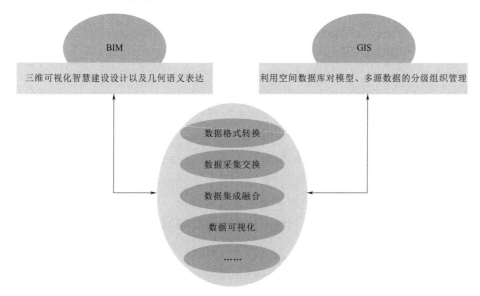

图 5.2-1　BIM 与 GIS 模型数据耦合

5.2.1　地形地貌构建

　　GIS 地形地貌构建包括地形数据处理和地形场景搭建。通过地形数据处理构建覆盖全线线路的高精度三维地形地貌，地面遥感影像数据分辨率不低于 0.5m，DEM 高程数据精度不低于 12.5m，相当于 1∶5000 地形地貌模型图，范围包括线路两侧各 200m，生成的地形可以清晰展示周边的地理环境信息。采用统一的 WGS84 坐标系和经纬度投影进行对采集的遥感影像处理，并通过限制影像的接边误差、对影像的纹理贴图进行色调和清晰度的处理来提高遥感影像数据的质量。实现 DEM 数据的 WGS84 坐标转换和投影变换，转换为统一的 TIFF 数据格式；并进一步完成对 DEM 的地理基础、精度、网格尺寸详细信息记录保证重叠高程数值保持一致。

5.2.2　倾斜摄影建模

　　通过无人机进行高精度的倾斜摄影拍摄，分辨率在 0.05m，相当于 1∶500 的地形图，带高程数据，拍摄范围线距中心线左右 250m。地形模型通过对航拍的数据进行处理，生成厘米级的三维实景模型。根据航拍后的图形数据，导入 POS 信息以及地面控制系统的控制点信息后，经过空中三角测量等计算后，得出每个点的高程，形成点云数据，贴图得到倾斜摄影数据，自动生成厘米级三维模型。选择摄区最新地形图、影像图或数字高程模型，其比例尺一般应根据垂直影像地面分辨率选用。依据分区地形起伏、飞机安全飞行等确定分区基准面高度，一般应选取分区内低点平均高程为基准面高度。

5.2.3　BIM 专业建模

实现设计的优化，比如碰撞检查、动态模拟、三维展示等，解决用传统的二维图纸表达复杂三维形态这一难题，提高设计的准确率，对复杂三维形态的可实施性进行拓展。基于 Bentley 的 PowerCivil for China 实现大坝、厂房、溢洪道、泄洪洞、引水发电洞等三维设计建模，基于 AGLOSGEO 实现专业建模，基于 AECOsimBuilding Designer 实现结构专业建模、电气等专业三维建模，基于 MicroStation CE 设计软件基础平台实现二维绘图、三维建模、渲染动画等，并同步进行二次开发。

5.3　BIM 模型多层次转换

工程信息模型中包含了丰富的几何信息和语义信息，其精度高、粒度细。而在 3DGIS 系统中，不同尺度的应用场景对模型、数据的精细程度要求不同，比如影像的分级管理。因此，需要对 BIM 模型进行几何和语义的简化、过滤及映射，实现对 BIM 数据转换为不同层次的 3DGIS 支持的格式数据，从而保证 BIM 数据与 3DGIS 的完全融合以及转换数据模型的一致性。

5.3.1　标准化模型自动转换

IFC 作为一种精细建模的三维模型，其精度可以认为与 City GML 的 LOD4 层级一致。理论上 IFC 的 LOD1～LOD4 层级是可以分别转换为符合 LOD1～LOD4 各层级精度要求的 CityGML 模型。通过对比 IFC 模型与 CityGML 模型，分别在几何、语义两个层面总结了 IFC 模型与 CityGML 模型的异同点，模型的转换过程主要分为几何转换和语义映射两部分。IFC 实体模型转换到多细节层级 CityGML 模型的具体流程如图 5.3 - 1 所示。

第 1 步，首先对不同 LOD 层级的 IFC 模型进行几何过滤及语义清洗，剔除不具备几何的组件并语义过滤，得到简化后的 IFC 模型。

第 2 步，对简化后的 IFC 模型进行几何转换，实现 IFC 的 Swept Solid 对象到 CityGML B - Rep 对象的转换，对不同层级的 IFC 对象进行外表面提取，并通过基于 LOD 映射规则，映射到 CityGML 不同层级的对象。

第 3 步，对完成几何转换的 IFC 模型进行语义映射，实现语义信息的获取。

第 4 步，实现多层级 CityGML 模型导出，并可转换成主流 GIS 平台支持的通用文件格式。

（1）几何简化及语义过滤对 IFC 数据进行解析，获取模型组件几何信息及其对应的语义信息，根据组件间的继承关系，重构组件间的关联关系，剔除不包含几何信息的组件；遍历筛选后组件的几何结构，将组件间的相对位置关系转换为统一的笛卡儿坐标系，获取整个模型的实体结构。几何简化方面，通过 IFC 数据解析获取其 IfcBuildingElement

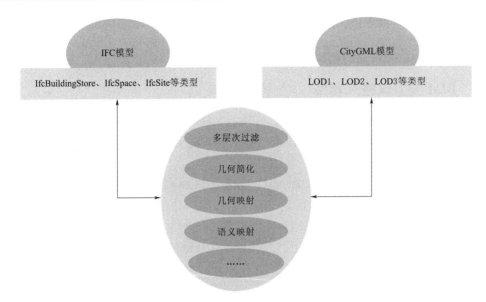

图 5.3 - 1　IFC 实体模型转换到多细节层级 CityGML 模型具体流程

数据集，筛选出 CityGML 模型中不同 LOD 层级转换所需的组件类型；语义过滤方面，根据 CityGML 模型中不同 LOD 层级的语义要求对 IFC 模型进行语义过滤；最后映射到不同 LOD 层级的组件几何模型，得到简化后的 IFC 模型。

（2）IFC 模型到 CityGML 模型几何转换过程实际上是实现 Swept Solid 对象（扫描体描述）到 B - Rep 对象（边界描述）的转变。Swept Solid 对象是通过沿指定方向扫描表面指定距离来描述对象的形状，而 B - Rep 对象根据顶点、边和面构成的表面来精确地描述三维模型实体。根据 CityGML 数据标准，对 Swept Solid 对象进行几何模型简化和重构，生成 B - Rep 对象模型。模型转换过程描述如下：

步骤 1：从 IFC 文件中提取所需构建对象的几何数据。

步骤 2：计算局部坐标系中对象顶点的坐标。

步骤 3：将坐标从本地系统转换为现实世界系统。

步骤 4：生成 GML 对象模型。

对于 LOD 映射（图 5.3 - 2），需要将 IFC 对象的几何表示部分转换为 CityGML 的简化 B - Rep 结构。首先，程序读取 IFC 文件，分解出 IFC 几何模型，并转换成 B - Rep 模型；其次，读取 B - Rep 模型，对每个转换的 B - Rep 都需要提取外表面（ES），生成外部表面模型；最后，根据 LOD 映射规则（LM），实现不同层级的 LOD 外表面映射，生成 CityGML 的 LOD 几何模型。

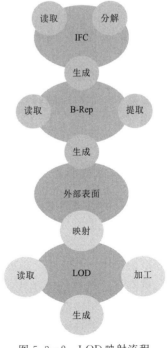

图 5.3 - 2　LOD 映射流程

（3）IFC 模型包含大量的实体类型建筑细节信息描述，CityGML 的语义信息都可以从 IFC 模型的 Building Element 中获取。由于 CityGML 的语义信息相对比较少，需要将重构后的 CityGML 重新进行语义映射输出。

5.3.2　BIM 到 GIS 格式转换

在 BIM 与 3DGIS 集成过程中需根据 GIS 中不同 LOD 的表达需要，做相应的语义信息映射，下面以 Revit 软件的 RVT 数据格式为例，研究从 RVT 到 3DTiles 格式转换的技术。

（1）RVT 数据格式解析。要实现 RVT 作为 BIM 与 GIS 转换，需要从几何和语义方面研究二者格式间的转换方式，包括几何简化和属性、材质等信息的保留。通过 Revit 模型首先提取语义信息，然后基于 BIM 族类公共属性信息为约束条件，构建 BIM 元素语义过滤器实现 BIM 模型中的所有构件进行过滤处理，获取需要的构件元素实体的几何信息、语义信息转换为 3DTiles 格式文件。

（2）RVT 到 3DTiles 转换方法。3DTiles 数据格式包括 B3DM、JSON 文件。3DTiles 在逻辑层，JSON 部分增加了 FeatureTable、BatchTable 以及 LOD（tileset）概念，并对应提供了 header（二进制存储）。从数据规范角度来看，继承了 glTF 优秀的部分，业务层是 JSON 形式，保证了扩展性。通过 Revit SDK 开发 BIM 几何信息，生成三角面片（材质、构件包围盒、顶点索引）；生成 UI 贴图访问器、法线访问器、顶点访问器、顶点索引访问器等 Acessor。同时，生成 3DTiles 的 boundingVolume、geometricError、refine、content、url、content、children 属性。生成 B3DM 数据、JSON，构成 3DTiles 在 cesium 平台进行调度渲染。

5.4　多尺度多源异构数据模型融合技术

BIM 模型数据与 3DGIS 场景整合解决单体 BIM 模型与相邻工点模型的相对空间关系在球面坐标系中的衔接以及 BIM 模型与地形的无缝融合问题。多尺度多源异构模型的类型应包含四种（图 5.4-1）：地形模型、工程要素模型、结构模型和其他模型，其中地形模型包括表达地形起伏的数字高程模型 DEM 和地表纹理的数字正射影像 DOM。

5.4.1　多尺度多源异构 GIS 数据融合

航测精细影像成果原始数据为分块制作的 DOM 影像资料，需进行影像镶嵌、坐标重投影、影像纠正、全彩色融合等处理后得到最终的航测影像成果。生成的 DOM 成果分辨率可达到 0.2m。多尺度影像数据需要进行分级切片。主要采用基于四叉树空间索引方式建立层次网格，切片块大小推荐使用 256×256。

将高分辨率与低分辨率地形数据同时入库，同时建 DEM；再将高分辨率的影像数据与低分辨率的影像数据同时入库，同时建 DOM（图 5.4-2）。其中，DEM 的范围采用大范围、低分辨率数据，而其他的所有参数，例如分辨率、分块大小等参数，则需采用高分辨率数据。

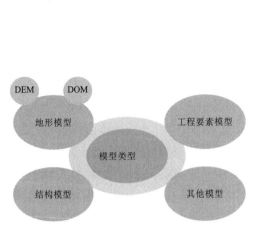

图 5.4-1　多源异构模型类型

图 5.4-2　影像 DOM 处理流程

大范围粗略卫星 DEM 数据精度约为 30m，只能表达地表大致起伏走向，无法表达局部精细三维地形现状；重点区域对 DEM 分辨率要求一般高于 2m，需要采用航测精细制作 DEM 来表达准确的三维地形。两者融合生成镶嵌后的 DEM 数据，融合后 DEM 数据效果。地形数据主要采用分层分块的层次瓦片组织管理方式，地形数据在存储时分为 DEM 数据实体、DEM 索引实体以及 DEM 管理实体三个部分。利用 DEM 数据和 DOM 数据对大场景模型数据中地形模型进行组织，采用程序自动生成的方法建立地形的 LOD 模型，同时建立起地形的金字塔索引。不同建设阶段、不同细节层次的地形模型基于 LOD 模型来表现地形特征、采用比例尺或者分辨率。

大场景地形与倾斜摄影模型所在高度可能存在差异，二者叠加使用，会存在遮挡现象。一种解决办法是通过倾斜摄影模型的高度修改地形高度，同时修改地形栅格值；另一种解决办法是将地形数据生成为 TIN 地形，然后对融合范围内的地形数据进行挖洞或者镶嵌操作，需要提供矢量面数据，同时 TIN 地形镶嵌功能支持设置缓坡参数，实现数据衔接处的平滑过渡。

5.4.2　BIM 与 GIS 异构模型数据融合

BIM 模型一般采用独立坐标系，在与 3DGIS 场景集成的过程中需要将其整合到统一的地理坐标系中。为了将独立模型贴合到 3DGIS 在相应的地理场景中，需要对转换之前的几何进行坐标变换，将局部坐标系下的 BIM 模型统一到 3DGIS 场景中。为了在三维系统中正确显示，需要将这些不同坐标系转换为统一球面坐标系，如 WGS84、G2000。

如果将平面坐标转换为椭球坐标，首先将独立坐标转换为标准分带，同时借助相应的四参数或者七参数，再转换为 WGS84 标准分带，然后按照高斯反算即可。以七参数转换为例，西安 80 平面坐标到 WGS84 椭球坐标转换过程为：①西安 80 平面转西安 80 大地；②西安 80 大地转西安 80 直角；③西安 80 直角转 84 直角；④84 直角转化成 84 大地。

工程区域或集中，或覆盖距离达到上千公里级别，其 BIM 设计成果采用工程平面坐标系。为了将其快速、批量放置到 WGS84 球面坐标系上实现两者的无缝拼接，根据坐标转换结果生成位置索引文件，根据索引文件，将简化设计成果导入三维软件平台并自动定位，3DGIS 平台加载模型后需要调整模型的位置。下面以 3DTiles 数据为例进行详细介绍。

$$\underset{\substack{\text{目标} \\ \text{位置}}}{\begin{bmatrix} x' \\ y' \\ z' \\ 1 \end{bmatrix}} = \overset{\text{平移矩阵}}{\begin{bmatrix} 1 & 0 & 0 & T_x \\ 0 & 1 & 0 & T_y \\ 0 & 0 & 1 & T_z \\ 0 & 0 & 0 & 1 \end{bmatrix}} \times \underset{\substack{\text{原} \\ \text{始} \\ \text{位} \\ \text{置}}}{\begin{bmatrix} x \\ y \\ z \\ 1 \end{bmatrix}}$$

图 5.4 - 3　空间基准转换算法

基于 Cesium 3DTiles 提供的 API 接口实现位置更改，并通过矩阵运算可以调整整个数据的显示位置，以下说明矩阵平移的算法（图 5.4 - 3）。

T_x、T_y、T_z 为需要设置的 x、y、z 方向上的平移距离，创建平移矩阵如下：var translation = Cesium. Cartesian3. fromArray（[x，y，z]）；m = Cesium. Matrix4. fromTranslation（translation）；只需要不断地修改 x、y、z，就可以调整物体的位置。获取 x、y、z 之后，加载 3DTiles 时将 modelMatrix 设置成目标 x'、y'、z' 值。

在三维平台中展示大范围精细模型，必须考虑场景性能问题，性能优化是三维项目中的重点和难点，第一是对特别复杂的模型（单个模型上百万个甚至上千万个三角面）进行轻量化处理；第二是必须生成场景缓存来保证大场景的性能。所以，需要根据工程业务应用场景需要，基于 LOD 技术实现场景缓存技术。

第一步：选择或输入一个或多个模型数据集。

第二步：重点实现对过滤阈值参数的实例化（BIM 模型建议勾选）。

（1）误差比率。调节对象可见距离，值越大，可见距离越大。

（2）精简比率。设置三角面片的数量，值越小，三角网精简越小。

（3）分块阈值。设置模型分块数据量，单位为 kB。

（4）数据压缩。可选择顶点压缩或者纹理压缩方式。draco 顶点压缩采算法，三角网的硬盘存储降低约 88%，降低数据传输时间，但会增加内存消耗及创建资源时间。cm 纹理压缩算法，对显存的消耗降低约 80%，但会增加数据处理时间。

第三步：LOD 层级设置。LOD 层数默认有 5 层，层级分别是 0、1、2、3、4 网格简化率依次为 50%、75%、100%、100%、100%。LOD 层数可修改，层数越大，包含更多的层级，模型显示切换的效果越平滑，加载到精细层的时间相应的变长，精细模型推荐 5 层 LOD。通过设置模型的加载位置、方向、高度等，并通过调整相机与模型之间的远近距离来动态加载不同精细程度的模型。

工程信息模型与 3DGIS 场景整合过程中，由于 DEM 获取的时间和获取的来源不同，存在三维设计后的局部区域地形不一致情况，从而使 BIM 模型与地形不能完全匹配，出现模型高于地形或者被地形覆盖或者地形未被开挖的情况。为了解决模型与地形相对空间关系错误的问题，研究了混合方式的模型与地形的融合方案，分别是地形整平、地形开挖等。

（1）地形整平。研究一种实现 BIM 模型与地形实现无缝融合的方法（图 5.4 - 4），该方法首先获得 BIM 模型的外接立方盒的底面与地形的交线；其次修改交线范围内的 DEM 高程数据进行地形补偿，最终实现两者的无缝贴合。

第一步，解析原始多源格式三维模型数据，查找所有的三角面片获取其三维顶点数

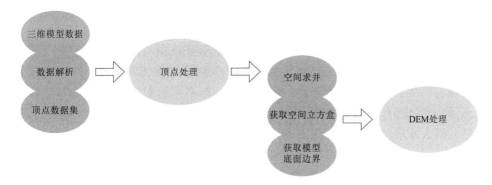

图 5.4-4　地形整平解析流程

据集。

第二步，对顶点数据集按空间位置与当期空间范围进行求并操作。

第三步，依次遍历模型空间范围内所有的顶点，进行求并操作，获取最终的点集合空间范围立方盒。

第四步，提取立方盒底面四边形作为外接边界投影到地形数据上完成地形高程修改和补偿。

（2）地形开挖。地形开挖是 BIM 模型与地形融合的一种算法（图 5.4-5）。该算法处理获取模型在二维平面上的投影边界，叠加模型直接与开挖后的地形。该方案适合铁路线性设施 BIM 模型与地形的无缝融合。

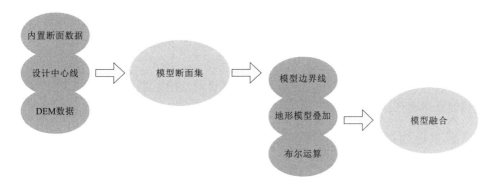

图 5.4-5　地形开挖解析流程

第一步，在参数化概念建模时，将获取到的沿设计的横断面数据按照里程顺序放入栈 A 中。

第二步，对栈 A 中的横断面数据进行遍历，获取每一个被遍历的横断面的左侧（或者右侧）的端点，把该端点依次存储入一个线要素结构 L 中，并用另一个栈 B 保存被遍历后的横断面数据。

第三步，当对当前遍历的栈 A 中的数据完成遍历后，直接开始对栈 B 的遍历，与遍历栈 A 不同的是遍历栈 B 时提取的是栈 B 中的右侧（或左侧）端点数据，并依次存储入线要素结构 L 中。

第四步，完成栈 B 的遍历，得到闭合的线要素 L。该 L 即为模型与地形的交线。

第五步，对 DEM 上 L 范围内的栅格点数据处理为无效值，完成地形的开挖。

第六步，最后将模型与地形叠加到一起，完成 BIM 模型与地形融合。

一种解决办法是将倾斜摄影模型生成 DSM，同时修改地形栅格值，这种方式通过倾斜摄影模型的高度修改地形高度；另一种解决办法是将地形数据生成为 TIN 地形，然后对融合范围内的地形数据进行挖洞或者镶嵌操作，需要提供矢量面数据，同时 TIN 地形镶嵌功能支持设置缓坡参数，实现数据衔接处的平滑过渡。BIM 数据与倾斜摄影模型通常使用不同的坐标系，在融合与匹配之前，首先进行坐标系转换和模型数据的配准功能，将工程坐标系下的 BIM 模型自动匹配到指定的坐标系。这时将 BIM 模型所在区域的倾斜摄影模型进行镶嵌压平操作，同样也可以设置护坡参数，实现数据衔接处的平滑过渡。大场景地形与倾斜摄影模型所在高度可能存在差异，二者叠加使用，会存在遮挡现象。

5.5　BIM 数据互用模式

工程数据的产生由不同的参与方完成，因而具有按空间分布的特性，同时工程数据的使用者同样来自各个参与方，即数据的使用同样具有按空间分布的特性。这两种空间的分布特性并不一致（因为数据的生产者不一定是数据的唯一使用者），这种不一致是数据交换需求产生的原因。基于集中存储的 BIM 数据解决方案，是通过共享一个集中所有项目数据的 BIM 数据库/服务器来应对这种分布特性的不一致和满足各类数据交换需求的。存在着网络负担重、服务质量难以保证、数据所有权管理困难等问题。基于云计算的 BIM 数据集成与管理架构，以项目的参与方为节点建立多台 BIM 云服务器，并且分别服务于各个参与方，通过服务端之间的联系形成 BIM 云计算平台实现统一的协调和管理。在分布式的环境中，针对工程数据的产生分布特定和使用分布特性不一致的问题，存在三种数据的互用模式可供选择（图 5.5-1）：数据产生驱动的互用模式、全分布互用模式和数据使用驱动的互用模式。

5.5.1　产生驱动互用技术

数据产生驱动的数据互用模式（图 5.5-2），与不应用 BIM 或参与方在各自内部应用 BIM 时的数据存储状态类似，各方存储各方创建的数据。这种模式中各方所存储的数据并无交集。数据的交换和共享是通过独立的请求-应答的方式实现的，在某个参与方提出数据交换请求时，才通过一些传递途径将数据从所有权者发送给提出请求的一方，这些途径包括纸介质、数据光盘、网络发送数据文件、云存储共享空间等。

产生驱动的数据互用模式中数据虽然分散存储在各个参与方的 BIM 服务器中，但因为是由各个参与方分别产生的数据，彼此之间难以建立起关联关系，即数据的集成存在困难。参与方需要使用来自其他参与方的数据时，要经过一次发送请求-确认请求-提取数据-反馈数据这样的完整流程，这种数据交换方式属于点对点的数据交换，与基于文件的数据交换类似，因此只适用于数据交换不频繁的应用环境。该模式下分布的核心数据（不包括通过数据交换得到的数据）没有冗余，不存在数据一致性的问题。

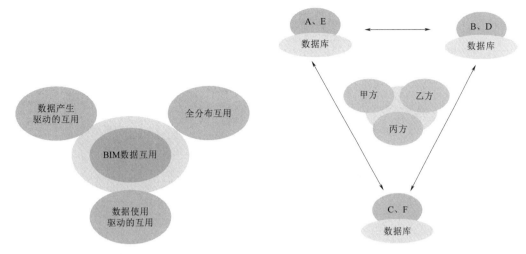

图 5.5 - 1　BIM 数据互用模式　　　　图 5.5 - 2　数据产生驱动互用模式

5.5.2　全分布互用技术

全分布互用模式（图 5.5 - 3），顾名思义是指各参与方生产的全部数据以多备份的方式分别存储于所有参与方的 BIM 服务器中。即任意参与方的服务器都包含全部的 BIM 数据和工程信息，处于完全对等的状态，用户原则上可以访问任意一个服务器来获取所需的数据，或采用负载均衡的算法自动选择较为空闲或连接速度较高的服务器进行访问。该模式是基于集中存储的 BIM 数据解决方案的改进，为了提高数据的可用性而对数据进行完全冗余的存储，各服务器之间需要通过一定的同步机制来保证数据的一致。全分布互用模式与产生驱动的数据互用模式相反，数据完全以集成的方式存储于各个参与方的 BIM 服务器中，实现数据的集成比较容易。无论用户需要使用哪方创建的数据，都不再需要通过烦琐的流程去获取，这些数据已经存储于本地的服务器中，数据的交换、共享非常实时和便利。该模式的应用需要解决数据冗余带来的更大存储开销和数据的同步问题，在实际应用中，全部模型数据的同步不可能实时完成，可以采用定期同步，主动同步和增量同步相结合的方式能够实现较好的同步效果。

5.5.3　使用（需求）驱动互用技术

另外一种数据互用模式是以数据的使用为依据进行的分布，也即数据使用（需求）驱动互用模式（图 5.5 - 4）。该模式中数据的存储位置与使用者的需求密切相关，参与方 BIM 服务器中除存储本方产生的数据外，还存储本方在生产过程中所需的其他参与方产生的数据，因而参与方需要的数据全部存储在自己的服务器中。需求驱动的数据互用模式中，参与方的 BIM 服务器中存储的是该参与方需要使用的数据（由预定义的需求描述），因为各个参与方的数据需求必然存在重叠（例如，构件信息和空间组织信息在 BIM 应用中基本是不可或缺的），所以该模式也必然存在数据冗余和一致性的问题。与全分布互用模式不同，需求驱动的数据互用模式中各参与方 BIM 服务器不处于完全对等的状态，而

89

是严格按照本方的需求，仅存储本方需要的数据并针对本方用户提供服务，因而存储开销介于产生驱动模式和全分布互用模式之间。

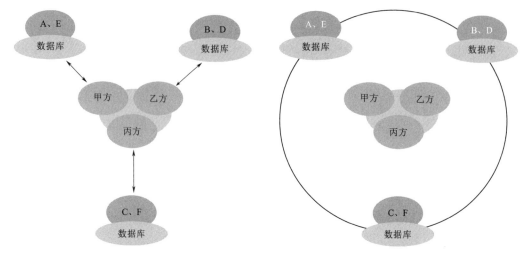

图 5.5-3　全分布互用模式　　　　　　　　图 5.5-4　使用（需求）驱动互用模式

5.5.4　分布式 BIM 数据互用方法

三种互用模式各有利弊，总体而言，需求驱动的数据互用模式是产生驱动模式和全分布互用模式的折中方案。是在产生驱动模式的基础上在参与方服务器上进行参与方需求范围内的数据集成，在节省存储空间的同时获得类似于全分布互用模式的服务质量，同时还能够避免全分布互用模式在管理数据所有权和私有数据方面的弊端。

综合三种互用模式的特点，全分布互用模式和需求驱动的互用模式更为适应 BIM 数据集成与管理的使用需求，能够带来更好的应用效果和用户体验。因为在存储能力方面，云计算技术的广泛应用尤其是互联网领域的应用已经表明，目前各类系统的存储能力完全能够满足 BIM 数据集成与管理的使用要求，并且在未来还有很大的扩展空间。在这两种模式的比较中，需求驱动的数据互用模式在存储空间、对数据所有权和私有数据的管理方面更具优势，缺点在于该模式的建立、运行和同步机制都具难度也更为复杂，需要解决准确定义需求，建立按需的数据提取与传递机制和冗余数据的分布式管理及一致性等问题。

施工方的云服务器节点中，不仅存储本方产生的深化设计、施工进度等数据，同时还存储本方开展工作所需的其他数据，例如从设计方得到的进行深化设计需要的施工图设计数据，从监理方获得进行施工质量管理所需的质量检查数据等。从其他参与方获取本方需要的数据并应用的过程既是工程项目多参与方的数据互用。这些数据的获取并不容易，需要能够正确描述数据需求，从多个参与方的 BIM 数据中正确识别需要的数据，最后正确提取和传递数据。而且，工程数据随着项目的进展会不断发生变化，随时都有新的数据产生，因而 BIM 数据互用并不能通过单次或多次的数据获取实现，而是需要一个贯穿整个项目生命期各个阶段的连续过程，使用平台层面的程序化手段进行自动的触发和统一协调，应当建立一套完整的方法、技术和流程来实现。

施工方从设计方和监理方获取数据时，首先需要定义以 MVDXML 的格式描述的数据需求，需求的描述应当能够明确表达参与方需要哪些数据，例如施工方数据需求应当包含施工方需要施工图设计数据、设计变更数据和质量检查数据的含义，在基于 BIM 数据模型和数据库的数据集成和管理中，这些数据并不是相互独立存在的，而是同时存在于同一个 BIM 模型或 BIM 数据库中，彼此之间具有复杂的逻辑关联关系，导致数据需求的描述也相当复杂，因而需要采用模型视图（MVD）的方法来定义参与方的数据需求；随后需要实现基于数据需求的数据过滤，根据描述施工方数据需求的 MVDXML 文件，分别在设计方和监理方的 BIM 服务器中执行过滤算法，形成符合施工方需求的 BIM 数据实体集，即施工图设计与设计变更数据和质量检查数据；通过 MVD 中的类型和实例过滤条件，使用核心实体关系扩展的算法从 BIM 数据库中过滤出符合模型视图的数据实体；最后，将得到的实体集提取并发送到施工方的服务器中，完成数据的获取。BIM 数据获取过程可以支持某一参与方从其他方获取本方所需的数据。理论上，参与方可以主动地发起数据获取过程，从各个其他参与方获取所需数据，支持本方各项工作的需要，如果各个参与方都如此进行数据的获取，那么就可以实现多参与方的 BIM 数据互用。事实上，工程项目的数据在不断发生变化，众多的参与方同时进行数据的采集和编辑，导致主动获取数据的方式无法得到最新和完整的数据，难以避免在 BIM 应用中使用不准确和过时的数据，而且新旧数据并存会给数据的管理带来不必要的困难。为了能够更快速地获取新数据，唯有增加主动获取的频率，而增加频率必然导致网络开销和服务器负担的加重。这导致通过主动获取数据实现多参与方 BIM 数据互用的方式并不可行。

数据的发送过程可以通过程序自发地进行，触发条件是服务器接收到新增的 BIM 数据。这样一来，BIM 数据的获取便成为被动和自发的过程，从项目全局的角度审视，只要有新增的 BIM 数据进入 BIM 云计算平台，接收到数据的某参与方服务器便会自动地对新增数据按照各个参与方的需求进行过滤，形成实体集并发送到各个参与方。

基于上述被动、自发获取数据建立的分布式 BIM 数据互用方法，数据互用过程从用户上传新增数据开始，至各个其他参与方取得所需的实体集为止，共包括 7 个环节，具体实现如下：

（1）用户上传数据至本方服务器中。

（2）通过与数据库中已有数据的对比，本方服务器判断部分或全部数据为新增数据，随后将新增数据存储在数据库中。

（3）执行存储时，提取数据实体的几个关键属性形成元数据，发送到平台管理服务进行新实体的注册。

（4）本方服务器使用存储的其他参与方数据需求 MVDXML 文件备份，分别对新增数据进行过滤，形成其他各方需要的多个实体集。

（5）将过滤结果分别发送至各参与方服务器。

（6）各个其他参与方对接收到的新增数据执行存储。

（7）各个其他参与方将新增数据的元数据发送到平台管理服务完成新实体的注册。

5.6　多尺度异构数据融合及应用

地理信息服务是空间数据管理平台的核心之一，多尺度融合数据通过空间数据管理平台的空间数据引擎，以地理信息服务的形式向客户端提供地形和地理要素数据，并能向客户端提供多尺度融合数据综合展示及空间分析的服务。空间数据管理平台处理融合 DEM、DOM 生成多分辨率地形模型，并以数据库形式保存在服务端，由遥感影像数据引擎后台服务器通过地形服务发布地形数据集；矢量地理要素数据 shp 图层可通过地图图片引擎提供 WMS/WFS 服务发布，叠加到三维场景中作为基础矢量数据；模型引擎负责点云模型、OSGB 模型以及 BIM 模型等数据服务。

5.6.1　多尺度空间数据融合

BIM 模型以精细而著称，其精细化程度可以细致到每一个部件（例如很小很细的螺丝钉），所以单个 BIM 模型的数据量非常庞大，若将这些 BIM 模型不做任何处理集成到 3DGIS 系统中是不可行的，必须将这些 BIM 数据重新组织，为基于切片技术的 BIM 模型组织管理流程（图 5.6 - 1）。

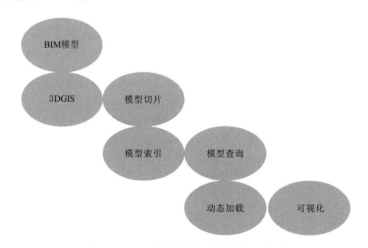

图 5.6 - 1　BIM 模型空间数据融合流程

第一步：将 BIM 模型转换为 3DGIS 标准数据格式。

第二步：将 BIM 数据建立模型空间索引，按照八叉树模型切片，建立金字塔模型，并生成模型索引。

第三步：将 BIM 模型按照工程领域中模型的分类标准进行顾及语义信息组织。

第四步：将 BIM 模型按照其地理坐标、空间索引和语义关系进行管理，以便于后期模型的查询。

第五步：完成基于视点距离的模型动态加载，实现 3DGIS 的大范围 BIM 模型组织管理与可视化。

按空间组织是指根据模型所在的地理坐标和范围组织数据。这样做的优点是简单、直观，可通过空间划分算法（八叉树、四叉树、R 树索引、图库索引、动态索引等算法）加载显示和隐藏数据，提高数据的显示效率，符合 GIS 数据组织标准。缺点是不符合铁路查询的习惯，查询效率慢，类型等信息不明显。通过动态索引算法对转换后的 BIM 模型进行组织调用。

语义信息高效地表达工程建设业务信息，也可以用于基于文档、图形等形式的信息交换过程，从而可以更好地、准确一致、无歧义地理解建设领域业务信息。通过准确的定义规范建设领域语义信息，实现继承现有各个领域的知识成果，促进领域信息在不同软件、不同语言和不同应用场景进行高效映射和信息转换。以单个 BIM 工程设施为对象，以单个 BIM 实体元素为单位，将 BIM 模型以工点设施为组进行管理，并通过 BIM 模型中唯一标识的元素 ID 将 BIM 模型中各个部件与其过滤后的语义信息相关联，实现 BIM 模型数据的高效管理，同时通过细粒度的部件级可视化与工点设计 BIM 对象的整体协同调度实现了大范围 BIM 模型场景的自适应可视化。

基于视点距离的模型动态加载 BIM 模型的细致程度（Level of Details），一个 BIM 模型构件单元从最低级的近似概念化的程度发展到最高级的演示级精度的步骤。通过动态索引的组织结构将 BIM 模型数据分成若干瓦片，模型可以设置 LOD，根据距离、级别加载不同复杂度结构模型。通过计算视点与模型的相对位置关系判断模型是否显示，其规则如下：若模型距离视点较远，不显示，若较近，则显示；若视点能看见模型，则显示，否则不显示；若用户浏览模型外部，则 BIM 模型细部构建不显示。

5.6.2　多层次综合应用管理

基于结构信息与区域信息的多尺度耦合机理研究，建立 BIM - GIS 多源异构信息数据库，实现对不同来源、不同格式、不同时期的结构化和非结构化的多源异构融合数据集成管理；通过建立 BIM - GIS 融合数据综合管理平台（图 5.6 - 2），为不同管理需求提供宏观、中观、微观三个层次尺度的服务，有效辅助建设施工及后期运维管理。

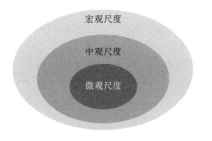

图 5.6 - 2　BIM - GIS 融合数据
层级管理

将 BIM 数据和 GIS 数据融合到一起，通过统一平台进行管理。

（1）宏观尺度应用。大范围粗略卫星影像与局部精细航测影像进行数据融合时，需设置不同高度对应的影像显示分辨率级别，比如查看全局视角时只显示地表粗略卫星影像概况。在场景模型数据中宜采用混合分辨率数据管理（瓦片图像多层分级管理）；根据区域空间的大小即空间维度，在宏观尺度上表现为工程的整块区域，可以包括整个规划区域的相关信息如本区域的尺寸、地形、地质、交通线路等。

（2）中观尺度应用。在中观尺度上表现为某一标段，切换到局部视角时则显示地表精细航测影像以表达详细地表纹理信息，从而实现多源地表影像纹理的无缝融合与切换。可以显示某标段的相关信息，包括该标段的建筑群落数量、绿化率等，快速生成全线的动态电子沙盘，综合展示工程沿线的构筑物、征地拆迁、大临工程等分布情况。

　　（3）微观尺度应用。在微观尺度上，使用倾斜摄影的 OSGB 通用格式将后期处理的倾斜摄影数据导入平台中，生成三维倾斜模型场景数据，支持高性能的三维瓦片数据文件，并支持三维瓦片数据库。倾斜数据精度已达到 0.05m，可以与 BIM 模型、周边地形地貌叠加展示。通过 BIM 模型与 OSGB 融合展现结构各个建筑单体，包括该单体的详细信息如该建筑单体的整体尺寸、内部相关构件的尺寸以及施工时的进度、成本信息等。

第 6 章　BIM 轻量化与交互渲染

6.1　三维几何建模及模型转换

三维数字技术在建筑工程领域的应用有效地改变了传统的以点、线、面等二维图元组成的工程图纸的信息表达缺陷，使计算机中的建筑产品模型更加接近现实世界，是 BIM 的重要技术支撑。

6.1.1　三维几何建模及图形显示

按照建模方法的不同，计算机三维建模可以分为线框建模、表面建模和实体建模。线框建模是利用基本线素来定义设计目标的棱线部分而构成的立体框架图，模型是由一系列的直线、圆弧、点及自由曲线组成，描述的是产品的轮廓外形。

表面建模是通过对实体的各个表面或曲面进行描述而构造实体模型的一种建模方法。建模时，先将复杂的外表面分解成若干个组成面，然后定义出一块块的基本面素，基本面素可以是平面或二次曲面，通过面素的连接组成了组成面，各组成面的拼接就是所构成的模型（图 6.1-1）。表面模型能够比较完整地定义三维立体的表面，生成逼真的彩色图像，以便直观地进行产品的外形设计，也可以用作有限元法分析中的网格的划分。

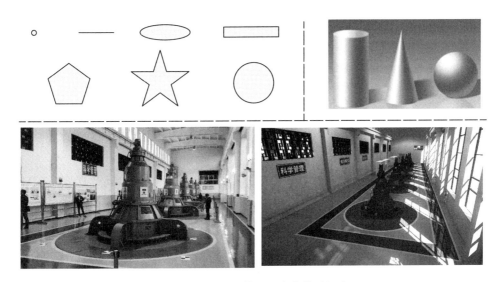

图 6.1-1　三维模型基本构件及组成

实体建模是在计算机内部以实体描述客观事物。通过基本几何实体如长方体、圆柱体、球体、圆锥体、楔体和圆环体等实体模型来创建三维对象。然后对这些结合实体进行布尔运算形成更为复杂的几何实体。另外，实体模型也可以通过将平面对象沿路径拉伸或绕轴线旋转而得到。实体模型包含完整的几何拓扑信息，可以从其中提取实体的物理特性，如体积、表面积、惯性矩、重心等，导出实体数据进行有限元法分析，或者将实体模型退化为表面和线框对象。

6.1.2　BIM 的几何数据描述

基于 IFC 的 BIM 可以存储多种类型的几何模型数据。其中，Curve2D、GeometricSet、GeometricCurveSet 用于描述由点、线、面基本图元组成的模型（图 6.1-2）。SurfaceModel 用于描述表面模型。SolidModel 用于描述实体模型，又可细分为 SweptSolid、Brep、CSG、Clipping、AdvancedSweptSolid 等多种类型。

IfcProduct 实体的 ObjectPlacement 属性定义坐标信息，坐标信息既可以采用世界坐标、相对坐标，也可采用相对于轴线网格的方式描述。通过坐标变换矩阵进行坐标变换可以得到建筑产品在世界坐标系的最终位置。IfcProduct 实体的 Representations 属性用于定义建筑产品的几何模型。IfcProductRepresentation 实体的 Representations 属性为列表类型，可以为同一个建筑产品存储多个几何模型数据，例如描述同一个建筑产品的实体模型、线框模型和表面模型。每一个几何模型对应一个 IfcRepresentation 实体的实例，存储在 RepresentationType 属性中。

6.1.3　BIM 几何实体模型的重建

AutoCAD 是广泛使用的 CAD 软件，具有强大的二次开发接口，可以将 AutoCAD 作为三维几何图形引擎使用。随着 .Net 技术的不断成熟，对于 AutoCAD 的二次开发不仅可以使用传统的 ObjectARX 函数库，也可以使用基于 .Net 的 AutoCAD 托管函数库。使用 .Net 托管函数库采用 C♯ 语言实现上节中的重建几何实体模型和将三角形网格数据转化为表面模型数据的步骤，使用 ObjectARX 中的 Acbr 函数库处理实体模型的三角形网格划分步骤。

以一个 IfcProduct 派生类实例的几何实体模型重建作为研究对象（图 6.1-3），由于方法对于任何 IfcProduct 派生类实例是通用的，因此通过遍历全部实例便可以实现对整个 BIM 模型的几何数据处理。

读取几何实体模型数据，数据可以来自 IFC 文件也可以来自 BIM 数据库。BIM 的实体几何数据以 IFC 几何资源实体表达，实体分为表示运算符的实体和表示几何图元的实体，构成由运算符和几何图元组成的二叉树结构，最终表示的实体模型便是通过遍历这棵二叉树并进行坐标变换得到的结果。因此需要通过分析几何实体将其解析成几何操作和几何图元。由于二叉树具有多层嵌套关系，对于一个上层的几何操作可能需要首先调用底层的几何操作，将其返回的结果作为输入参数进行运算。因此，判断当前几何操作是否为可直接执行的操作，如果为"否"则继续执行分解几何操作和几何图元步骤，如果为"是"则重建几何图元并执行几何操作。

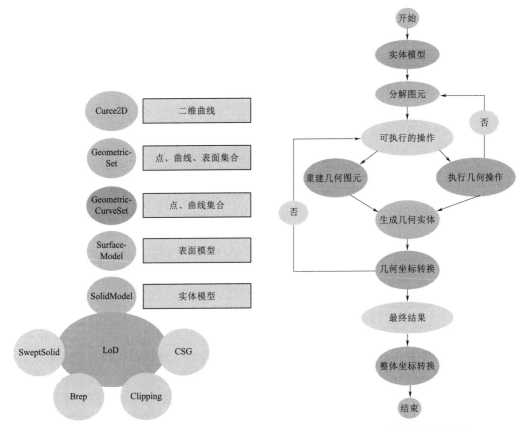

图 6.1-2　BIM 几何表达类型　　　　　　图 6.1-3　实体模型几何重建

根据 BIM 实体的坐标信息描述，对生成的局部实体模型进行坐标变换。首先需要生成坐标变换矩阵，初始化矩阵的代码如下 Matrix3d mat＝Matrix3d. AlignCoor dinateSystem()；通常坐标变换由多次变换组成，可以通过矩阵相乘获得最终的变换矩阵。此时，判断是否得到了最终的几何模型，如果"是"则按照上述方法执行整体坐标变换，如果"否"则将局部的几何模型返回，激活挂起的操作，继续流程图中的步骤。

6.1.4　BIM 表面模型的生成

BIM 表面模型建模是通过读取 BIM 模型中已有的实体模型数据，在三维几何图形引擎中处理，最终将生成的表面模型数据集成到 BIM 模型中的过程。几何模型通常在设计阶段创建，与实体属性、工程信息等一并集成在 BIM 模型中。几何模型的描述应用了 IFC 模型的资源实体，这些实体不能独立用于信息交换。表面模型的创建分为三个主要步骤（图 6.1-4）：首先，进行上一节介绍的几何实体重建流程；其次，对建立的实体模型进行三角形网格划分；最后，将三角形网格数据转换为表面模型数据重新集成到 BIM 模型中。

对实体模型的三角形网格划分通过调用 AutoCAD Acbr 函数库（该函数库位于 ObjectARX SDK \ utils \ brep 目录中）实现。首先，打开组中的几何实体，使其处于可读

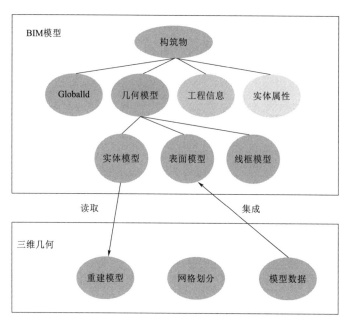

图 6.1－4　BIM 模型建造流程

取状态。其次，调用 Acbr 函数对实体进行三角形网格划分，形成由三角形顶点数据组成的顶点集合 Pts。这一过程通过调用 Get3dSolidMeshVertices 函数实现；该函数以表示实体模型的 objId 为输入参数，将计算生成的三角形网格数据以点数组的形式返回给参数 Pts。再次，根据 Pts 数据在 AutoCAD 中创建 3DFace 三角形面对象。最后，为了记录 GlobalId，将这些三角形面对象添加到与 GlobalId 对应的 AutoCAD 组中。

6.2　三维几何模型的轻量化方法

对模型几何和语义进行轻量化、模型"压缩"传输以及客户端对模型进行动态加载，将大大提高 BIM 模型在 Web 端的展现效果和用户体验，达到模型更广泛的应用。由于工程线路繁多、形态各异、牵涉领域众多、场景对象种类繁多、空间关系复杂多变，多专业应用场景复杂，致使基于 BIM 的建设领域应用普遍存在建模专业强、建模精度高、模型体量大、模型格式不统一，以及受到存储空间、带宽和计算能力的限制和基于 Web 图形轻量化及渲染显示困难等应用技术难题。

在三维模型十分复杂，模型数据的压缩和轻量化简化是三维模型处理的重要内容，一直在被广泛而深入地研究。在三维模型的复杂的应用领域中，对模型的虚拟真实感和模型精细度的要求也越来越高，所以需要研究高精度的模型轻量化简化算法和实现技术。在原厂模型轻量化转换过程中，研究提出了对原厂模型的语义提取、几何对象过滤和三角面片简化等各种优化处理综合方法，实现在不影响应用效果下，去除冗余重复信息，保留必要的模型属性及几何图形信息，达到模型轻量化应用需求，并能够在各种终端之间高效地传输和加载（图 6.2－1）。

6.2.1　语义信息的提取

BIM 模型的信息主要包括几何信息和语义信息，其中语义信息主要包含基本属性、属性集合、关联关系信息。解析模型文件的所有构件及特征元素，对每一个构件依次解析它的基本属性，并提取其对应的属性集合。

在 BIM 模型中，属性集合主要通过关联关系与构件进行关联，通过采用字符串匹配的方式对属性集合进行合并。然后基于对BIM 模型数据实例的字段进行识别，如果识别除了 GUID 外其他字段数据信息都相同，就认为这两条属性数据实例相同，删除其中一个数据实例，同时改变关联关系定义。

基于构件与构件之间的连通关系、位置关系等关联关系的分析，获知 BIM 模型内部

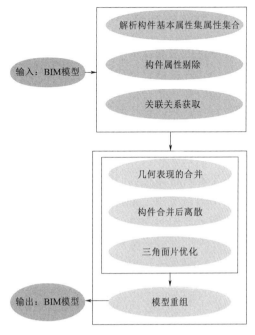

图 6.2 - 1　BIM 模型轻量化流程

的结构信息，便可基于 BIM 进行应急救援、路径优化等应用；同时基于构件的反向属性，可以获取该构件包含的关联关系。

6.2.2　几何表达的合并

BIM 模型的几何表达定义了物体的外观尺寸，定位属性定义了相应的空间位置。因此，基于同一建模软件导出的相同几何形体的构件的几何表达属性便可合并成同一个 BIM 数据实例，同时识别出 BIM 模型中存在的重复几何表达实例，进行删除，实现基于几何相对统一表达来识别 BIM 模型中形体相同的构件。几何表达的归并采用层次化的模型树自底向上迭代比较的算法，逐层进行容差合并，依次删除重复的数据实例，同步更新上层节点引用关系，直到根节点位置，算法结束。

6.2.3　构件合并的离散

通过对多模型树中参数化构件的几何信息转换为计算机可以识别显示的点、线、面等形式进行离散，实现对多模型显示。考虑到模型离散过程计算复杂，所以提前基于服务器端完成离散过程中形体相同的构件合并，减少模型几何数据，从而满足基于 Web 端 BIM 模型的加载和显示。核心思想是基于附加特征元素和构件特征元素进行合并和做差运算，实现对构件的几何信息合并；同时还要考虑空间相对位置关系，基于绝对定位、相对定位和网格定位三种方式进行综合转换，统一变换为绝对定位采用的世界球面统一坐标系进行比较判断，是否属于同一构件决定是否需要离散。经过以上的处理优化后，原模型中冗余的语义信息得到删除，基于对形体相同而位置不同的构件的合并离散，实现将需要显示单元以一组基本几何单元存储于服务器中。

6.2.4　三角面片简化

为了进一步提高构件模型加载效率和显示效果，需要进一步采用几何对象简化和三角面片的简化等模型轻量化算法进行模型简化处理。几何对象简化主要是对合并后的构件模型中几何对象的子对象进行简化、删除，三角面片简化是通过算法剔除相应的顶点、面，达到轻量化模型效果。三角面片简化可有效应用于大模型结构比较复杂，顶点、面数据比较大的 BIM 模型。

考虑到模型结构比较复杂，模型体量比较大，相应的顶点、面数相对比较庞大，需要高压缩比地进行简化，同时对重要信息尽可能保留少简化，从而达到低门槛的实际应用条件。采用边折叠法三角面片简化方法和细节层次轻量化技术相结合的简化策略。具体实现方法（图 6.2-2）如下：

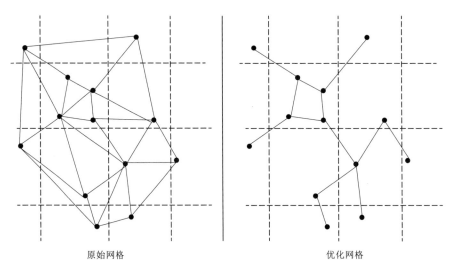

原始网格　　　　　　　　　　　　　　　优化网格

图 6.2-2　三角网格优化方法

（1）顶点聚类简化算法网格化处理。按照 Rossigna 提出的基于网格单元的顶点聚类简化算法，将模型按照空间网格思想划分为若干个较小的业务模型区域，并采用八叉树的方式完成对网格空间网格优化和 Low 提出的根据模型顶点的重要性完成对网格模型空间单元大小自适应调整；基于优化后的网格模型中所有顶点合并，形成新的顶点；最后根据模型拓扑关系对生产的新顶点进行三角化面片处理，得到简化的三角网格。

（2）折叠算法（Edge Collapse）与递进网格（PM）算法三角网格简化优化。依据折叠算法（Edge Collapse），将模型的三角网格模型的"边"作为重点考虑删除的基本几何元素，以折叠边为对象按照模型内部拓扑逻辑关系进行相关的边映射；并参照 Hoppe 提出的递进网格（PM）算法，逐级减少三角面片数量，根据控制简化的面片数的实际需要，动态生成多个连续的细节层次三角网格模型，并保持简化后顶点和对应的纹理一致性，保持良好的扩展性；按照视点相关的直到达到业务对三角网格模型简化的需要为止。对算法加以改进就可以实现与视点相关的动态简化。

6.2.5 模型数据提取与存储

应用程序通过解析轻量化文件来访问轻量化后的模型属性数据，IFC 模型文件里面包含了模型构件的层级树与构件的属性信息。实现模型属性数据及模型关系信息（即模型、子模型、构件及零件间的包含关系）从轻量化模型中准确高效地提取出来。通过模型的层级关系数据，可提取出包含模型各构件之间层次关系的模型结构树。通过关系型数据库驱动进将解析获取的 IFC 数据保存到数据库中。提取出来的数据应能够方便地存储到数据库中以便于应用程序对数据进行展示、分析、统计及搜索。

用户在对模型进行访问时，需要频繁进行模型构件的基本属性、关联关系和属性集合等多种信息查询，实现对语义信息进行序列化与反序列化。针对 IFC 模型语义信息采用典型的关系型数据库 SQLite、Oracle 上进行模型数据远程存储管理。该方法将模型的语义信息与几何信息分别进行存储，远程服务器数据存储架构如图 6.2 - 3 所示。

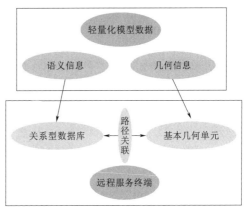

图 6.2 - 3　远程服务器数据存储架构

6.3　模型层次化动态加载与混合云引擎技术

选用何种技术实现三维场景人机交互功能取决于建设领域客户应用的需求。选择合适的三维场景人机交互技术，既可以降低用户应用 BIM 技术的门槛，也可以实现灵活三维场景人机交互控制，同时可以达到用户有身临其境的感觉和三维场景更加的生动逼真的效果。研究支持平民化硬件、多平台和移动设备的加载速度流畅的大规模场景交互技术，以及采用云技术实现跨平台、跨浏览器展示大体量模型，实现流畅的交互操作。

虚拟场景的渲染速度和逼真性主要取决模型的精细度和模型文件的大小，如何实现渲染速度和精度的平衡是模型应用的关键。针对模型应用特征，研究支持主流模型格式、保持数据完整性，模型几何信息和非几何信息的结构化存储，并对数据进行版本管理，支持模型动态更新、分布式加载和差异化更新，实现模型的快速渲染和动态展示。

模型轻量化后的模型数据依然庞大，在客户端全部加载模型数据进行显示依然存在一定的困难。在实际应用中，用户往往在某一时刻浏览模型时通常只关心局部模型构件信息，为此，根据用户需要动态加载，并将感兴趣的局部模型进行显示的策略；进一步研究了云端渲染和本地渲染相结合的策略弥补本地渲染计算机性能不足和云端渲染受网络传输条件限制的问题。

6.3.1 模型层次化动态加载技术

随着互联网发展，应用逐渐由桌面端转移到 Web 端，BIM 模型复杂度和数据量已经

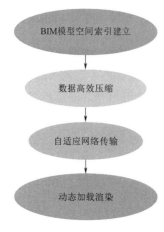

图 6.3 - 1　BIM 模型
动态加载

远远超出了计算机运算能力和浏览器、内存容量所能承受的范围。因此，需要利用硬盘、数据库、CPU、内存及缓存建立基于网络访问的 BIM 数据存储、压缩、传输、动态加载渲染新的模式，解决 Web 端访问受到存储空间有限、网络带宽限制、数据传输时间较长以及大规模数据渲染加载显示困难等应用技术难题（图 6.3 - 1）。

基于层次化 BIM 模型空间索引建立、数据高效压缩、自适应网络传输及动态加载渲染等综合方法，实现对模型基于 Web 访问的模型动态加载和高效显示。首先，利用八叉树和 LoD 融合技术，对模型的空间结构进行划分，建立模型构件空间索引。其次，对 BIM 模型利用 Deflate 数据压缩算法进行高效的数据压缩，以适应模型数据网络传输要求。再次，依据模型构件体积比率和用户感兴趣程度，赋予模型构件重要性权重，基于二分法动态计算需要传输的构件列表，实现模型自适应网络传输。最后，基于场景视距范围对模型构件进行动态增量加载，实现基于用户需要对模型进行高效交互操作。并对模型构件进行缓存，实现动态缓存加载。

（1）层次化 BIM 模型空间索引建立。八叉树技术是一种高效的三维空间数据组织方式，可以快速剔除不可见图元，减少进入渲染区域的绘制对象。

1）八叉树空间索引建立。八叉树是基于给定域的空间分解，将模型整个域沿着三个轴方向进行划分，创建覆盖整个域的所有 IFC 对象的存储信息和边界框的八叉树根立方体以及八个子立方体。对于每个子立方体进行重复递归分解，进一步细化到单个边界框分布到多个立方体，直到达到树的最大深度。

2）细节层次（LoD）建立。BIM 模型的 LoD 是用户描述一个 BIM 模型构件单元从最低级的近似概念化的程度发展到最高级的演示级精度的层级。

3）视觉距离映射。由于交互的用户行为是一个高度动态的过程，为了防止发生在预加载时只是对模型的外部轮廓构件加载而丢失关键的模型内部细节信息，需要预先为构件建立八叉树、层次细节和视觉距离 Di 的对应关系表，预先定义了不同层级 LoD 的预取距离 Di 和相应的 LoD 层级模型构件映射关系。根据距离 Di 显示视域范围对应 LoD 精度的模型构件，并隐藏不必要的细节。

4）显示结果。通过遍历八叉树的节点获取用户可见区域的对象集合，以及被排除在用户后面的构件，或将被投影到剪辑区域外的点的对象。在应用细节级别之后，通过应用去除用户不可见的对象的算法，可以进一步减少要渲染的对象的数量（图 6.3 - 2）。

（2）基于 Deflate 数据压缩。Deflate 算法是一种使用 LZ77 算法与哈夫曼编码（Huffman Coding）的无损数据压缩算法。该算法利用 LZ77 压缩结果进行字符统计生成哈夫曼树，并对压缩内容进行编码，最后形成存储编码表、哈夫曼树和编码后的压缩数据文件。

该压缩方法有三种策略：①对于已经压缩过的数据采用不压缩策略；②由 Deflate 规范预先定义哈夫曼树，采用 LZ77 压缩后进行哈夫曼编码的压缩策略；③采用 LZ77 压缩后进行哈夫曼编码，由压缩器生成哈夫曼树并统一存储的策略。实际数据压缩时，数据被分割成不同的块，然后采用三种压缩模式相互切换策略。基于 Deflate 算法的模型压缩流程如下：

1）用户端通过浏览器对模型提出操作请求。

2）服务器对请求操作的模型数据进行 Deflate 压缩，以文件流方式传输到请求端。

3）服务器在请求端首次访问时建立请求访问的数据字典，之后对每次请求访问时进行字典比较，获得访问差异文件并传输到请求端。

4）请求端对压缩文件进行解压缩，还原模型原文件，加载到本地缓存。

通过 Deflate 算法，可以实现模型转换的 Cars、obj、3ds、json 等文件格式几何数据达到几倍的压缩率，从而大大减少网络传输时间、提高模型访问效率。

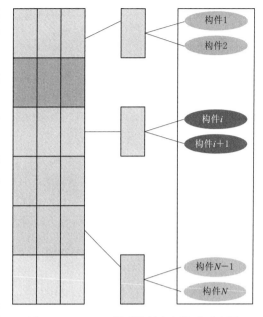

图 6.3 - 2　BIM 模型构件空间搜索示意图

（3）自适应网络动态传输。由于完整的 BIM 模型数据量体量大，不可能将数据一次性调入内存中，只能根据场景绘制的需要在不同网络带宽速度下进行自适应动态传输；并根据不同网速情况，加载不同 LoD 精度的构件（图 6.3 - 3），提高响应速度，增强用户体验。

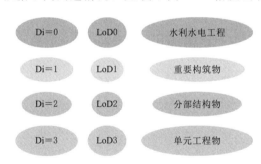

图 6.3 - 3　BIM 模型各级别的构件粒度

首先，客户端向服务器发送模型交互操作请求加载构件的基本信息，并记录请求发送时间；其次，服务器端对传输构件的基本几何单元进行传输。在传输完成后，客户端记录当前基本几何数据块传输完成时间。再次，将当前几何数据块的计算传输速度直接加入传输速度栈，从传输速度栈中取栈顶的 m 个传输速度进行平滑。最后，通过传输度判断网络连接状况，根据网络的稳定性传输不同 LoD 级别的精度模型构件。网络不稳定时，传输基本几何单元的 LoD0 级别数据，减小传输数据块的大小；网络一般时候，传输基本几何单元的 LoD1 中级别数据；当网络较为流畅时，传输基本几何单元的 LoD3、LoD4 级别数据。

（4）基于构件重要度动态加载。绘制效率跟场景中绘制对象的数量紧密相关。对象越多，绘制效率越低。而绘制效率又会影响用户的交互体验。因此，在绘制图元达到一定数量的时候，需要使用增量绘制技术，减少等待时间，提高交互响应速度。基于构件重要度的操作优化算法以模型流的方式进行加载，用户不需要下载和缓存完整的 BIM 模型，而是采用显示影响较大的部分先下载显示、细节部分后下载显示的方式，减少浏览器的内存

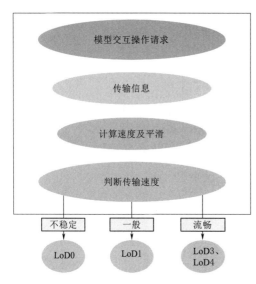

图 6.3－4　BIM 模型动态传输算法

访问负担，同时增强体验效果。

1）预先设定构件体积比率和用户感兴趣程度。

2）依据构件体积比率和用户感兴趣程度对所有构件分批次异步处理，进行重要度赋权。

3）形成构件重要度排序、重要度阈值 μ。

4）二分法找到重要度高于 μ 的构件全部加载；对低于 μ 的 m 个构件，随机提出 n 个构件不加载，其他的全部加载。

5）当用户操作结束时，将 n 个不显示的构件加载，实现全部构件加载。

总之，基于构件重要度，采用"模型流"缓存的方式可以实现对 BIM 模型边访问边缓存加载（图 6.3－4）。此外，该方法还可以结合可见性剔除、场景索引结构等方法不可见区域剔除、从场景数据的可视域判断进一步优化大规模场景数据的调度以及数据的高效访问。

6.3.2　混合云引擎交互展示技术

考虑到建设信息模型高精度、大模型的特征和铁路工程建设领域复杂的业务应用场景，提出了一种 WebGL、ActiveX 与云技术融合的三维模型展示和交互引擎（简称混合云引擎）解决方案（图 6.3－5）。

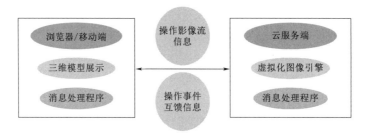

图 6.3－5　混合云引擎架构

（1）交互渲染方法。

1）后端交互渲染方法。基于后端交互渲染的模型显示方法主要有基于图片的渲染（Image based rendering）方法和伪装贴图（Impostors）方法两种方法。

基于图片的远程渲染方法是根据客户端用户对交互渲染的操作实时，反馈给云端服务端，基于服务端接收到客户端操作请求后完成所需的渲染模型图片，动态实时以图片流形式传输到客户端进行动态显示应用。主要渲染工作在服务器端进行，所以对服务端配置有高性能要求，而客户端仅需显示渲染后的图片对其硬件要求不高。

伪装贴图方法是将经过渲染后的贴图模型反馈给用户查看复杂三维模型。该方法是基于服务器根据用户观察模型视角的调整不断实现对视角局部模型进行渲染、传输和更新，客户端接收到远程服务器渲染后的图片，映射在一个用户的显示平面或者立方体上进行显示。由于伪装贴图方法根据用户观察模型视角渲染对应局部模型并简单贴图，所以具有模型渲染速度快，网络传输占用带宽小，加载效率高等优点。不过伪装贴图方法适合于用户离观察物体模型较远的应用场景，当用户近距离观察物体时会出现缺乏真实感。

基于后端渲染的模型显示方法对远程云端服务器的各项性能指标要求较高，当多个客户端用户同时浏览模型时，服务器会出现由于客户端同时进行多个视角的渲染增大渲染压力；同时客户端在接收云端服务器渲染模型时会对网络性能提出较高的稳定性要求，在网络不稳定的情况下会出现一定延迟。

2）前端交互渲染方法。基于前端渲染的模型显示方法是基于客户端自身的硬件资源完成相应渲染工作，可以有效地克服网络不稳定等 BIM 交互渲染应用场景。主要有渐进网格（Progressive Mesh）方法和几何复制（Geometry Replication）方法两种前端渲染方法。其中，渐进网格方法是客户端先从云端服务器端下载一部分所需的简化几何数据作为基础网格进行显示，然后进一步根据需要动态下载所需精细的几何数据模型，直到加载完所有的几何数据。

渐进网格的方法可以让客户端更快地显示模型，同时也存在提取模型基础网格和精细层时需要进行大量计算，对于体量大的精细 BIM 模型，由于受客户端自身性能的限制出现恢复加载渲染时间较长，用户体验比较差的实时浏览效果。针对基于 Web 端显示的模型，主要以几何复制的方法为主。其主要实现思路是先将模型从服务器下载到前端客户端，然后基于前端计算资源进行交互渲染显示，完全不受网络环境的影响；主要会受到客户端内容、显卡、硬盘等硬件条件的限制，加载全部模型数据时也会出现较长的数据传输时间。

（2）基于云计算的混合图形引擎技术。随着 WebGL 技术的逐步普及和发展，然而，WebGL 是底层语言，涉及较多的专业知识与算法，直接利用底层 WebGL 接口进行开发，效率低下。为解决这些问题，开发人员将常用的图形算法封装起来，生成一套工具框架，称之为三维图形引擎。

1）云引擎技术原理。图形引擎部署在云端集群服务器上，用户终端通过 Web 浏览器或者前端 3D 程序中发送"交互渲染"请求，云端服务器接收到前端交互渲染任务指令通过云计算方式实现模型的实时交互渲染，完成后借助高速互联网以图片流的方式将交互渲染结果发送到前端，交互渲染结果通过 Web 浏览器或前端 3D 程序中以图片流加载形式进行动态加载展示。客户端用户基于免插件、跨平台、跨浏览器的 WebGL 技术或基于插件的 Activex 技术进行前端交互展示应用，用户在对三维模型图像应用时，第一次应用时首先需要从服务器端调取所需三维模型，及时下载到前端客户端进行存储，后续便可基于前端存储的三维模型进行应用；如果服务器端三维图形有了新的更新变化时需要动态进行下载更新前端模型，保持服务器端和客户端模型一致性和准确性。

2）混合云引擎架构设计。混合云引擎由云引擎客户端和云引擎服务端两部分组成。

客户端由三维模型展示区、消息处理程序两部分构成；服务端是采用虚拟化方式部署图形引擎程序。两者通过各自消息处理程序进行通信，服务端接收客户端发送的请求指令，通过混合云引擎完成 BIM 模型交互渲染，并以图片流的方式反馈交互渲染结果。

客户端的消息处理程序通过实时监听获取用户前端发来的鼠标键盘操作事件、对应的操作事件类型以及需要响应的模型或构件 GUID 等交互渲染请求信息，并同步实时反馈给云端服务器，以便使云端服务器根据触发信息获得触发类型，根据触发类型获得图形数据，将所述图形数据反馈，并等接收服务器端的反馈信息。

服务器端的消息处理程序通过监听接收客户端发送的交互渲染请求事件，根据接收到的用户请求操作信息后，根据接收到的触发信息判断触发事件类型，进一步控制 BIM 云交互渲染引擎完成相应的图形交互渲染的任务，并将生成交互渲染结果图片数据流及时反馈给对应的客户端，以便使对应的客户端完成所需的图形数据进行交互展示。

远程虚拟化服务采用虚拟化手段完成对图形引擎程序、用户认证信息、用户识别信息等信息集中统一管理，并对用户请求交互渲染的信息以图片流的方式向客户端发送图片数据。混合云引擎主要完成模型图形轻量化处理、图形各种复杂应用操作、图形按需切片生成以及交互渲染显示等核心应用功能。

3）混合云引擎特点。混合云引擎具有以下特点：①图形引擎程序被部署在服务器上，模型的渲染在服务端完成，并不占用用户终端设备的硬件资源。②通过消息队列（Message Queue，MQ）发送至服务端。以图片流的形式反馈渲染结果，通过切片技术可提高系统性能。③无须安装插件支持，跨浏览器兼容的特性。④模型大小无限制，图形处理能力受服务器图形硬件配置和网络带宽影响较大，需增加服务器硬件资源满足用户高并发访问需求。

6.3.3　三维图形引擎架构设计

为了解决建设管理三维图形引擎与 BIM 模型的交互显示以及三维模型格式支持问题，结合大量的调研和技术路线分析后，采用 Dassault、Autodesk 等主流的 BIM 模型设计软件所采用、当今世界领先的 BIM 三维图形引擎集成化开发套件作为模型三维图形引擎底层开发平台。该三维图形引擎专门为 BIM 模型设计软件（Dassault、Autodesk 等）提供丰富的图形渲染技术支撑，以及新的 BIM 应用模式、平台和技术驱动，如新的桌面程序、移动端（IOS&Android）和云应用，提供高效的图形交互展示和 BIM 轻量化格式转换功能，具有平台无关层，如支持事件和事件处理、接口相关的东西是从平台特定的 GUI 或语言中抽象出来，多个平台共用代码。

该三维图形引擎采用基于可扩展、模块化和开放的架构，可以根据用户的实际开发需要提供灵活的、全面的图形渲染开发接口（API），支持用户自定义定制搭建模块，满足快速和灵活的开发；支持 Windows、Linux、IOS 等多种平台，支持桌面应用程序、基于 ActiveX 控件的 IE 插件以及免插件的基于 WebGL 多浏览器应用；支持 Java、.NET 和 PHP 等多种 Web 编程语言开发需要。

三维图形引擎开发套件封装的各种组件，并结合自主研发的各种主流三维建模软件轻量化插件，进一步进行数据底层安全技术封装，形成自有数据格式的三维图形引擎架构。

该图形引擎主要由图像启动界面模块、图像场景交互模块、图像渲染显示系统模块、图像资源管理模块和轻量化插件模块五大核心模块构成（图 6.3-6）。

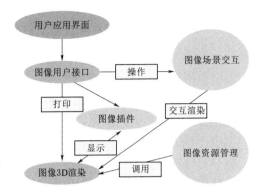

图 6.3-6　图像图形引擎架构及组成

（1）图像用户接口模块（Graphical User Interface）。图形用户接口模块是负责启动整个图形引擎系统接口实现，内置了一系列不同的 GUI 工具包，实现对多种开发集成环境的技术支持，如 MFC for Windows ActiveX、ATL Control Classes for Windows，Netscape Plug-in Classes for Windows and UNIX，Motif Toolkit for UNIX，Qt Toolkit for cross-platform GUI development；并完成一些简单的配置工作，例如对图形应用程序接口的选择等；同时，用户通过该模块将图形引擎的各个处理模块与用户操作应用界面深度集成，使用户在用户应用界面上所进行的各种应用操作均通过启动模块调用实现对业务应用处理调用；用户通过计算机鼠标、键盘等输入输出设备，以有效的方法实现用户与虚拟场景及三维模型的相互交互。因此该模块是最先启动、最后销毁。

（2）图像场景交互模块（MVO Class Library）。是独立于 OpenGL、Direct3D 等图形平台或用户界面，用于构造一般 3D 应用程序功能的基础 C++类库，实现对大部分三维模型创建、注释、动画、操作、显示等实时交互功能。同时，图形引擎通过场景管理模块的核心部件场景编辑器来对虚拟空间进行有效的分割，建立高级的空间数据结构，遍历虚拟场景中所有物体，实现对虚拟世界中的所有对象管理，例如动画模型、灯光、摄像机等，实现图形引擎能够适应大型图形应用程序的开发需要。

（3）图像 3D 渲染显示系统模块（3D Graphics System）。渲染系统模块负责完成三维图形渲染和数据管理任务，解决模型文件的实时显示和渲染技术难题。通过向外提供一套统一、直观、便于调用的高级图形操作 API 接口或直接引用其类库中的图形操作类实现三维图形的渲染和交互操作。既可以采用前端浏览器实现，也可以通过远程云端技术实现。用户根据自身对图形画面质量的要求和不同的浏览器插件对不同系统以及浏览器的兼容性综合考虑来选用不同的 Web3D 技术，进而决定是否需要安装相应的浏览器插件实现对模型的渲染和显示。

（4）图像资源管理模块（Display Output）。资源管理模块主要利用封装的一系列 3D图形数据处理和优化算法，完成对虚拟世界中三维图形的模型、骨骼、材质、纹理、脚本、字体等各种渲染几何体和渲染目标的资源数据高效管理，提高图形调用响应速度，提高图形引擎系统的效率，如实现图形数据的存储、创建、编辑、操作、查询、展示和打印等操作应用。

通过封装和屏蔽不同底层图形渲染内核（OpenGL、DirectX、GDI、PDF、Image等）的计算机图形应用程序编程接口来实现与图形硬件设备交互，包括几何系统、材质系统和着色系统。

（5）图像插件体系模块（Stream Toolkit）。插件体系模块是一系列独立于平台和

GUI 的 C++类，通过在图形引擎的设计中引入多种通用的设计模式，如工厂模式（Factory）以及亲近抽象工厂模式（Abstract Factory），基于对主流建模软件提供的接口进行二次开发形成的各类轻量化插件，完成对原厂格式的轻量化处理，来实现各种主流建模软件输出统一的轻量化格式模型，如支持 Revit、Bentley、CATIA 等格式；用户可以根据自己的需求来组合不同的插件来实现不同的功能应用效果，如处理时间循环、相机操作符、选择操作符、标记操作符等标准的功能。

三维图形引擎实现流程如下：

1) 用户基于移动端或桌面端图形应用界面发出应用操作指令，该用户触发的事件由系统启动模块捕获并插入到相应的事件队列中。

2) 然后由系统图形启动模块对事件队列进行实时监控并将事件分发至图形场景交互模块、图形插件体系模块和图形渲染显示模型。

3) 图形场景交互模块基于该事件的具体请求完成原始三维 BIM 模型图形各种交互操作，同时调用图形渲染显示模块完成相应源三维 BIM 模型图形渲染显示功能。

4) 图形轻量化插件体系模块根据用户图形启动模块调用命令完成轻量化三维 BIM 模型图形的各种操作，并同步调用图形渲染显示模块完成相应轻量化三维 BIM 模型图形渲染显示功能。

5) 图形渲染显示模块主要通过调用资源管理模块，通过封装的各种不同底层三维图形渲染内核（OpenGL、DirectX、GDI、PDF、Image 等）的计算机图形应用程序编程接口来实现与图形硬件设备交互，包括几何系统、材质系统和着色系统。

6.4　模型轻量化及交互展示实现

基于模型轻量化方法和混合交互渲染技术，建立了模型轻量化应用流程（图 6.4 - 1），研发主流建模软件轻量化插件和基于 WebGL 和 ActiveX 两种图形平台，实现对模型轻量化处理、模型和数据分离提取及混合交互渲染展示应用。

6.4.1　模型轻量化应用流程

模型轻量化交互渲染的应用流程主要涉及以下三个组件：三维模型轻量化插件组件、模型数据提取工具和 Cars 混合图形引擎组件。

（1）一次性模型轻量化转换。由于 BIM 建模软件种类繁多，模型文件格式多样，模型轻量化需要支持所有主流的模型源文件类型；由于应用于 BIM 模型源文件大小可超10GB，轻量化后的模型文件大小应为源文件的几十分之一以支持模型的高效传递及展示；轻量化后的模型包含所有需要的模型属性数据及几何信息，几何信息应保证模型展示时不失真，实现一次性轻量化转换。

（2）模型属性数据高效提取和存储。模型属性数据及模型关系信息（即模型、子模型、构件及零件间的包含关系）应能从轻量化模型中准确高效地提取出来；同时提取出来的数据应能够方便地存储到数据库中以便于应用程序对数据进行展示、分析、统计及搜索。

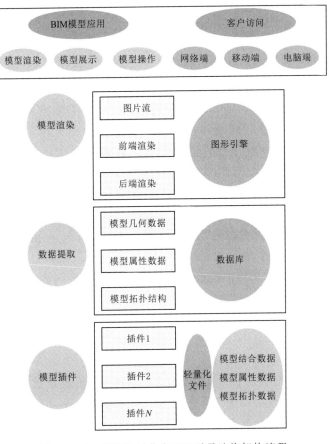

图 6.4-1 模型轻量化交互显示及渲染架构流程

（3）多应用模式模型展示和操作。根据轻量化模型的大小、业务应用场景、网络环境条件和终端系统性能等综合选择模型操作交互模式和动态渲染机制，实现对多种应用场景和使用环境的兼容性和适应性。轻量化后的模型应能够在主流用户终端流畅展示，支持单个构件或零件的放大展示，角度变换及属性列表展示。展示时应保证模型不失真并尽量缩短模型的加载时间；需要支持对模型审批、标注、测量、剖切、爆炸等各种复杂的应用操作。

6.4.2 模型轻量化插件研发

基于对主流专业的 Revit、CATIA、MicroStation、Tekla 等 BIM 模型建模软件进行二次开发，形成兼容各个专用建模软件格式的轻量化插件，内嵌于设计建模原厂软件中；该轻量化插件完成对专业 BIM 原厂模型构件的共享参数、内建参数和项目参数信息进行离散化，将设计源文件的几何信息和构件属性信息进行模型和数据分离，分别形成自适应统一格式的三角面片数据和属性信息以及构件关系数据；并基于设计软件提供的二次开发接口 API 将模型中各个构件的属性信息读取出来。

（1）BIM 源文件插件。针对常用的 Revit、Bentley、CATIA、Tekla 等主流 BIM 软

件，分别定制开发对应的插件，目前已经上线对主流建模软件即 Revit（2018）、CATIA（V6）、Tekla（2016）和 Bentley MicroStation（v8i）都可以做到轻量化兼容，转换成自主研发的统一格式的轻量化模型 Cars 文件；通过在 BIM 建模软件中安装插件的方式使用户都能在建模软件中直接将原模型导出成轻量化模型文件（Cars 三维文件）。安装插件后用户可直接将建好的模型导出成轻量化 Cars 文件并保存到前端。

（2）模型高压缩比。在原厂模型轻量化转换过程中，需要借助于各种轻量化算法完成对模型轻量化，实现对原厂模型几何对象简化和三角面片的简化等各种优化处理，实现在保留必要的模型属性数据及几何图形信息数据的同时，去除了几何图形信息数据冗余重复信息，使得轻量化后的 Cars 文件大小仅为源文件 8%～62%，在保证适当的模型展示精度的前提下达到模型轻量化需求，使其能够在各种终端之间高效地传输和加载。并通过实验验证，轻量化后的文件体量大小减小到原来的 8%～62%，这样就实现了轻量化后的模型优化加载和展示时占有很少的设备资源，达到降低复杂的模型使用的门槛。

（3）数据完整性。Cars 文件中的模型文件包含所有模型属性数据、属性分类信息及模型中子模型、构件及零件间的包含关系信息和几何图形信息数据，图形信息中包含模型展示所需的全部几何信息，从而保证了模型数据的完整性。

实现几何信息和属性信息一次性导入，按族分类导出，数据带多层次细节（LoD），数据支持实例化绘制，满足拓扑闭合性，导出模型均为三维实体模型。

1）细节层次轻量化技术 LoD（Level of Details）。根据细节层次轻量化技术 LoD 技术，按照不影响画面视觉效果的条件下，对同一物体建立几个不同逼近精度的几何模型；依据物体与视点的距离来选择显示不同细节层次的模型，保证在视点靠近物体时对物体进行精细绘制，在远离物体时对物体进行粗略绘制，在总量上控制多边形的数量，不会出现由于显示的物体增多而使处理多边形的数量过度增加的情况，把多边形个数控制在系统的处理能力之内，这样就可以保证在不降低用户观察效果的情况下，大大减少渲染负载；从而加快系统图形处理和渲染的速度。

2）关系型数据库技术实现一次性导出。基于关系型数据库，建立轻量化模型属性数据文件，按照关系型数据库触发流程，实现对轻量化模型的属性信息和关系约束信息进行统一管理，并对外提供数据服务。

轻量化模型属性数据文件包含模型结构关系和模型属性表。模型属性表包含模型中每个零件的 guid、模型属性名称、属性值、属性分类等信息，通过 CarClass 存储；模型结构关系表包括所有模型、子模型、构件、零件的 guid 和他们的包含关系，模型关系信息通过 CarRelationshipClass 存储，用户添加的附加属性信息通过 CarCustomAttributes 存储。

3）按构件分类导出。模型构件库中包含铁路工程 BIM 模型中所需的基本构件，轻量化的过程会按照构件库中的基本构件颗粒度将模型分解，并将构件编码、个性信息分别存储，从而减少模型文件的数据大小。

4）支持实例化绘制。模型中有许多部件是重复的，比如坝段，除了位置信息不一致外，其他几何、属性信息都一致。将这些重复部件提炼为类部件，给予自动的类编号，在模型文件的重复部件处则存储为类编号，减少模型文件的大小；在解析模型时，遇到类部件时则以实例化的方式代替为模型部件。

6.4.3 模型属性信息提取和存储

通过调用自主研发的图形轻量化插件提供的 API 接口方法将轻量化图形文件中的模型属性数据提取出来，并保存成一个基于 EC 框架的 XML 文件或存储于数据库中，此时模型属性数据可以以服务的方式提供给其他应用程序；模型几何信息数据则存储在结构化的数据文件中，并保存成一个三角面片顶点数据文件；另外，应用程序还可通过 Cars 图形引擎 ODBC Driver 直接访问 Cars 图形文件中的模型属性数据。

（1）模型数据提取。应用程序通过 Cars ODBC Driver 直接访问 Cars 中的模型属性数据，也可以通过 Cars SDK 中提供的 API 接口方法将模型属性数据提取出来并保存成一个 xml 文件。这样，便可实现模型属性数据及模型关系信息（即模型、子模型、构件及零件间的包含关系）从轻量化模型中准确高效地提取出来。

数据库中的数据表名对应 Cars 框架中的 CarClass，表中的一行对应 CarInstance，表中的列名对应 CarProperty，某个单元格的内容对应 CarPropertyValue。

（2）模型数据存储。应用程序可通过 Cars ODBC Driver 直接访问 Cars 文件中的数据并将获取到的数据保存到数据库中，也可将数据提取出来并保存成 xml 文件。xml 文件中的数据可通过服务的方式提供给其他应用。提取出来的数据应能够方便地存储到数据库中以便于应用程序对数据进行展示、分析、统计及搜索。

6.4.4 可视化展示应用实现

应用程序可通过调用 Cars 混合图形引擎提供的 API 接口方法实现浏览器、桌面级及移动端轻量化模型的展示、操作及操作结果保存等工作。用户可以针对不同的模型体量以及根据网络条件和终端设备硬件性能来综合考虑选择合理的图形交互展示渲染。网络条件比较好且模型相对较大时，一般采用基于浏览器端＋云服务混合图形引擎模式，采用云渲染后端进行渲染，从而提高云计算高效渲染能力。

基于服务端的硬件资源进行图形渲染，基于浏览器端图形引擎进行基于三维模型图片流的展示应用。当信息体量较小且无法获取稳定的网络连接时，使用用户终端设备硬件资源基于前端的 WebGL 或 ActiveX 客户端图形引擎进行前端图形渲染，提高执行效率、动态响应和图形显示需要；确保 BIM 应用系统能够适应多种复杂的现场环境。

可实现各种异构三维模型轻量化浏览和合并，支持千万级零部件模型加载及处理，可进行零件颜色、透明度、材质贴图处理，自由动态剖切查看，交互式以第一人称漫游，长度、角度、面积、体积、坐标测量，三维标注和红线标记，自定义规则的干涉检查，仪器设备布置，用户视图定义等。

（1）基于 WebGL 交互显示。轻量化后的模型应能够在主流用户终端流畅展示，能支持单个构件或零件的放大展示，角度变换及属性列表展示。展示时可以保证模型不失真并尽量缩短模型的加载时间。模型操作需要支持模型的审批、标注、测量、剖切等操作。

（2）基于 ActiveX 交互显示。ActiveX 显示场景功能主要包括基本操作、装配工厂、测量和标准、模型处理、视图等应用功能。

（3）图形场景编辑器。主要功能包括视图操作、标注与标签、测量操作、装配、模型结构树和属性面板等。

第7章　BIM 信息实时感知与动态监控

7.1　施工现场信息化管理关键需求

施工现场集中了建设工程项目施工的大部分直接管理人员与施工资源，施工现场管理的效率对整个项目的进度有显著影响。影响施工现场管理效率的主要因素包括管理人员素质、管理制度、信息沟通与控制方式。其中，人员素质与管理制度可以通过非技术手段解决，而信息沟通与控制方式的提升可以利用信息化手段实现。目前施工现场的信息采集手段单一，并且采集的信息难以保证其可用性。同时，信息采集与控制系统各自为政的现状也制约了施工现场信息监控与应用的发展。为了提高施工现场的信息共享与控制水平，需要引入高性能信息采集技术以及信息化的施工过程控制流程。

施工现场管理系统的设计主要包括三方面的要求：现场监视、施工任务管理以及实时信息共享（图 7.1-1）。下面分别对这三个方面进行功能与信息内容方面的分析。

7.1.1　现场监视

现场监视的相关功能主要协助施工管理人员了解施工现场的整体状况。这里的状况

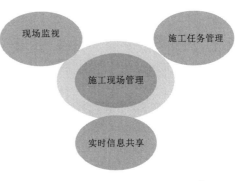

图 7.1-1　施工现场管理系统设计

并非来自施工现场中所有的信息，但其中至少包含两类信息：监测信息与过程信息。这些信息均具有记录的作用。利用相对集中的方式存储的这些信息，可作为事件追溯、数据挖掘等技术手段的数据基础，从而为事后调查、分析等工作提供便利。除了记录作用之外，两类主要信息因其依赖的软硬件设备、获取手段以及信息内容的不同而不同。

监测信息是指对施工现场进行的非短期的监测活动中获取的信息，多为数字或图像的流数据。这些信息可以包括各关键位置的视频监控数据、各类传感器数据以及人机交互数据等。监测信息的主要作用在于减少施工现场突发事件的危害。施工现场极易发生突发事件，小则延迟工期，大则危及生命。为了维持施工现场的良好环境，在突发事件发生时，施工管理人员需要被及时提醒以快速反应，从而尽可能控制事件影响并避免不利后果的发生。实时采集的监测数据中可实时表达突发事件。

根据对事件的针对性，可以将监测数据划分为两类：一般性监测数据和针对性监测数据。

一般性监测数据主要指通过视频监控等监测信息量大且不具备特别防范目标的数据采

集方式获取的数据。对于这类数据，利用各种技术手段从中快速正确地提取突发事件的信息是最为关键的。

针对性监测数据是指有明确目的的监测手段而得到的数据，例如对结构的力学性能监测数据、对塔吊等施工机械的状态监测等。由于具有针对性，这类监测数据一般可以通过较为直接的手段发现其表达的事件信息。除了实时报警，基于监测数据，利用自动化或智能化技术还可以在一定程度上对可能发生的事件进行预警。

过程信息是指以服务所有施工过程为目标而采集的信息，例如施工进度信息、现场问题信息、原材料检验信息、施工会议记录等。这些信息的主要作用是为施工过程提供支持，保证施工阶段各项工程与管理活动的进行符合国家、行业及公司内部的规定，或遵循其他的正常流程，使建设工程项目的施工阶段顺利进行。过程信息的特征是采集时间短，并且主要通过主动采集的方式实现信息获取。相对于监测信息而言，过程信息中多为文字与图片数据，主要数据特征表现为不连续。而对于过程信息的判断除了采用人工的方式，一般可以利用语义识别或图像识别等自然信息识别技术实现。根据功能需求以及涉及信息内容的不同，施工监查过程中，信息获取的底层（即直接面对信息的技术层级）可能会采用不同的技术。因此就信息获取、存储与共享而言，选取具备高兼容性的上层架构是必要的。

7.1.2　施工任务管理

施工任务指在施工过程中所有临时与计划的需要利用人工完成的工作。施工任务包括工程任务与管理任务。其中，工程任务指直接与工程建设相关的任务，例如施工作业、材料质检、吊机操作等。管理任务指对施工现场中所有要素的位置、行为、作用等进行安排、检查等工作以保证施工过程正常进行的工作。

施工任务管理过程包括三个主要步骤：首先，管理者知晓任务相关信息；其次，管理者处理任务信息；最后，管理者发送处理结果。其中的任务相关信息指的是施工任务状态的产生或者发生变化过程中可以揭示该变化的信息。例如施工任务进度计划制定完毕、施工任务完成情况维护完毕等。施工任务状态发生变化的信息可以同时采用自动化或人工的方式获取，获取完毕后向任务管理模块（系统）发起对应的管理流程。

在施工过程中的管理任务，由于其实质与一般的流程化任务并无差别，因此采用一般的信息化管理系统即可实现高效的监管。而工程任务具有一定的专业特性，有些工程任务，其流程以及工作要求被各类规范或工程经验限制。如一个施工作业的工艺流程，或对施工过程的监理流程等。由于具备工程特性，因此工程任务的信息化方式可能较为复杂，需要依赖为工程服务的专业软硬件设备。同时，由于工程任务的相关参与方众多，不确定性较高，因此一般也较难抽象为某一固定的信息化流程。

7.1.3　实时信息共享

信息共享是一般业务流程中的一般需求。对于施工任务而言，共享的信息具备一定的工程特殊性，除了文字、图片、视频等常用的信息存储数据类型之外，可能还包括某些工程专业软件的数据存储格式、三维图形以及更复杂的结构化信息。这些信息的存储与共享有两种主要方式：基于文件系统和基于结构化存储系统。

基于文件系统的信息存储方式将所有信息以分块的方式进行存储，一块信息的存储使用一种文件格式。这种信息存储方式的最大好处是具有较强的普适性。目前大部分计算机系统的信息存储与管理均是基于文件的，并且不同操作系统中的应用程序可以通过相同的文件格式实现信息的共享。对于参与方众多且具备一定流动性的建设工程项目而言，这种信息存储方式是必要的。而目前建设工程项目的管理中大多也使用的是各操作系统提供的基本文件管理工具，甚至并不考虑信息的集中存储。

在这种情况下，基于文件系统的信息存储方式易导致的若干问题会造成建设管理过程的效率低下甚至决策错误。这些问题主要包括数据冗余、信息冲突、信息陈旧、信息关联缺失。其中，数据冗余与冲突是最常发生的情况。由于文件系统中对于信息的唯一性并无控制，因此在不同的计算机甚至同一计算机中可能重复出现某一文件。更为严重的情况是，某两个文件中很可能出现同样的信息，而这些信息是在不同的时间段由不同的人员添加的。不论添加时是否参照了同样的资料，这种由于信息共享不完全导致的人力资源冗余是完全没有必要的，同时因此也有可能产生信息冲突。造成信息陈旧这一问题的主要原因也是不限制唯一性。某一文件的版本更新并不能体现在全部所有的文件中，错将旧版本的文件作为最新版本的使用是难以有效避免的情况。同时，虽然各文件的内部是一个相对集中的信息集合，这些信息之间存在显著关联，但这并不意味着它们与外部的其他信息不存在关联。对于重要的关联，采用具备唯一性定义的信息管理体系进行存储是可靠的选择，如结构化的存储系统。结构化信息存储方式的基础是一个良好的信息模型。在这个模型中的所有概念都应具有唯一标识以保证其唯一性。在 BIM 的一系列技术基础上，IFC 这一数据存储标准是适合存储工程项目全生命周期的权威方式。

7.2 基于集成信息模型的现场监测通用架构

7.2.1 施工现场集成监测架构

施工现场信息化管理对现场监测与信息集成有显著需求。然而施工现场监测系统主要各自为政（图 7.2-1），如视频监控、门禁监控、塔吊监控系统等。虽然这些系统可以达到现场监视的目标，但难以实现监视信息的共享，特别是需要利用多系统实时监控数据进行综合判断时，这种情况需要采用与多个系统对接的方式进行。不仅工作量大，而且当某些系统对外服务不开放时，便无法及时获取该系统的实时监测数据。针对持久化的监测数据同样如此，若要获取多监测系统的数据进行分析，需要根据不同的数据存储方式实现信息集成后再进行分析，每个项目均如此即造成大量的研发资源浪费。

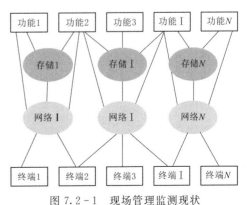

图 7.2-1 现场管理监测现状

相对于多系统并行的监测，集成监测具有以下特征：

（1）统一的网络协议：监测数据的传输以及整个监测架构中各部分之间的响应离不开网络协议的支持。在集成监测架构中，统一的网络协议令各功能模块、网络服务可以形成统一且易于扩展的架构。

（2）统一的监测接口：拥有统一的接口层。对于所有的监测终端，根据监测数据类型的不同划分为不同类型的通用监测接口。在为某新功能接入新监测终端时，可直接利用通用的监测接口，无需自定义接口。

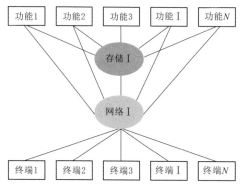

图 7.2-2　集成监测拓扑结构

（3）统一的数据持久化方式：拥有统一的数据持久层。对于不同类型的数据，有通用的持久化接口。在新增监测数据类型时，可利用通用的持久化接口实现数据存储。

相对于传统的施工现场监测方法，集成监测架构具有下列优势（图 7.2-2）：

（1）为不同的监测需求提供了统一的应用程序开发环境，可支持监测应用的模块化高效开发。

（2）原生支持多种类实时监测数据的共同分析与应用。

（3）便于和施工阶段其他集成信息产生关联，进而支持其他施工阶段的应用需求。

（4）便于兼容其他的施工监测系统，只需该系统拥有监测数据的对外实时接口，将其作为集成监测架构中的监测终端即可。

施工现场集成监测架构成功的关键在于适用的监测数据采集技术架构以及良好的数据持久化方案。

7.2.2　施工现场物联网通信协议选型

物联网感知信息的采集与传输的基础是通信协议。这些协议可以分为通信基础协议以及通信应用协议。其中通信基础协议是建立网络通信的基础，如以太网、WiFi、蓝牙、GPRS、3G、4G 等（图 7.2-3），它们的选择与所传输的数据内容以及设备间通信模式无关，仅与使用的软硬件设备有关。

这些协议按照其针对的物联网空间问题可划分为三类。

第一类主要针对互联网终端间的访问，包括高级消息队列协议（Advanced Message Queuing Protocol，AMQP）、Java 消息服务（Java Message Service，JMS）、基于超文本传输协议（Hyper Text Transfer Proto-col，HTTP）的表述性状态传递（Repre-sentational State Transfer，REST）以及可

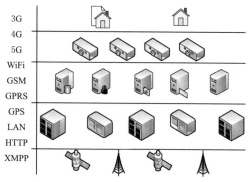

图 7.2-3　物联网网络协议

扩展通信和表示协议（Extensible Messaging and Presence Protocol，XMPP）。

第二类主要针对物联网感知设备至互联网网关的部分，主要有受限应用程序协议（Constrained Application Protocol，CoAP）支持。

第三类可直接为感知层设备提供点对点的服务，包括 DDS 与 MQTT。为了降低应用程序的复杂性，保证对多种数据终端的支持，使整个系统的搭建更稳定，采用适用性较广的通信应用协议是必要的，即采用第三类通信协议。

DDS 标准是对象管理组织（Object Management Group，OMG）建立的以数据为中心的发布-订阅技术。DDS 源于航空航天和国防领域，以满足关键任务系统的数据分发要求。MQTT 是一种以消息为中心的 M2M 通信协议，可以将消息形式的遥测数据从设备中通过高延迟或受限网络传输至服务器以及小型的消息代理。虽然实现的方式不同，但 DDS 与 MQTT 均支持发布与订阅的信息分发模式，因此对二者的选择主要通过性能进行判断。就通信协议的带宽、延迟以及丢包这 3 点性能而言，MQTT 与 DDS 的主要区别如下：

（1）DDS 使用更多带宽。DDS 设计的基本目标是保证通信的可靠，因此会消耗较多带宽以保证通信的正常进行。DDS 对带宽的消耗与网络质量无关，不论网络延迟的高低，DDS 的带宽消耗是稳定的。而 MQTT 随着网络延迟提高，占用的带宽会降低，同时信息流速会降低。在网络延迟达到 400ms 时，DDS 占用的带宽可达到 MQTT 的 6 倍以上。

（2）MQTT 的消息延迟受网络状况影响严重。在网络延迟增加时，MQTT 通信受阻，消息流速降低，因此消息传输会消耗更多的时间。而 DDS 基本不受影响。

（3）基本不存在自主丢包。MQTT 与 DDS 均支持基于 TCP 的通信，因此数据传输具有极高的可靠性。经测试，在使用 TCP 通信时，二者均不存在除通信网络自身丢包外的丢包情况。在低质量无线网络中，DDS 会消耗比 MQTT 更多的带宽（超过 2 倍），但 MQTT 的消息延迟高于 DDS（秒级）。因此，DDS 适用于对带宽不敏感但对消息的实时性有较高要求的使用情形，而 MQTT 适用于网络条件有限但对消息的实时性要求并不严苛的使用情形。对于建设工程项目而言，施工现场的数据采集对于消息实时性的要求并不高，几秒相对于整个工程乃至一个工序都是基本可以忽略的时间跨度，但是施工现场的通信网络很可能不稳定，因此更适合使用消耗带宽更低的 MQTT 协议。

7.2.3 施工现场监测数据采集技术架构

MQTT 的消息是分发-订阅（publish - and - subscribe）形式的，消息分发者发送消息，之后该消息可分发至多位消息订阅者。一个消息订阅者可以订阅来自多个消息分发者的数据，这些数据的类型与用途可能各不相同。在消息传递的过程中，一切协调均通过代理（broker）完成。消息的分发者与订阅者均通过 IP 访问代理来实现消息的分发与订阅，因此整个网络是以代理为核心的。MQTT 协议中，数据传输请求的核心是主题（topic）与消息（message）。消息用于封装数据，而主题是消息的标识，用以告知代理该消息应分发给哪些订阅者。对于一个仅提供一种消息的消息分发者，其应有且仅有一个主题。主题由代理管理，管理过程由订阅者或分发者发起。当代理接收到订阅者的订阅请求时，会记录请求中的主题；收到分发者的分发请求时，将该请求中的消息分发给该主题的所有订阅者。对于消息中数据的封装方式，MQTT 并无限制，但消息存储的是二进制数据，因此在基于 MQTT 进行通信时，用户需要自定义数据序列化为二进制以及从二进制反序列化的方式，并保证分发者与订阅者使用的是同样的标准。基于 MQTT 搭建的数据采集与传输系统架构具备良好的可扩展性与对网络环境的适应性（图 7.2-4）。对于网络环境可靠性低的施工现场而言，基于 MQTT 搭建最基本的信息感知与传输架构是建立施工现场物联网系统的基础。

在这个流程中（图 7.2-5），需要保证服务器内部的软硬件环境能够满足 MQTT 代理的需求，并且其在网络中是可以通过 IP 访问的状态。在完成中心服务器的配置后，可以持续地增加客户端与感知设备。当需要增加客户端时，唯一需要完成的工作是记录中心服务器的 IP，以便在需要订阅新的主题时向正确的中心服务器发送订阅请求。而当需要增加感知设备时，首先需要确定主题，该主题不能与系统中已存在的主题相同。之后为这个新增的感知设备添加信息的分发功能。主要分为两步：第一步是为设备安装合适的 MQTT 消息分发客户端程序，并与设备的监测事件完成对接；第二步是确定并配置中心服务器 IP 与主题，即搭建分发程序向中心服务器进行消息分发的通道。对于某些数字化水平不高的传感设备，可通过将客户端程序安装在监测数据集中处理的高级平台设备实现上述流程。不论使用何种形式，保证 MQTT 消息分发客户端可以接收传感器的监测信息并实时向服务器发起相应的分发请求即可。最后，在需要应用该数据的客户端中订阅该主题即可实时获取来自传感器的监测数据。

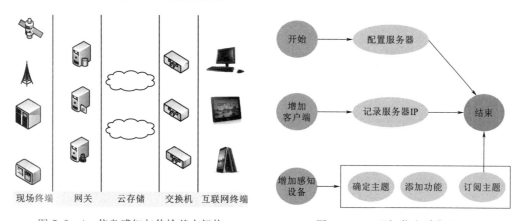

图 7.2-4　信息感知与传输基本架构　　　　图 7.2-5　现场信息采集流程

7.3　面向智能终端的施工现场感知

7.3.1　施工现场现有感知技术

定位技术是结合了硬件技术以及定位算法的综合技术。其中，基本定位算法主要包括到达时间（Time of Arrival，TOA）、到达角（Angle of Arrival，AOA）、到达时间差（Time

Difference of Arrival，TDOA）、到达方向（Direction of Arrival，DOA）等时空算法以及基于 RSSI 的定位算法。这些算法需要不同的参数，适用于不同的场合。

常用的定位技术主要包括 GPS、WiFi、UWB（Ultra Wideband，超宽带）、Bluetooth（蓝牙）、ZigBee、RFID（Radio Frequency Identification，射频识别）、超声波、红外线、视觉分析（图 7.3 - 1）。这几类技术的主要特点如下：

图 7.3 - 1 现场监测定位感知技术

（1）GPS：全球定位系统，使用 GPS 卫星为 GPS 接收器进行定位。定位主要采用信号时差计算距离，进而使用三角定位法确定具体位置。GPS 主要适用于开阔的地区，并且会受天气影响。在环境良好的情况下，GPS 无线传感器网络能达到厘米级精度。

（2）WiFi：WiFi 技术指基于 IEEE 802.11 标准的通信协议，主要应用于构成 WLAN，从而实现无线通信。基于 WLAN 的室内定位系统大多利用 WLAN 已有的网络框架和本地服务器使用接收信号强度进行定位。由于一般的 WLAN 系统信号强度稳定性不强，该类定位技术的精度在 3～30m。

（3）UWB：UWB 技术使用多个频段（从 3.1GHz 至 10.6GHz）发射信号。由于 UWB 的发射信号具有不同的信号类型和射频频谱，因此当其频段靠近其他同频段射频信号时，不会受其他射频信号的干扰。同时由于其较短的脉冲周期特性，可以通过一个滤波器很容易排除多径信号，而且 UWB 系统发射的信号能够很轻松穿过障碍物。该类定位技术的精度在分米级别，但配套系统价格昂贵。

（4）Bluetooth：Bluetooth 技术采用 IEEE 802.15 标准，使用的频段为 2.4GHz。基于 Bluetooth 的定位系统与 WLAN 类似，使用接收信号强度进行定位。其有效距离为 10～15m，使用一般的 RSSI 距离估算算法，定位精度在 3m 左右。

（5）ZigBee：ZigBee 使用 IEEE 802.15.4 标准，相对于 WiFi 以及 Bluetooth，其主要优势在于低功耗与低成本。由于缺乏通用平台支撑，主要应用在工程控制领域。ZigBee 定位主要亦基于 RSSI，通信距离一般在 100m 左右，应为米级精度。

（6）RFID：RFID 的信号源为 RFID 标签，分为主动式与被动式。一般的 RFID 定位亦采用基于 RSSI 的算法，精度较低，应为数米级别。而高频 RFID 定位精度为 1m 左右。

（7）超声波：超声波定位的优势主要在于定位精确、算法简单，稳定的环境中，其定位的相对精度一般小于 1%。但其受定位环境如温度、被测物体形状、噪声等因素影响较为显著，并且由于超声波在空气中损耗较为显著，工程实际可用的超声波在空气中的传播距离一般不超过 10m。

（8）红外线：红外线定位可达到厘米级精度，但其有效距离较短（小于 10m），成本较高，并且不能穿越非透明固体。

（9）视觉分析：基于图像的物体定位受环境、算法、图像质量等因素的影响，误差难以保证。在良好状态下的相对精度可达到 10%，绝对精度达到分米级别。但是在施工现场的复杂环境中，受阴影、遮挡等影响，定位精度可能退化到米级。

7.3.2　施工现场感知算法

施工现场的空间布置具有时空上的复杂性与易变性，再有现场条件有限的影响，传统的短距离空间定位技术基本无法直接适用。基于已有的 RSSI 定位算法和机器学习方法，在施工现场利用用户自身对位置的确定更新定位算法的精度。

该方法具有两个优点：一是适用于任何有 RSSI 的通信终端；二是适用于频繁变化的环境。

方法主要包括三个步骤（图 7.3 - 2）：

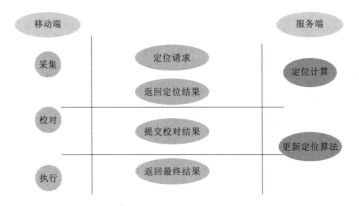

图 7.3 - 2　现场监测感知算法流程

（1）采集：完成一次基本的定位过程。该过程中，由移动终端先采集 RSSI，之后向服务器发送定位请求，并在服务器端完成定位结果的计算，最后返回包括了定位结果的信息模型。

（2）校对：将定位结果和信息模型与实际的场景对比，判断定位是否准确并对结果进行修正。

（3）执行：根据本次定位结果的反馈，通过机器学习，定位算法被优化，从而使下一次定位更精确。

对于定位算法的选择，路径损失模型法与 RSSI 映射法均可使用。当使用路径损失模型法时，路径损失函数是优化目标。而使用 RSSI 映射法时，优化目标是 RSSI 映射。考虑到施工现场的复杂性，合适的路径损失函数会动态变化，从而难以逼近。因而，建议使用 RSSI 映射法。方法实施前需要进行初始化。对于 RSSI 映射法而言，需要建立包含了电波强度与位置对应关系的标点。之后的定位结果是根据目标与标点之间的接近程度判断的。这一步传统的方式是人工完成，定位精度将与标点的数量与分布情况相关。但是基于机器学习，标点将在定位过程中的学习阶段增加。所有用户在定位过程同时进行训练，因此这也可以被称为开放式训练。

同时，定位请求的发起者并不一定必须是人员。当在施工现场布置具备 RSSI 信号采集以及 WiFi 连接的固定位置终端时，可以持续提供 RSSI 信号数据供定位算法更新。

7.4 基于集成信息模型的施工动态监控

7.4.1 施工过程信息采集体系

施工过程信息采集指的是将施工过程中的所有相关信息录入某一信息存储介质并留待共享的这一动作。因此，信息采集者可以是信息的提供者也可以仅是信息的获取者。需要采集的施工过程信息按照采集方式的不同主要可以分为三类：全人工、半自动及全自动（图7.4-1）。这三种方式采集的信息内容与数据格式也具有各自的特征。

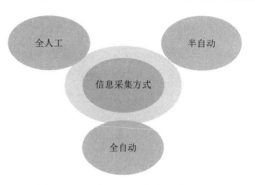

图7.4-1 施工过程信息采集方式

全人工的信息采集虽然可以针对任何内容形成任何以自然语言为基础的数据格式，但由于采集效率低，因此并不适用于长时间或高频的数据采集。而采集而得的数据也可能存在较高的错误率以及难以被程序解析的问题。

人工信息采集应主要针对难以用电子设备采集的主要用于人与人之间共享的信息，或一些十分简单的低频信息，例如流程决策、流程状态、工作日志、参考文档等。在施工过程信息中，与流程管理相关的大部分关键信息均必须由人工采集，这也体现了施工管理人员的价值。

全自动的信息采集正可以弥补人工信息采集的弱点，适用于长时间、高频的单一种类数据的信息采集。这里的单一指的是信息的格式与内容在时间尺度上不发生变化。通过同时应用多种传感器或具备传感功能的设备，可以实现对监测目标的多维度信息采集，因此全自动信息采集的结果可以是丰富的。由于这样的特性，全自动的信息采集方式适用于获取施工过程中需要通过长时间监测实现预警以及记录留存的信息，如施工机械状态监测、门禁、视频监控等。

半自动信息采集指的是工程人员在施工现场利用终端设备的功能采集信息。其与全人工的区别在于其需要使用具备信息自动采集功能的终端设备。因此，半自动信息采集得到的数据中应有部分属于自动采集的数据，有部分是人工录入的数据。相对于全自动采集而言，半自动信息采集可以解决终端设备的位置问题，对巡检、监理旁站、工序测绘等位置不固定的活动可予以支持。同时，半自动的信息采集过程中也可自然形成自动采集信息与管理流程的关联，这对后续的数据集成提供了便利。

施工过程信息采集体系应完全考虑上述三种信息采集方式。整个框架包括三个主要层面：数据采集终端、网关以及数据服务层。其中，数据采集终端包括各种支持信息采集或录入的电子设备，采集数据的方式与内容多种多样。对于无法与网关对接从而直接接入互联网络的设备（如传感器头），需要通过短距离或有线数据传输的方式将这些设备采集的数据传递至可以连接网关并进行数据转发的设备。这些进行数据转发的设备共同组成了数据转

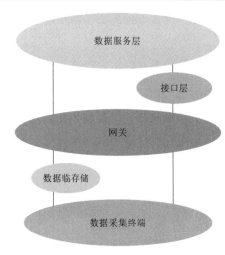

图 7.4 - 2　施工过程数据采集逻辑关系

发层。网关是指广义的互联网端口设备/设施，包括路由器、交换机、移动信号塔等。网关必须与服务器层位于同样的网络中，进而通过连接网关，数据采集终端可以访问服务器的指定网络端口或服务接口。

这里的服务接口一般是基于 HTTP 的，考虑到尽可能减少对服务器结构的限制，建议采用 REST 的方式对外服务。一般而言，逻辑简单、对效率具有较高要求的数据存储请求建议通过直接访问服务器的指定端口完成，而涉及较复杂的数据结构或内容，建议采用定义服务接口的方式以保证程序开发的效率以及数据传输质量（图 7.4 - 2）。

7.4.2　施工过程控制流程

施工过程控制的核心是工程任务控制，而工程任务的基本组成元素按作用时间划分可分为基本信息、计划信息与实际信息。其中，基本信息如任务名称、位置、目标成果等从任务实施前直至任务完成后均不发生变化。而计划信息则仅在任务实施前有效，并为任务具体实施方案的制定提供依据。实际信息主要在任务开始实施后逐渐产生，并需要与计划信息进行对比以调整后续工程任务计划。

施工过程控制的良好与否与施工现场的信息共享能力直接相关。当施工现场对于施工过程相关信息存在良好的采集与共享途径时，对施工过程控制则更易实现。基于集成信息模型实现的施工过程实际信息采集、集成与共享可以为施工过程控制提供有效支持。在施工集成信息模型的支持下，对实际施工过程控制流程的考虑应主要遵循下列原则：

（1）阶段性。施工过程控制前应首先将整个施工过程按照一定的方式划分为各个阶段。这里的阶段指的并不是笼统的概念，而是由划分后的多个相似的工程任务共同组成的整体。工程的划分方式包括但不限于工程专业、施工区域、时间进程。在我国，对建设工程项目一般首先按不同的承包合同进行划分，常将一条线路划分为不同区段，由不同的承包商完成。对于一个承包商而言，常根据施工部分的专业类型进行划分，如分部工程、分项工程等。一般而言，当一个划分部分如承包区段或某个关键的分部工程施工完成后，该部分需要进行总结验收。在一个或多个划分部分验收完成后，这些部分的施工过程宣告完结，可能意味着一个施工阶段的终结。施工过程的各个阶段可能存在重复的时间区间。实际上，在建设工程中，大部分工作无法直接按时间进行阶段划分。对施工过程进行阶段划分带来的首要收益在于优化管理过程。通过对施工过程划分成若干施工资源、管理资源、作业区域相对集中的部分，可以针对这些部分完成资源与时间的集中调度，以减少重复的资源投入、提高施工效率。同时，对施工过程的控制也会因划分了阶段而更有针对性。

（2）渐进性。施工过程控制的渐进性表示为两点。第一点是按任务由粗至细的。施工过程控制的最终目标是保证整个项目的顺利实施。一个建设工程项目一般需要完成的工作数量大，涉及资源范围与种类繁多，因此这个问题在工程中一般采用分治的方式解决。将一个大任务划分为若干小任务，当能够保证这些小任务顺利实施时，大任务从而可以顺利完成。因此，在施工组织计划过程中，常对整个项目按照不同的目的划分为不同的树状结构。在划分为树状结构后，首先保证该结构的底层亦即最细一层任务的完成，在一个任务的所有子任务顺利完成后，该任务也可被顺利完成。当某个任务的完成延迟了，则可通过尽可能提前该任务的兄弟任务的完成而弥补该延迟，从而令它们的父任务得以按计划完成。第二点是按时间逐步细化的。在施工过程中，过早确定精细的施工计划的有效性难以保证，并且越早越难以保证。计划制定的时间越提前，项目的资源需求以及其他的实施依赖的不确定度也随之越高，因此计划的可完成概率也越低。采用先对任务进行初步分解，随着施工过程的进行，逐渐进一步分解细化的方式可以提高施工计划的可实施性。

（3）准确性。施工过程控制中，信息沟通是最重要的环节。在施工现场，与施工任务相关的信息沟通主要出现在施工管理人员与施工实施人员之间以及施工管理人员之间。准确的任务信息共享是保证施工管理人员之间正确沟通的关键。而施工管理人员与施工实施人员之间的信息沟通主要在于施工任务分配。在施工任务分配中，需要明确施工的目标、方式、可用资源以及其他要求。目前大多数建设工程项目中的施工任务分配的方式主要具备大范围、粗目标、团队制特征。其中，大范围指的是施工段划分较大，对于施工任务的划分不精细。若一个施工段延期，可能带来较大影响。粗目标指的是对于施工任务目标基本以计划结束的时间节点为主，在该节点之前，对施工的具体情况不作限制。这种情况下，常出现时间安排过于充裕导致的施工效率低下或者为了赶工而造成的施工质量问题。团队制特征指的是管理人员一般向一个或几个施工团队的负责人安排施工任务，此后其使用多少人，什么时候施工一般不作严格要求。虽然这对管理带来了便利，同时通过增加负责人的方式提高了任务完成的可靠性，但对于施工管理方与监理方而言，黑箱依然是存在的。如何准确地分配施工任务，同时保证施工情况反馈的精确性与可信度是施工管理过程中的重要问题。该基本流程中处理的核心信息包括计划信息以及实际信息。计划信息的创建来自施工信息库。典型的利用工作包模板库生成进度计划信息的相关技术在前文已述。生成的计划信息是施工信息模型中的一部分，其中应且不限于包括工序的前后逻辑关系、工序的可能资源配置、工序时长与资源配置的关系、工序的施工工艺与资源配置的关系。将这些信息与施工 BIM 发生关联，可以成为施工集成信息模型的核心部分。基于该核心，可将模型扩展为适合施工过程中任意其他活动的富信息模型。

1）制定进度计划。这里的进度计划指的是可以直接用于管理的进度计划结果。该结果应符合施工流程控制阶段性、渐进性与准确性要求。其中，阶段性主要体现在分阶段制定进度计划上。例如每周末制定下周的施工进度计划，月末制定下个月的进度计划等。通过这种方式可保证在计划范围时间段内的施工资源安排是有限且明确的，进而统筹高效地对该部分施工进行规划。渐进性主要体现在制定的进度计划是由粗至细并且是随施工进程逐步细化的。例如在施工规划阶段先制定总计划，确定几个关键的时间节点，每个月的月计划对总计划进行细化，明确完成总计划中的哪几部分施工内容，再具体分解至一周可完成的工作。而周计划则是在月计划的基础上继续分解，分解为至少一天可完成的工作，而在下一周的每一天则分配这些施工任务并实施控制。准确性体现在这些制定的计划中，各工序均依托施工集成信息模型，即工艺、资源、目标成果等信息均与工序关联。在施工任务分配时，以工序为施工任务的基本组成元素可以有效保证任务信息的准确与完整性，甚至可以与相关系统关联，提高施工过程的自动化水平。

2）施工任务分配。核心活动是施工管理人员根据进度计划制定派工单。派工单是进度计划中若干工序的集合。一个派工单中的若干工序应具有计划时间集中且不冲突、资源需求相似的特征。派工单对于资源的需求以及计划时间占用情况是其内部各工序的并集。在工序计划信息的基础上，对于机械设备或者劳动力等具有明确对象的施工资源，派工单可明确具体使用哪些对象，如施工人员、使用设备编号等这些场地管理信息。若存在场地管理系统或模块，与其对接可直接提取这些信息。

3）施工实际情况提取。该步骤主要控制施工进度与质量，保证施工结果与时间满足要求。发起者为施工负责人员，按照约定的时间或者在施工过程中的某个特殊节点（如工作完成）发起施工实际情况的填报工作。以约定的格式完成情况填写后，发送给施工监理人员审核。施工监理通过监理流程中所收集的情况判断填写的实际情况是否真实。对于无误的情形，施工监理人员将实际施工情况集成至施工集成信息模型，否则，施工负责人员需重新提交真实的施工完成情况直至通过。

以此为基础可以添加一些额外的流程以满足实际的管理需求。由于派工单是施工过程控制的核心数据依赖，因此基于派工单进行流程扩展是十分可行的选择。例如在施工任务分配后，通过与门禁关联，完成对施工人员的签到与准入区域控制，在保证施工效率的同时维护施工现场的秩序。

7.5　BIM 感知数据的存储与访问

BIM 数据的存储与访问是实现面向生命期工程信息管理的底层数据支持（图 7.5-1）。然而由于 BIM 模型的复杂性，使其计算机实现十分困难，成了推动基于 BIM 的信息集成和管理的障碍。

7.5.1　BIM 数据库的创建

BIM 数据库的构成、BIM 工程数据库的建立需要满足结构化的 IFC 模型数据和非结构化的数据文档（如 CAD 模型、技术文档、工程分析结果、招投标文件等）以及数据的存储要求。为此可以借鉴应用于制造领域的电子仓库（Electronic Data Vault，EDV）的概念。电子仓库通常建立在通用数据库系统的基础上，是 PDM 系统中实现某种特定数据存储机制的元数据库及其管理系统。它保存所有与产品相关的物理数据和物理文件的元数据，以及指向物理数据和物理文件的指针。将电子仓库的概念应用于 BIM 工程数据库，则与物理数据对应的便是 IFC 数据库，与物理文件对应的便是工程建设过程中出现的各种非结构化的文档。

IFC 数据库用于存储 IFC 对象模型数据，文件数据库用于组织和管理各种类型的非结构化文档。文件元数据库用于存储非结构化文档的元数据。IFC 数据库与文件元数据库通过 IFC 关系实体 IfcRelAssociatesDocument 建立关联。

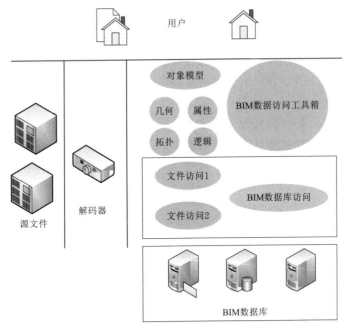

图 7.5-1　BIM 数据库访问逻辑及架构

　　文件元数据库用于存储文件的元数据，是连接文件与 IFC 数据库的桥梁。通常文件元数据库根据文件的不同类型建立不同的数据表记录文件的元数据，例如针对文本文件的数据表字段包括文件名、创建者、创建日期、修改者、修改日期以及用于标识该文件的 GUID，对于视频文件除了上述信息外还包括视频长度、视频文件类型等信息。除了记录文件元数据外，文件元数据库可以根据不同的需求建立虚拟文件夹，虚拟文件夹提供了灵活的分类机制，将相关的文件组织在同一虚拟文件夹下，然后将虚拟文件夹与 IFC 数据库中的实体相关联，从而形成完整的 BIM 数据存储。

　　数据库是 IFC 数据存储的另一种重要载体。与基于文件的存储不同，数据库存储更适合处理具有大量数据的完整的 IFC 模型，通过基于网络的接口为项目的不同参与方提供更强大的信息交换能力。数据库按照类型可以分为关系数据库和面向对象数据库。关系数据库为 BIM 模型建设的主要数据库类型。

　　关系数据库采用传统的二维关系表存储数据，IFC 对象模型的存储首先要针对不同类型建立数据库模式。

　　(1) 简单类型的映射。IFC 简单类型映射为数据库中的单一字段，IFC 类型与数据库数据类型的映射关系。其中 BOOLEAN 类型的 TRUE 和 FALSE 值分别对应 1 和 0，LOGICAL 类型的 TRUE、FALSE 和 UNKNOWN 分别对应 1、0 和 -1，而其他类型则可以直接存储。

　　(2) 定义类型。IfcDimensionCount 的底层类型为 INTEGER，而 INTEGER 在数据库中对应 bigint 类型的字段。则对于 IfcDimensionCount 类型的实体属性在数据库中建立 bigint 类型的字段。

（3）枚举类型。为了便于读取与识别，将枚举类型映射为 nvarchar 类型的字段，枚举值转换为字符串后存储。

（4）选择类型。选择类型的存储需要保留动态的类型信息，采用两个 nvarchar 类型的字段存储选择类型的实例。第一个字段存储选择类型实例的类型，第二个字段存储选择类型实例的值。由实体类型存储在不同的数据表中，因此对于实体类型的属性，需要同时保存实体的类型名称，该名称用于识别对应的数据库表；以及实体的引用，该引用为 uniqueidentifier 类型的数据表主键。

（5）聚合类型。聚合类型具有动态的数据成员数量需要以单独的数据表存储，实体属性字段通过引用聚合类型记录的主键获得聚合类型值的集合。聚合类型的属性需要映射为两个字段，其中 nvarchar 类型的字段存储成员类型对应的数据表名称，uniqueidentifier 类型的字段存储聚合类型表的键值。

（6）实体类型。实体类型的映射分为两种情况，即实体类型作为实体属性及实体类型作为独立的类型。首先，实体类型作为实体属性，此时将实体映射为两个字段：nvarchar 类型的字段存储实体类型名称，uniqueidentifier 类型的字段存储实体的引用。其次，实体类型作为独立的类型。

7.5.2　BIM 数据访问工具箱

BIM 数据访问工具箱是一个由基于 . Net 框架采用 C♯语言开发的可重用的一组动态链接库，为基于 BIM 的应用程序开发提供了 IFC 文件、数据库的访问功能。Model 类、GenGUID 类、EntityPool 类、Generic 类、IFC2x3Factory 类为向用户提供功能操作的类。

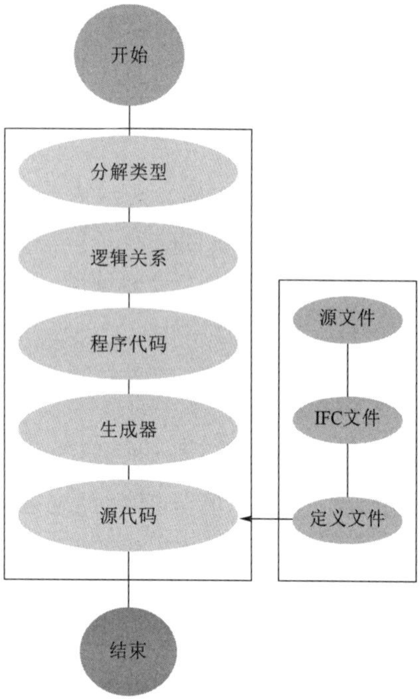

Model 类提供了打开、保存 STEP 文件，由数据库提取、集成子模型等功能。GenGUID 类用于创建符合 IFC 要求的 GlobalId。Generic 类负责处理文本分析、参数转换等任务。IFC2x3Factory 类用于创建 IFC 的各种可实例化的实体类型，并将成功创建的实体类型添加到 Model 实例的 EntityInstances 中。

源代码自动生成技术是一种计算机编程技术，可以用于动态生成程序源代码、数据库模式等。由于 IFC 模型定义了数量众多的类型，包括预定义类型、选择类型、实体、枚举类型以及 EXPRESS 的基本类型，通过手动方式生成源代码工作量大，容易出错，且变更困难，不宜维护。采用源代码自动生成技术克服了上述不足，其主要流程如下（图 7.5 - 2）：

步骤 1，将 IFC 模型分解为不同的类型，使每一种类型具有近似的实现方法。按照 IFC 的数据类

图 7.5 - 2　源代码自动生成流程及步骤

型将其分为简单类型、定义类型、枚举类型、选择类型、实体类型和聚合类型。

步骤 2 及步骤 3，针对每种类型讨论其事务处理逻辑和实现代码。

步骤 4，为每种类型创建代码生成器。代码生成器的创建使用微软提供的 CodeDom 命名空间，该命名空间提供了用于生成源代码的类库。

步骤 5，将 EXPRESS 格式定义的模型文件读入计算机内存。EXPRESS 文件的读取是实现源代码自动生成的重要一步，它使得 EXPRESS 数据可以被计算机直接处理。

步骤 6，根据不同的类型调用源代码生成器，生成 IFC 运行时对象库。经过代码生成器生成的源代码可即刻被编译器编译，及早发现编译错误，通过修改代码生成逻辑可以快速地修正大部分编译错误。对于一些特例或出于优化代码的目的，可以手动修改或将特例转化为代码逻辑的一部分，由代码生成器自动处理特例。

根据数据类型的特点和源代码生成器的需求，针对定义类型、枚举类型、选择类型和实体类型定义了下列数据结构。这些数据结构可以在计算机内存中完整的表达以 EX-PRESS 文件定义的类型。其中，DefinedType 类用于存储定义类型，Enumeration 类用于存储枚举类型，SelectType 类用于存储选择类型。针对实体类型及实体类型中的属性、反向属性及派生属性建立对应的 Entity 类、Attribute 类、InvAttribute 类、Derive-Attribute 类。

读取实体类型的过程中需要进一步识别对应的关键字，从而获取属性、反向属性、派生属性以及类型之间的继承关系，其原理和方法与流程图中的过程相似，不再进行详述。读取后的信息存储在计算机内存相应的数据结构中。

7.5.3 BIM 数据库的访问

实现数据库的数据存储与读取需要使用 SQL 语言在 IFC 模型的各种数据类型与数据库字段间相互转换，并通过执行转换后的 SQL 语句实现数据库的存储与读取。为实现该目的，按照 IFC 对象模型中的不同类型添加处理和转换 SQL 语言的功能函数。

（1）简单类型。简单类型与数据库中的字段直接对应，通过添加 ToSQLToken() 和 ParseSQLToken() 两个函数实现将数据类型转换为 SQL 语句和由数据库字段读取数据的功能。

（2）定义类型。定义类型直接继承基类的 ToSQLToken() 函数，ParseSQLToken() 函数则参照简单类型实现。

（3）枚举类型。枚举类型在数据库中存储为对应的字符串，调用 .Net Framework 类库中 Enum 类的静态函数 Parse() 进行解析。

（4）选择类型。ToSQLToken() 函数和 ParseSQLToken() 函数实现的关键是对类型的判断。

（5）聚合类型。聚合类型作为实体的属性值通过两个字段存储在实体表中，而聚合类型的成员则存储在根据数据类型建立的数据表中。处理聚合类型的存储与读取需要协同处理多个数据表中的数据。对于聚合类型的存储，实现 ToSQLToken() 和 Restore() 两个函数。ToSQLToken() 将作为实体属性的聚合值转换为 SQL 语句。Restore() 实现聚合类型成员的存储。对于聚合类型的读取则由实体类型的静态函数实现。

（6）实体类型。实体类型的存储是通过逐一调用其显示属性的 ToSQLToken() 函数，并将生成的 SQL 语句段连接成可以执行的 SQL 语句并执行的过程。这样的一条 SQL 语句对应数据库中的一条实体记录。对于实体中的聚合属性，调用其 Restore() 函数存储聚合类型每一个成员的值。

实体类型的读取是存储的相反过程，通过查询数据库获取实体对应的数据库记录，然后调用显示属性的 ParseSQLToken() 函数，获取属性的值（图 7.5 - 3）。同样，对于聚合属性，需要逐一处理聚合类型成员的每一条记录。

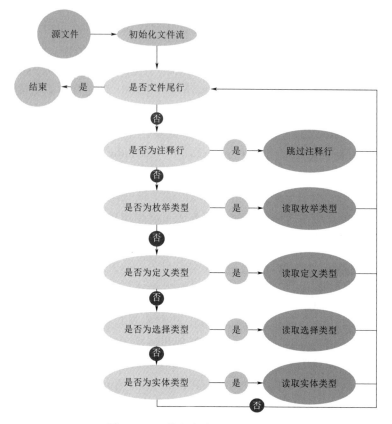

图 7.5 - 3　数据库读取与访问流程

为检验 BIM 数据访问工具箱的正确性，首先对 IFC 文件的读写功能进行如下操作：①由 Autodesk Revit 和 Graphisoft ArchiCAD 输出多个 IFC 文件。用 BIM 数据访问工具箱读取 IFC 文件 A，并另存为 IFC 文件 B，比较文件 A 和文件 B 所表达的信息是否相同。②新建、修改、删除 IFC 对象后保存为 IFC 文件，检查文件表达的信息是否正确。③通过 Autodesk Revit、Graphisoft ArchiCAD、IFCsvr 读取生成的 IFC 文件，检查文件语法是否正确。

第8章　基于 BIM 技术的工程建设精细化管理

8.1　水利工程建设管理与 BIM 融合分析

基于工程建设管理的"数据一个源、施工一张图、业务一条线、管理一张网"各工程参建单位的高效协同联合管理模式，开展水利工程建设质量、进度、安全等精细化管理，为水利工程建设智慧化管控提供重要手段，为水利工程运行长效安全智慧管控提供科学保障。

水利工程建设管理与 BIM 模型之间的数据融合，可大致分为以下几个方面：

（1）BIM 模型搭建。利用工程初步设计文件中的结构设计和施工组织设计，建立水利工程三维数字化的整体模型，并按照单位工程、分部分项工程、单元工程进行分解，并以单元工程为最小颗粒度，完成工程数据模型的建设。将单元工程、分部分项工程以及单位工程的数据模型进行特征信息赋予，如工程编码、桩号、高程、材料、工程数量等具有单一特征的数据内容。模型数据、时间数据、工程信息数据在数据库中融合，成为水利工程业务管理系统及模块的数据池，并由各系统根据不同的管理业务需求及数据需求进行数据池中数据的甄别、筛选，选取所需要的特征数据在不同的系统、平台及模型中呈现出来。

（2）信息编码体系建设。水利工程以单位工程、分部分项工程、单元工程进行编码，BIM 模型以最小颗粒度编码，并将水利工程构筑物与 BIM 模型建立一一对应联系，实现水利工程业务与模型匹配，赋予设计阶段、施工阶段等信息查询与渲染。

（3）进度管理。依据施工组织设计中要求的开完工时间为上述单元工程、分部分项工程、单元工程设定时间轴，建立以时间为驱动引擎，各单位工程、分部分项工程、单元工程模型在时间轴上按照逻辑关系关联的动态进度模型，实现工程目标数据模型的规划与预期计划。通过三维立体、二维甘特图的进度模型建立，并且结合实际工程建设过程中不同建设单位提出的施工组织设计中的内容，建立实际施工过程中的不同阶段、不同标段等特征的进度模型，可以作为整个工程动态优化与管理的重要基础。

（4）质量管理。依据施工组织设计中要求的单元质量划分和评定，建立以业务为主线的管理模式，开展各单位工程、分部分项工程、单元工程模型在业务尺度上按照"三检"、工序等流程和评定管理，并将质量流程与评定和 BIM 模型衔接，实现已评定、正在评定和未评定三区管理，不合格、合格、良好、优秀等四级管控，实现水利工程三区四级智能质量评定体系。

（5）安全管理。依据施工全过程的安全风险分析和等级划分，建立以安全风险为主线的管理模式，开展水利工程不同区域、不同工种、不同阶段的安全风险数据分析，并通过单元工程、工程坐标、大地坐标等位置信息，与 BIM 模型耦合，实现安全风险标识、等级、隐患处理、督办事项等全流程跟踪与渲染。

通过工程总体规划与设计模型的数据化，开展工程数据模型的搭建与数据池设计，并以单位工程、分部分项工程、单元工程进行业务属性全覆盖，形成不同时段、不同工况、不同工程形象的建设全过程模型数据，进行"人-机-料-法-环"等方面资源的优化与配置，通过动态的优化规划与实际工程数据对比反馈分析，不断提升整个水利工程建设阶段施工管理的精细化水平，不断提升建设阶段的数字孪生技术应用效益，为水利工程建设管理一张图提供重要的数据底板。

8.2　水利工程建设管理云平台设计与实现

8.2.1　水利工程建设管理云平台的总体架构

水利工程建设云管理平台的总体构架如图 8.2-1 所示，包括五层，最下面是硬件平台层，包括网络设备、服务器与存储设备。第二层是 IT 资源虚拟化管理层，可以按需动态分配与扩展。第三层中间件层，支持软件系统应用与开发管理，包括数据存储、多租户数据隔离与数据备份管理、任务调度与应用状态监控管理。第四层是服务层，是将硬件与软件资源以服务的形式支撑各个应用系统的运行。第五层是水利工程云管理应用系统层，包括项目管理、进度管理、质量管理、经费管理、合同管理和材料管理、检测试验、设备管理、档案管理、安全管理、日常工作、工作平台管理、知识管理和数据采集等功能模块。其中质量管理是核心管理功能。

8.2.2　水利工程建设管理云平台设计与实现

水利工程建设管理云平台模块设计中，结合水利工程建设现场物联网技术以及云计算技术的基础，通过工程建设管理系统及时将工程建设过程中产生的相关数据自动或者人工维护进来，并且进行系统整理、分析，形成工程管理过程中所需的各类表单，通过网络在业主、设计、施工、监理等各方签批流转，并最终作为工程档案在数据库中进行管理，实现水利基础工程建设全程全面的实施管理，保证工程进度与工程质量。

下面对水利工程建设管理云平台中的各个模块简要说明如下：

（1）项目管理。水利工程建设项目管理模块的功能主要是对水利工程建设重要环节的事务进行处理，包括项目上报审批，参建单位管理、项目划分、开停工审批、项目验收和竣工移交等功能。通过对这些环节进行规范化的管理，从而保证工程建设项目顺利实施和有效的管理。

（2）进度管理。进度管理模块提供编制项目总进度计划、年进度计划、季度进度、月进度计划的功能，并以横道图等直观的方式，形象化地展示进度计划与实际完成工程进度。使项目管理者及时掌握工程建设完成的情况，实现工程进度的实时控制与管理。通过对施工重要的工程节点的严格控制，确保工程能够按照计划顺利完成。

（3）质量管理。质量管理模块是对水利工程项目中的单元工程、分部工程、单位工程

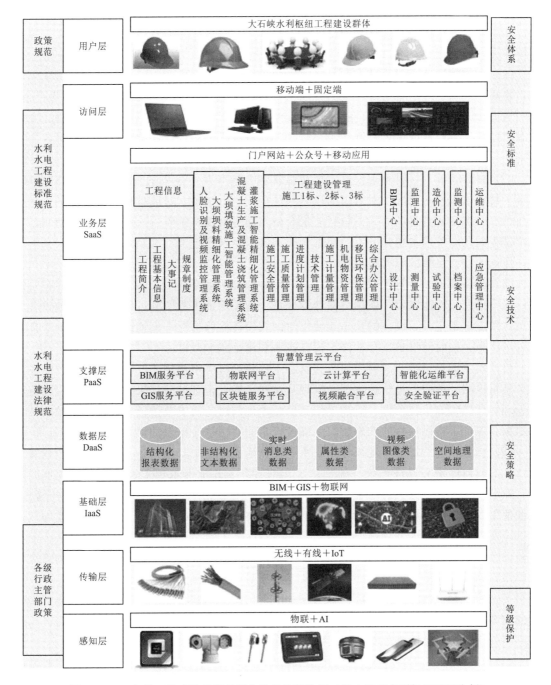

图 8.2-1 水利工程建设云管理平台的总体架构图（以大石峡水利枢纽工程为例）

逐级地进行严格控制管理的模块，从而实现对项目整体质量的控制与管理。尤其是重要的关键部位与隐蔽工程的施工工艺与施工方法的跟踪控制与管理。及时发现和处理施工过程出现的施工质量问题与质量事故，通过对施工过程各个阶段完成的工作结果进行严格的质量评定，从而保证整个项目的工程质量达到合格，并及时对出现的工程质量问题进行通报与预警。

在该模块中，可以对根据目前已上报工程划分进行模块化的自动划分，也可以按照划分步骤进行工程划分。

（4）合同管理。合同管理模块是要对水利工程建设过程中产生的各类合同进行统一管理。并在此基础上对水利基础工程的专项基金进行合理、严格的控制与分配，并为严格、统一地进行工程进度与质量管理提供基础。建立合同管理责任体系，对合同的变更、支付与索赔过程进行严格的审批控制与跟踪管理。通过建立严格的合同控制流程，明确各方管理责任，保证合同按计划执行。

（5）材料管理。材料管理模块主要实施材料合同和执行过程的管理。建立材料台账，记录了材料出入库的情况。对入库的原材料均需要进行检验，对原材料实行严格的质量控制与管理，保证所有进场的施工材料质量合格。通过对材料验收、入库和出库、使用、实现全过程的跟踪管理和统计分析。根据台账记录以及项目进度计划制定与调整材料采购计划，保证工程有足够的原材料可用。

（6）设备管理。设备管理模块建立水利工程建设所需要使用的施工设备台账，记录设备的基本信息、性能参数、使用与保养等信息。为了保证工程顺利进行，有足够的设备可使用，系统详细记录了设备的状态，使用时间及设备检修情况，保证所有的设备处于良好的可用状态，按时对设备进行检修，提高设备利用率。

（7）检测试验。检测试验模块是对水利工程建设过程中使用的原材料、中间产品等的质量进行检测，按照质量管理规范，实现从试样来样登记到试验结果的发布全过程的流程化管理。严格区分承包单位、监理单位和监督单位的检验请求及留样，分别记录检验结果和数据，保证了检测项目的准确度、精确度，从而确保检验结果的可靠性。

（8）档案管理。档案管理模块是对水利工程建设过程中，参建各方在不同的阶段和环节产生的所有电子文件进行统一的、系统化的管理。并根据水利工程建设档案管理的规范，对电子文件进行分类组织、建立索引目录，同时根据将来的应用情况进行归档管理，以便使用者能够快速查阅工程的相关资料，提高文件和档案的管理水平和提高档案的使用效率，发挥档案知识库的作用。

（9）安全管理。安全管理模块包括建设单位、施工单位、监理单位建立健全的安全管理体系，确保安全责任落实到部门和个人。根据安全计划每月定期进行安全检查，并及时通报安全检查发现的问题。在承担施工任务的施工队定期开展安全的教育和培训，提高全员的安全意识和观念。对施工过程发现的安全隐患与安全事故进行及时教育和处理。每月对施工安全管理的情况进行总结，同时形成安全月报。

（10）日常工作。日常工作模块包括承包单位、监理单位、设计单位日常管理要做的主要工作，施工日志、监理日志记录了建设过程中遇到的问题和处理的方法，以及项目负责人对问题的处理意见等。工作月报是参建单位对每个月工作进度和任务完成的质量等进行汇总与统计，以便对后面的工作进行调整与改进，确保工程正常进行。

（11）工作平台。工作平台模块是为水利工程项目的管理层，如项目经理、总工程师、总监理工程师等提供一个能够快速了解工程项目整体情况，如项目的进度、质量、经费与安全等实时状态的窗口，能展现整个项目进展的全貌，从而使项目管理者对工程情况有更全面的了解，以便做出正确的分析判断与决策。

8.3 出山店水库质量精细化管理

8.3.1 业务搭建

在出山店水库展开了水利工程建设管理云平台的示范工程应用方面的研究，主要开展的应用研究有工程项目划分、工程质量管理、工程进度管理、工程检测管理以及工作平台等。

系统中已有工程建设单元质量评定标准表格 300 余份，主要涉及常规混凝土工程、土石方工程。另外根据出山店水库项目划分情况，利用目前系统中已有的工程项目划分的子模块，建立了出山店水库工程划分体系，在此基础上，开展了水利工程建设管理系统云平台应用工作，出山店水库工程建设管理云平台界面如图 8.3-1 所示。

图 8.3-1　出山店水库工程建设管理云平台界面

该模块主要是对出山店水库项目工程中的单位工程、分部工程、单元工程进行逐层清晰明了的工程划分，更加直观地体现出了单位工程划分到相应的分部工程，再由分部工程划分到单元工程的划分过程。通过添加、修改、删除功能对各工程进行了不同的操作，更加完善地管理到各级工程的工程情况，工程部位如坝横、坝纵、高程、桩号起、桩号止、坐标 X、坐标 Y、坐标 Z 等详细指标，充分体现出各工程的全面性，可通过项目编号和名称对单位工程进行模糊查询和精确查询，最终形成项目划分报审，通过施工单位如实填写上报，监理单位严格把关及审核，最后由业主单位签批通过，促使项目工程划分工作更加明确，更加直观可控。

结合出山店水库工程建设，在系统中进行了单位工程、分部工程以及单元工程的划分，如图 8.3-2～图 8.3-4 所示。

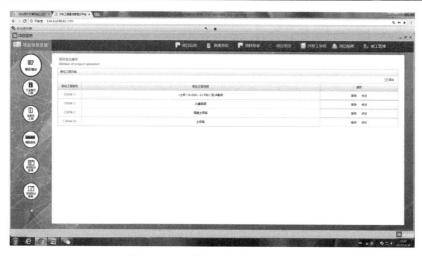

图 8.3 - 2　单位工程划分示意图

图 8.3 - 3　分部工程划分示意图

图 8.3 - 4　单元工程划分示意图

项目划分的流程主要根据工程实际情况首先划分单位工程，在此基础上再进行分部工程的划分，然后再进行单元工程的划分。在进行工程划分中，可以有两种方法进行划分：一种是按照给定的模版进行划分；另一种是根据实际情况自主进行工程划分。图8.3-5～图8.3-7分别是利用模版创建与自主创建两种途径进行的工程划分。

图 8.3-5　工程划分主要界面

图 8.3-6　通过模版添加单位工程

在对单元工程划分完成之后，可以利用对已有的工程划分成果进行修改或者删除。在完成单元工程划分之后，可以选择单位工程进行添加该单位工程之下的分部工程，在选择分部工程后可以进行该分部工程之下的单元工程的划分。以此类推，一级一级地对工程进行分解，为信息化的管理提供重要的基础。

在完成工程划分之后，可以利用审核流程对已建立的工程划分结果进行上报审核。在审核流程中可以根据实际工程划分结果选择通过或者驳回，并在相关备注栏中标记审核意见，以便下一级用户进行表单处理。相关操作界面与程序如图8.3-8～图8.3-10所示。

图 8.3-7　自主创建工程划分界面

图 8.3-8　相关表单驳回界面示意图

图 8.3-9　相关表单已退回界面示意图

图 8.3-10 相关表单已通过界面示意图

另外，在项目信息模块中，还有项目信息、参建单位、资料报审、开停工审批、项目验收以及竣工管理等模块。目前项目信息已经完成录入，如图 8.3-11 所示。参建单位中已经把目前出山店水库中各参建单位信息以及相关工作人员信息进行了录入，如图 8.3-12 和图 8.3-13 所示。

图 8.3-11 出山店水库项目信息界面示意图

8.3.2 施工质量管理

该模块是对水利工程项目中的单元工程、分部工程、单位工程逐级地进行严格的控制管理，从而实现对项目整体质量的控制与管理。特别关注重要的关键部位与隐蔽工程的施工工艺与施工方法的跟踪控制与管理，及时发现和处理施工过程出现的施工质量问题与质

图 8.3 - 12　出山店水库参建单位列表界面示意图

图 8.3 - 13　出山店水库项目建设单位人员信息界面示意图

量事故。通过对施工过程各个阶段完成的工作结果进行严格的质量评定，从而保证整个项目的工程质量达到合格，并对工程质量问题进行通报与及时预警。

（1）工程列表：主要显示质量管理中存在工程项目。它由单位工程、分部工程和单元工程逐级分步显示，可以清楚地显示上级工程项目下的子项目，并可进入单元工程项目中进行施工信息、工程报验、重要工程签证、施工审批信息、相关资料的查看，修改和创建等操作。单位工程列表、分部工程列表、单元工程列表和单元工程信息如图 8.3 - 14～图 8.3 - 17 所示。

其中，质量工程报验是由施工队对工程质量评定表进行选择，填报完成后上报给工程部进行审核，在审核过程中可以将评定表驳回，如表单审核通过后，提交给质检部门负责

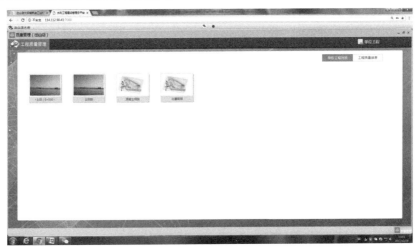

图 8.3-14　单位工程列表

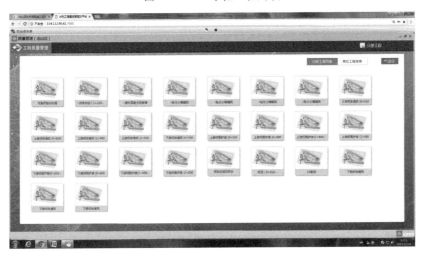

图 8.3-15　分部工程列表

图 8.3-16　单元工程列表

图 8.3－17　单元工程信息

人审批，质检部门负责人审核通过，最终由监理员审批，审批流程如图 8.3－18 所示。

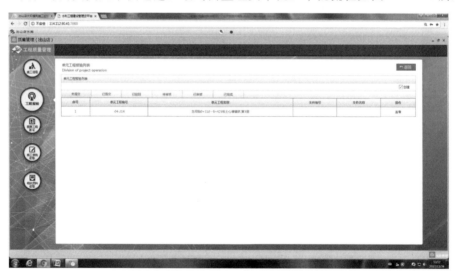

图 8.3－18　工程报检流程

（2）工程质量信息：通过单位工程状态信息和分部工程状态信息对项目进行统计信息查看，从而对项目进行质量评定，最终将评定完的项目进行项目验收，分别由施工单位上报、监理单位负责将上报的信息进行复核、经过项目法人认定后，由监督机构进行最终核定。分部工程质量信息和单位工程质量信息如图 8.3－19 和图 8.3－20 所示。

在该模块中，也配置了相关流程，方便所形成的单元工程质量评定表在云平台中实现自动的流转审签。在流转过程中，首先由项目施工单位发起表单向上一级进行流转，待施工单位负责人审批完成之后报送监理单位负责人，在监理单位负责人审批之后报送水利工程项目法人单位。在单元工程质量评定表的流转审批中，可以实现表单的审批意见批注以及相关表单的驳回修改等操作。

图 8.3-19 分部工程质量信息

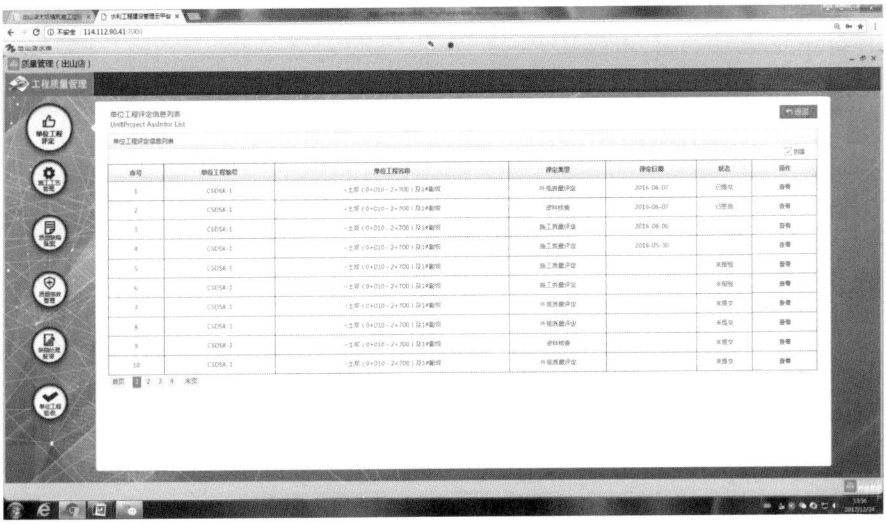

图 8.3-20 单位工程质量信息

在实际应用过程中，按照项目划分好的工程分解进行项目信息录入，包括项目单元工程施工质量评定表的信息录入，并且包括已经完成电子签名的相关"三检"表的附件上传，这样可以较为真实地将水利工程建设的单元工程施工质量评定表实时地保存下来，并且是按照实际的工程项目划分进行保存的，可以利用系统进行实时查询与层层的签审批示。如图 8.3-21～图 8.3-23 所示。

单元工程施工质量评定表录入与目前执行的规范的格式是一致的，并且可以直接打印出来作为实际的表单保存。另外在这里还有一个功能是将完成填写的质量评定表进行归档，归档的表格经过审核之后，可以进入文档关系系统，进行相关文档的电子管理，避免了纸质文档扫描上传保存的烦琐过程。

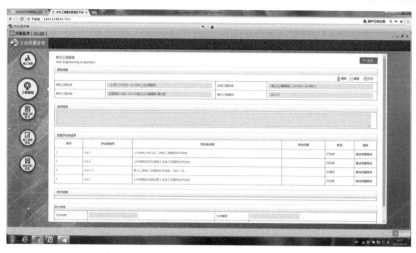

图 8.3 - 21　单元工程施工质量评定表界面

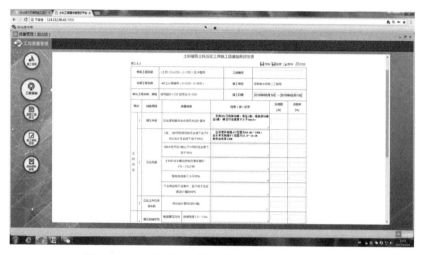

图 8.3 - 22　单元工程施工质量评定表的录入界面

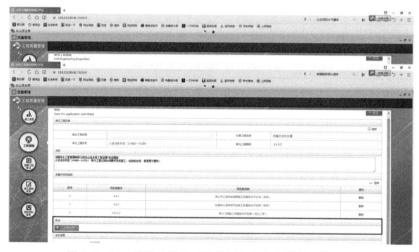

图 8.3 - 23　单元工程施工质量评定表中的附件上传界面

另外该模块中还包括了施工信息、重要工程签证、施工审批信息以及相关资料信息等信息维护与管理功能。

8.3.3 "施工三检表"与单元工程 BIM 模型融合探讨

（1）启动安卓设备找到"施工三检表"（以下简称三检表）应用，点击打开，如图 8.3-24 所示。

图 8.3-24 三检表登录界面示意图

（2）输入登录人姓名和密码（确保输入的用户名和密码是正确的），然后点击登录，如图 8.3-25 所示。

图 8.3-25 人员登录界面示意图

（3）登录进入系统后，如图 8.3-26，在主界面上，有"用户相关功能""筛选""添加""划分工序""最新表单"等功能模块。

图 8.3 - 26　施工工序登录界面示意图

（4）点击用户名可以进入用户界面，可以进行"签名""清除缓存""软件更新""退出登录"等操作。其中，"清除缓存"是清除本地的缓存数据；"软件更新"是更新到最新版本；"退出登录"是点击后就退出本系统的登录，如图 8.3 - 27 所示。

图 8.3 - 27　审批登录界面示意图

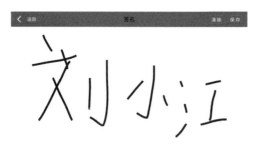

图 8.3 - 28　签名档登录界面示意图

（5）点击"签名"，会进入签名画板，可以进行签名修改，清除原来的签名，重新签名，然后保存，如图 8.3 - 28 所示。

（6）进行三检表添加时，点击主界面上的加号，如图 8.3 - 29 所示。

（7）这时会弹出新的界面，选择对应的"单位工程"→"分部工程"→"单元工程"→对应的"初""复""终"三检表，如图 8.3 - 30

图 8.3-29 表单登录界面示意图

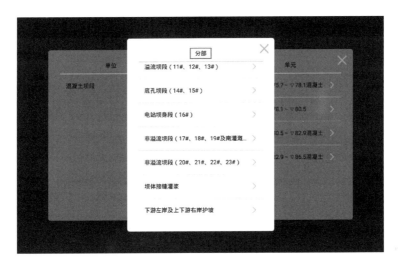

图 8.3-30 增项登录界面示意图

所示。

（8）选好对应的"三检表"之后，进入如图 8.3-31 界面，在此界面添加对应数据，点击保存。保存数据，保存成功之后，点击"导出"，可以对"三检表"导出对应附件保存到服务器，相关文档可以在对应的工序表的附件中进行查看，在档案管理中也会有对应的统计。

（9）数据保存结束后，返回到主界面，在主界面点击"筛选"下对应的单位工程，也会出现如图 8.3-32 界面。

（10）进入"三检表"界面，如果表单太多，可以进行条件筛选，条件选择完成后，点击筛选，如图 8.3-33 所示。

（11）选择相应的单元工程可以查看相关单元工程下的所有添加的工序表，如图 8.3-34 所示。

图 8.3-31　检验登录界面示意图

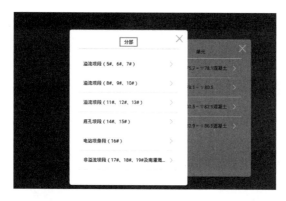

图 8.3-32　单元查询登录界面示意图

图 8.3-33　列表查询登录界面示意图

图 8.3 - 34　单元查询登录界面示意图

（12）选择三检表，可以查看三检表的内容，也可以对三检表进行修改，然后保存，也可以导出对应的附件，功能跟步骤"（8）"一致，如图 8.3 - 35 所示。

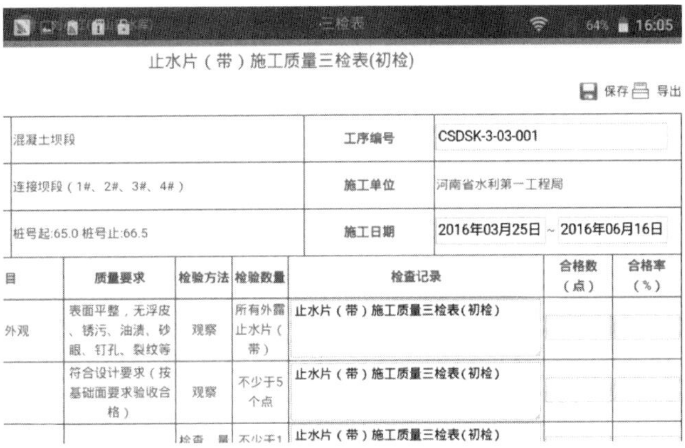

止水片（带）施工质量三检表(初检)

保存 导出

混凝土坝段			工序编号	CSDSK-3-03-001		
连接坝段（1#、2#、3#、4#）			施工单位	河南省水利第一工程局		
桩号起:65.0 桩号止:66.5			施工日期	2016年03月25日 ～ 2016年06月16日		
目	质量要求	检验方法	检验数量	检查记录	合格数（点）	合格率（%）
外观	表面平整，无浮皮、锈污、油渍、砂眼、钉孔、裂纹等	观察	所有外露止水片（带）	止水片（带）施工质量三检表(初检)		
	符合设计要求（按基础面要求验合格）	观察	不少于5个点	止水片（带）施工质量三检表(初检)		
		检查 量	不少于1	止水片（带）施工质量三检表(初检)		

图 8.3 - 35　检验登录界面示意图

（13）划分工序选择对应的工序表，会进入如步骤"（11）"的界面，操作和步骤"（11）"一致，如图 8.3 - 36 所示。

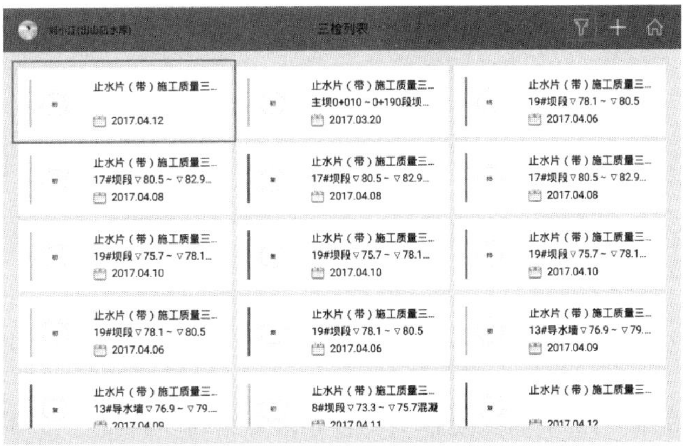

图 8.3 - 36　查询登录界面示意图

（14）在最新表单，点击对应表单，进入三检表详细界面，界面功能与步骤（8）的功能一致，如图 8.3 - 37 所示。

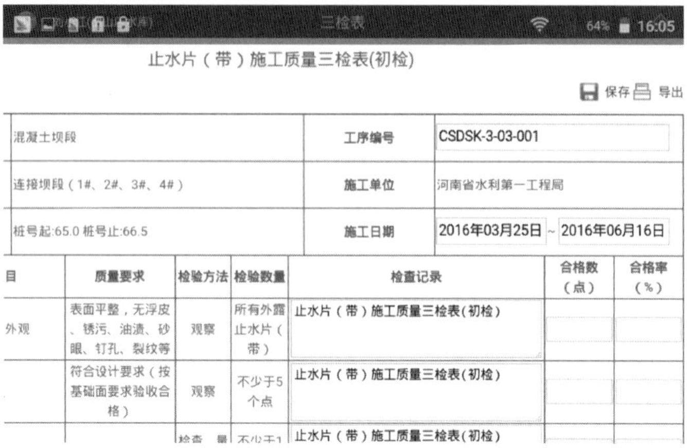

图 8.3 - 37　三检表检验登录界面示意图

8.4　大石峡水利枢纽工程建设精细化管理

8.4.1　业务搭建

新疆大石峡水利枢纽工程位于新疆维吾尔自治区阿克苏地区境内阿克苏河一级支流库玛拉克河中下游、温宿县与乌什县交界处的大石峡峡谷河段。坝址位于大石峡峡谷出口处，下游距已建的小石峡坝址约 11km，距协和拉水文站约 14km，距阿克苏市约 100km。工程任务为保证向塔里木河干流生态供水总量目标的前提下，灌溉、防洪、发电等综合利用，并为进一步改善塔里木河干流生态供水过程创造条件。

新疆大石峡水利枢纽工程主要由混凝土面板砂砾石坝（最大坝高 247m）、开敞式岸边溢洪道、泄洪排沙洞、排沙放空洞、发电引水系统以及生态放水设施等组成。水库正常蓄水位为 1700m，水库总库容为 11.7 亿 m^3，电站装机容量为 750MW，多年平均发电量为 18.93 亿 kW·h，工程等别为 Ⅰ 等大（1）型工程。挡水与泄水建筑物、发电引水建筑物进水口、永久生态放水设施进水口建筑物级别为 1 级，永久生态放水隧洞、发电引水隧洞及电站厂房级别为 2 级。主要建筑物抗震设计烈度为 8 度。工程施工总工期为 102 个月。工程建设伊始，开展施工过程信息管理科研攻关，建立了智慧建设管理云平台，如图 8.4 - 1 所示。

8.4.2　业务功能及管理

大石峡水利枢纽工程建设管理云平台中工程建设管理业务模块内容，主要有如下 11 个方面。

（1）工程信息。主要是全面反映整个大石峡水利枢纽工程整体建设信息，其中最重要的是项目划分，为工程建设管理提供重要的基础。具体平台展示界面如图 8.4 - 2 所示。

图 8.4 - 1 智慧建设管理云平台架构及功能

图 8.4 - 2 (一) 工程单元工程划分及场景渲染

图 8.4-2（二）　工程单元工程划分及场景渲染

（2）BIM 模型管理。通过继承设计单位的 BIM 设计模型，经过轻量化之后进行 WEB 端的展示，并且和施工过程中重要数据进行整合，在 BIM 模型上展示整个工程的建设进展。在建立的云平台系统中，将 BIM 模型与工程信息两个模块进行了整合，将轻量化的 WEB 端 BIM 模型与精确的项目划分进行了完美的整合。具体界面展示如图 8.4-3 所示。

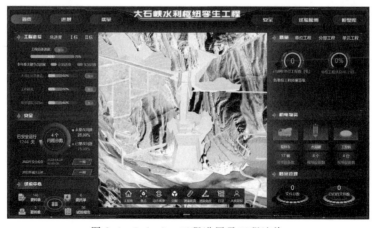

图 8.4-3（一）　工程进展及工程渲染

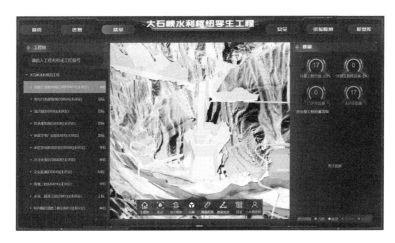

图 8.4 - 3（二）　工程进展及工程渲染

（3）采购与物资管理。通过工程建设过程中所购入的各种原材料，进行材料采购与出入库管理，并且结合区块链技术，实现原材料的快速溯源。具体界面展示如图 8.4 - 4 所示。

图 8.4 - 4　采购与物资管理展示及渲染

（4）进度管理。结合 BIM 模型，进行工程建设过程中的计划进度、实际进度以及三维形象进度的维护与展示。具体界面展示如图 8.4－5 所示。

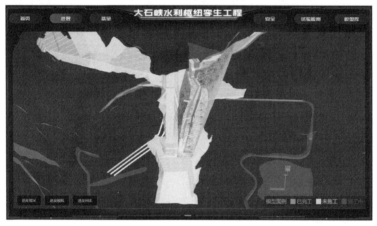

图 8.4－5　进度管理展示及渲染

（5）质量管理。主要结合电子签名技术，开展水利工程建设中的单元工程质量评定工作，进行整个工程施工过程中的施工质量全程信息采集、整理与签审批工作。具体界面展示如图 8.4－6 所示。

（6）合同管理。对工程建设过程中的各种合同进行全程管理。具体界面展示如图 8.4－7 所示。

（7）造价管理。结合工程建设过程以及过程所涉及的各种合同，实现工程建设中的大坝工程、混凝土工程等实际造价的统计与展示。具体界面展示如图 8.4－8 所示。

（8）检测管理。对工程建设过程中相关原材料、中间产品、施工质量所进行的检测试验的委托、来样、试验、检测报告的全程闭合管理，并且将检测管理中的结果和系统中质量管理进行关联。具体界面展示如图 8.4－9 所示。

（9）计量系统。利用高精度定位设备、无人机航拍技术等，进行重要的工程施工测量、统计等工作。具体界面展示如图 8.4－10 所示。

图 8.4-6（一） 质量管理模块渲染及展示

图 8.4－6（二）　质量管理模块渲染及展示

图 8.4－7　合同管理渲染及展示

图 8.4-8 造价管理渲染及展示

图 8.4-9 检测管理渲染及展示

图 8.4-10 计量管理渲染及展示

（10）档案管理。工程建设过程中各类电子文档的自动化归档管理与线上查询、阅读及下载打印方面的管理。具体界面展示如图 8.4 - 11 所示。

图 8.4 - 11 档案管理渲染及展示

（11）安全管理。主要结合大石峡水利枢纽工程，开展工程建设过程中的安全资质、安全教育、危险源、重大隐患、安全事故、安全资料的管理工作。具体界面展示如图 8.4 - 12 所示。

图 8.4 - 12 安全管理渲染及展示

第9章 基于 BIM 技术的
振冲碎石桩信息化施工

9.1 振冲碎石桩施工与 BIM 融合分析

振冲碎石桩施工属隐蔽工程，施工质量难以控制。基于 GIS＋DEM＋BIM 模型，建立振冲碎石桩施工管理系统，开展基础信息、施工进度、施工质量等管控，施工过程进行实时数据三维形象与施工渲染、数据挖掘与动态互馈，形成一套基于 BIM 模型的振冲碎石桩施工智能管控体系。

振冲碎石桩施工与 BIM 模型之间的数据融合，可大致分为以下几个方面：

（1）BIM 模型搭建。利用振冲碎石桩设计文件中的结构设计和施工组织设计，建立水利工程三维数字化的整体模型，并按照单位工程、分部分项工程、单元工程、段/序孔位进行分解，并以段/序孔位为最小颗粒度，完成工程数据模型的建设。

（2）信息编码体系建设。振冲碎石桩工程以单位工程、分部分项工程、单元工程、段/序孔位进行编码，BIM 模型以最小颗粒度编码，并将振冲碎石桩结构、周围地质环境与 BIM 模型建立一一对应联系，实现施工全过程流程与模型匹配，赋予施工全过程信息查询与渲染。

（3）进度管理。以钻孔布设、钻孔过程、振冲过程为主线，以时间为驱动引擎，建立振冲碎石桩施工的动态进度模型，实现工程目标数据模型的规划与预期计划。

（4）质量管理。依据施工组织设计中要求的单元质量划分和评定，建立以振冲碎石桩施工为主线的管理模式，开展施工全流程的质量评定管理，并将质量流程与评定和 BIM 模型衔接，实现已评定、正在评定和未评定三区管理，不合格、合格、良好、优秀等四级管控，实现振冲碎石桩施工三区四级智能质量评定体系。

通过振冲碎石桩信息化施工管理需求与现状调研，开展工程信息、实时监控、质量分析、三维渲染等功能分析，进行"人-机-料-法-环"等方面资源的优化与配置，通过动态的优化规划与实际工程数据对比反馈分析，不断提升振冲碎石桩施工管理的信息化管控。

9.2 振冲碎石桩施工过程实时监控架构与功能

9.2.1 系统架构

超深振冲碎石桩施工过程实时智能化监控软件系统，是在振冲碎石桩施工工艺分析基础上，针对振冲碎石桩施工过程中的成孔、成桩过程，通过接收到的相关数据，进行基于

BIM＋GIS 技术的振冲碎石桩设计情况、施工进度、三维施工状态、基础信息、实时监控等信息展示，通过这些信息的形象化实时分析与展示，为工程建设单位、施工单位以及监理单位的施工过程高效管理与应用提供重要平台。

软件系统的架构，从下而上主要分为：①基础设施层，主要为在振冲碎石桩施工机械上安装的相关数据采集与传输设备，以及租赁的云服务器与云储存阵列，为整个系统的运行提供重要的基础设施资源。②数据层，数据层主要将该系统运行所需的基础数据进行系统归类管理，主要的数据类型有三类：第一类是 BIM＋GIS 图形库，将通过设计资料形成的振冲碎石桩模型、待加固地层、地形数据进行系统管理，为数据的展示提供重要三维模型载体；第二类是原始施工数据库，主要将实时传输到系统中的每根桩的施工信息按照桩号等信息进行标签化的管理，为系统模块应用提供唯一的数据源；第三类是数据分析库，将系统应用过程中利用原始施工数据库数据经过加工形成的新数据进行按类系统管理，方便应用模块快速调用。③中间层，主要包括进行数据分析应用的不同的算法集、搜索引擎等。④应用层，主要通过需求分析得到的用户进行数据分析与应用展示的功能模块，也是本软件系统中最重要的数据分析与展示应用。⑤用户层，主要针对本软件系统用户进行的分权限分层次的用户层管理。本软件系统的架构图如图 9.2－1 所示。

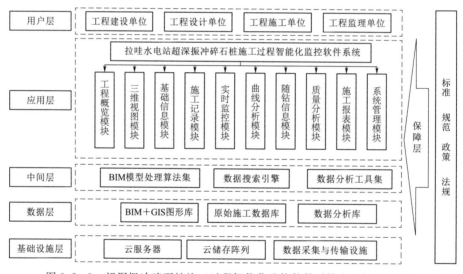

图 9.2－1　超深振冲碎石桩施工过程智能化监控软件系统主要架构示意图

通过对目前工程中常见的搅拌桩施工、振动沉管碎石桩、挤密砂桩等施工监控系统调研分析，并结合拉哇水电站工程地基处理中精细化管理需求与现状，进行了超深振冲碎石桩施工过程智能化监控软件系统中主要的功能设计，功能设计内容主要包括：

（1）工程概览。通过该模块能够对拉哇水电站工程中振冲碎石桩设计总桩数、总延米、填料总方量以及不同桩深桩数分布情况进行图像化展示，并且对不同施工单位的日完成量、完成进度等情况进行图形化展示，方便工程施工管理者根据实际情况进行动态优化与调整。

（2）三维视图。本模块主要利用 BIM＋GIS 技术，进行振冲碎石桩的待加固地层情况、振冲桩几何特征情况、施工进展情况、不同桩的设计与施工对比情况等进行展示，可以为工程施工管理人员提供形象的设计、施工状况展示。

（3）施工记录与实时监控。施工记录主要将振冲碎石桩施工过程信息按照每秒1条的频率进行标签化的系统管理，为数据的分析处理提供唯一的数据源；实时监控主要针对正在施工的振冲碎石桩进行施工过程中深度、电流以及填料量的实时展示，并且通过数据的动态驱动，在界面中进行施工曲线、实时桩形以及施工现状的动画展示，当施工过程中的控制参数不满足设计提供的技术要求时，将会报警提醒，提示工程施工管理人员采取相关措施保证施工过程严格按照施工控制指标进行。

（4）曲线分析。曲线分析主要为施工结束后的振冲碎石桩生成标准的时间-深度曲线、时间-电流曲线、时间-填料量曲线以及施工完成后的振冲碎石桩可能桩形进行自动生成，通过这些曲线可以为施工质量评价提供重要参考与借鉴。

（5）质量分析。质量分析主要为振冲碎石桩施工结束后，通过对施工曲线进行精细化分析，提取振冲桩成桩过程中每一个波峰波谷的时间参数，进行成桩过程中的加密电流、留振时间进行分析计算，在此基础上从而可评价振冲碎石桩施工质量。

（6）施工报表。该模块中主要进行施工结束后的振冲碎石桩施工记录以及单桩施工质量验收评定表的自动化生成，这些自动化生成的报表可以作为施工质量评价的重要参考资料进行存档。

9.2.2 系统功能

在实际施工管理过程中，通过振冲碎石桩施工过程智能化监控系统，能够针对施工结束的振冲碎石桩进行施工过程曲线分析，如图9.2-2所示；并且通过对曲线的深入分析，

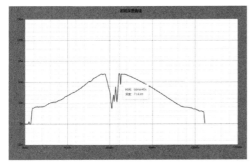

（a）深度与时间关系曲线

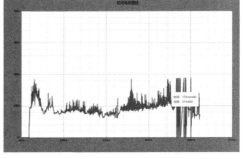

（b）施工电流与时间关系曲线

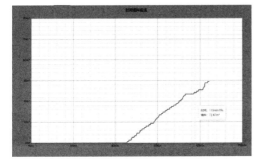

（c）成桩填料量与时间关系曲线

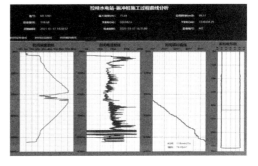

（d）综合曲线与桩型示意图展示界面

图9.2-2 振冲碎石桩实际施工过程曲线示意图（桩深为71.69m）

得到振冲施工过程的加密电流、留振时间的过程曲线，为施工过程质量分析与评价提供重要支撑，如图 9.2-3 所示。

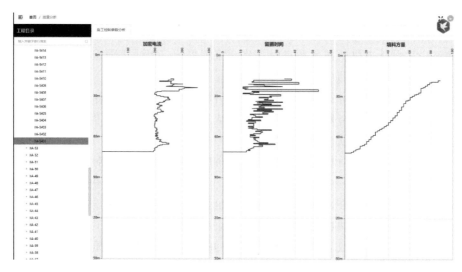

图 9.2-3　振冲碎石桩质量分析曲线展示界面示意图（桩深为 71.69m）

施工结束后，选择不同的振冲桩桩号，可以按照振冲碎石桩施工记录表以及施工质量验评表式样，自动生成相关报表，为施工验收与质量评定提供重要的支撑。自动生成的报表如图 9.2-4 所示。

振冲碎石桩施工记录表　　日期：2021-02-18

工程名称：振冲碎石桩施工工程　施工区域：B区　桩号：IIB-5405

设计桩长：29.25m　设计标高：2532.88m　设计桩径：1.2m　振冲器型号：

序号	变频器频率	造孔时间 开始	造孔时间 结束	深度 (m)	上料时间 开始	上料时间 结束	填料量 (m³)	孔径 (m)	振密时间 开始	振密时间 结束	留振时间 (s)	造孔水压 bar	造孔气压 bar	电流 (A)	深度 (m)	SPT N	备注
1		00:45	01:10	38.37	01:17:54	01:18:24	2.18	1.48	01:26:18	01:26:40	23			212	37.55		
2					01:18:29	01:18:59	2.18	1.48	01:26:52	01:27:06	15			197	37.14		
3					01:20:51	01:21:21	2.18	1.48	01:27:14	01:27:30	17			202	36.67		
4					01:25:56	01:26:26	2.18	1.48	01:27:41	01:27:54	14			211	36.3		
5					01:26:40	01:27:10	2.18	1.48	01:28:07	01:28:19	12			204	35.71		
6					01:27:33	01:28:03	2.18	1.48	01:29:05	01:29:15	11			202	34.76		
7					01:27:55	01:28:25	2.18	1.48	01:29:48	01:29:59	12			198	34.22		
8					01:28:42	01:29:12	2.18	1.48	01:30:17	01:30:33	17			198	33.8		
9					01:29:52	01:30:22	2.18	1.48	01:30:50	01:31:02	13			196	33.31		
10					01:30:54	01:31:24	2.18	1.48	01:31:22	01:31:37	14			194	32.73		
11					01:31:24	01:31:54	2.18	1.48	01:31:56	01:32:08	13			194	32.27		
12					01:32:40	01:33:10	2.18	1.48	01:32:24	01:32:35	11			194	31.87		
13					01:33:34	01:34:04	2.18	1.48	01:33:37	01:33:50	13			202	30.85		
14					01:34:55	01:35:25	2.18	1.48	01:39:02	01:39:12	11			194	27.76		
15					01:37:19	01:37:49	2.18	1.48	01:39:32	01:39:47	14			199	27.3		
16					01:39:04	01:39:34	2.18	1.48	01:40:14	01:40:24	11			193	26.64		
17					01:39:48	01:40:18	2.18	1.48	01:41:19	01:41:33	15			195	25.81		
18					01:41:16	01:41:46	2.18	1.48	01:42:44	01:42:57	14			195	24.96		
19					01:44:24	01:44:54	2.18	1.48	01:44:09	01:44:23	12			194	23.85		
20					01:45:20	01:45:50	2.18	1.48	01:44:50	01:45:00	11			196	23.28		
21					01:46:38	01:47:08	2.18	1.48	01:45:22	01:45:39	17			195	22.77		
22					01:48:48	01:49:18	2.18	1.48	01:47:43	01:47:53	11			199	20.81		
23					01:50:24	01:50:54	2.18	1.48	01:48:11	01:48:21	11			196	20.12		
24					01:52:19	01:52:49	2.18	1.48	01:48:23	01:48:37	11			195	19.69		
25					01:54:23	01:54:53	2.18	1.48	01:48:41	01:48:53	13			198	19.29		
26									01:49:14	01:49:34	17			205	18.49		
27									01:49:34	01:49:55	22			212	17.81		
28									01:50:01	01:50:11	11			198	17.25		
29									01:50:51	01:51:08	18			198	16.37		
30									01:51:08	01:51:43	29			203	15.81		
31									01:53:11	01:53:22	11			199	13.81		
32									01:53:33	01:54:11	36			228	13.31		
33									01:54:16	01:55:00	44			212	11.15		
34									01:57:55	01:58:08	11			201	10.84		
35									01:58:25	01:58:35	11			216	10.34		
36									02:00:44	02:01:01	18			214	9.35		

（a）振冲碎石桩施工记录表

单桩施工质量验收评定表

单位工程名称	上游围堰地基处理工程	桩号	IIB-5405
分部工程名称	振冲碎石桩工程	施工单位	基础局-北京振冲联合体
单元工程名称		施工日期	2021-02-18

项次		检验项目	质量标准	检查记录
主控项目	1	桩长	符合设计要求	29.01
	2	填料质量	粒径控制在20mm-80mm之间，20mm-40mm占比约40%,40mm-80mm占比约60%，个别最大粒径不超过100mm,小于5mm粒径的含量不超过10%，含泥量不大于5%。	填料质量满足设计要求
	3	填料数量	1.41-1.62m³/m	54.52
	4	加密电流	170A-190A	199
	5	留振时间	10s-12s	15
	6	加密段长度	50cm	45
	7	施工记录	齐全、准确、清晰	记录齐全、数据准确、字迹清晰
一般项目	1	孔深	29.25m	38.37
	2	桩径	120cm	148.0
	3	桩中心位置偏差	≤10cm	满足设计要求
单桩质量等级评定	经复核，主控项目检验点100%合格，一般项目逐项检验点的合格率不低于　，且不合格点不集中分布，工序质量等级评定为：		质量等级	优良
	经复核，主控项目检验点100%合格，一般项目逐项检验点的合格率不低于　，且不合格点不集中分布，工序质量等级评定为：（签字，加盖公章）　年　月　日		质量等级	优良

（b）单桩施工质量验收评定表

图 9.2-4　振冲碎石桩施工报表展示

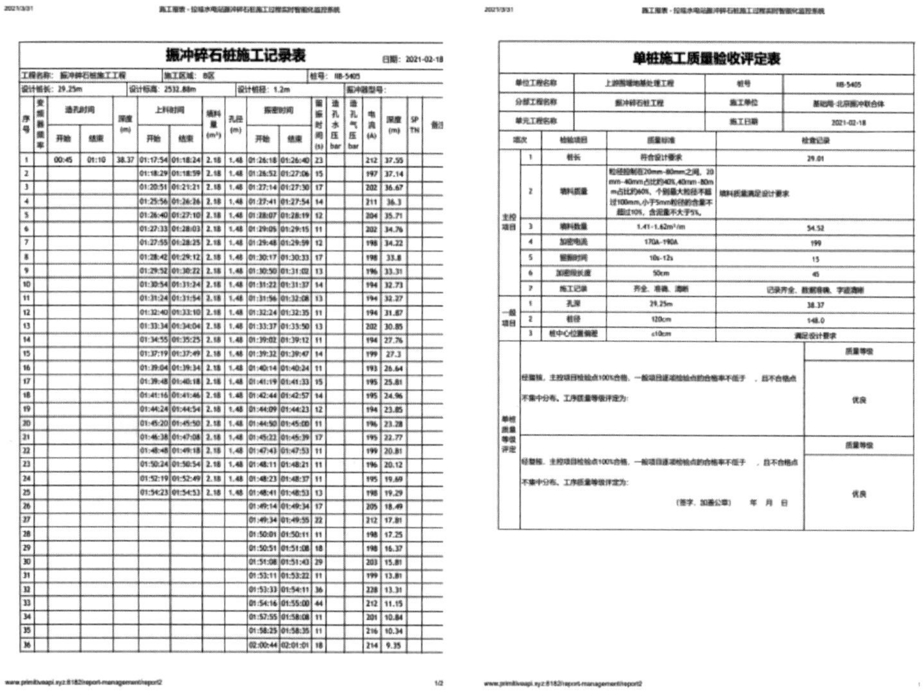

9.3 拉哇水电站振冲碎石桩施工精细化管理

9.3.1 业务搭建

拉哇水电站位于金沙江上游，左岸为四川省甘孜藏族自治州巴塘县拉哇乡。拉哇水电站坝址区分布有湖相沉积深厚覆盖层，深达 70m，根据河床钻孔揭露，中坝址河床覆盖层物质成分复杂，由金沙江河流冲积物、堰塞湖相静水沉积物、崩（滑）堆积物组成，如图 9.3-1 所示。

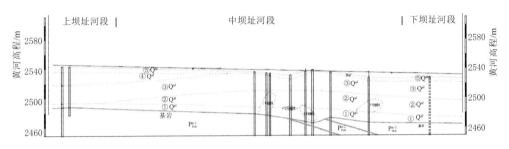

图 9.3-1 中坝址河床覆盖层分层示意图

在拉哇水电站振冲碎石桩施工过程中，利用开挖完成的超深振冲碎石桩施工过程智能化监控软件系统进行了施工过程的远程云端管理，围堰地基处理二期振冲碎石桩设计如图 9.3-2 所示。

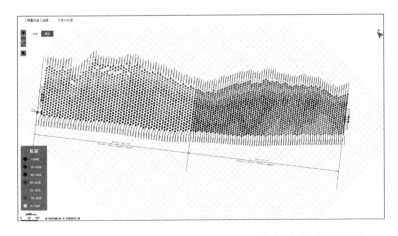

图 9.3-2 拉哇水电站上游围堰地基处理二期振冲碎石桩设计图

9.3.2 业务功能及管理

从 2020 年 12 月 5 日到 2021 年 3 月 20 日，在整个二期施工过程中，共采集到的 2622 根振冲碎石桩施工信息，总延米为 96168.12m，总的碎石桩料填筑为 11.06 万 m³。其中桩深超过 50m 的振冲碎石桩桩数共 373 根，桩深在 40～50m 的桩数为 868 根，桩深在 30～40m 的桩数为 709 根，桩深在 20～30m 的桩数为 389 根，桩深小于 20m 的浅桩桩数为 283 根，其总深度超过 70m 的桩数为 3 根，所打的最深振冲碎石桩桩深为 71.69m，打破了国内外振冲碎石桩最深纪录。二期振冲碎石桩施工总结如图 9.3-3 所示。

图 9.3-3　拉哇水电站上游围堰地基处理二期振冲碎石桩实际施工情况展示图

施工过程中进行了实时施工数据的采集与传输。整个二期施工过程中，总共采集到 1695 根桩的施工信息，施工信息共 1000 万条左右，1695 根桩的总延米数为 58998.18m，总的桩料填料量为 66725.37m³。通过施工数据分析得到的振冲碎石桩施工控制参数留振时间、施工电流、填料量以及推测得到的桩径等参数基本上都满足设计要求。其主要桩号的数据统计如图 9.3-4～图 9.3-12 所示。

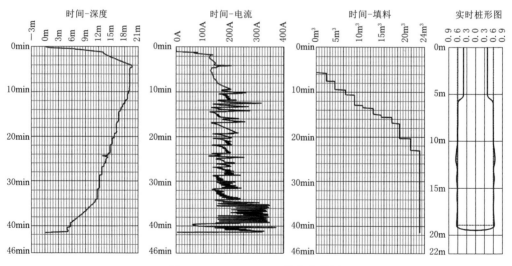

图 9.3-4　ⅡA-5018 综合曲线图

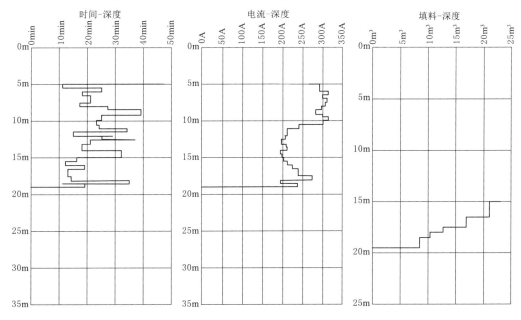

图 9.3-5　ⅡA-5018 质量分析线性图

振冲碎石桩施工记录表　日期：2021-03-09

工程名称：振冲碎石桩施工工程	施工区域：A区	桩号：ⅡA-5018
设计桩长：18.97m	设计桩距：2541.49m	设计桩径：1.2m

序号	造孔时间 开始	造孔时间 结束	深度(m)	上料时间 开始	上料时间 结束	填料量(m³)	孔径(m)	振密时间 开始	振密时间 结束	留振时间	造孔水压	通孔气压	电流(A)	深度(m)	SP TU	备注
1	01:46	01:50	19.52	01:51:50	01:51:50	2.35	1.36	01:56:40	01:56:50	19			237	19.01		
2				01:53:40	01:54:01	1.85	1.36	01:57:10	01:57:30	11			195	18.57		
3				01:55:36	01:56:09	2.41	1.36	01:57:49	01:58:22	35			195	18.51		
4				01:56:47	01:57:11	1.96	1.36	01:59:00	01:59:41	14			274	18.13		
5				01:58:53	01:59:22	1.79	1.36	01:59:41	01:59:55	13			239	17.51		
6				01:59:40	02:00:11	2.41	1.36	02:02:13	02:03:22	19			225	16.52		
7				02:01:31	02:01:38	1.74	1.36	02:05:00	02:05:10	12			212	16.05		
8				02:02:14	02:02:20	2.38	1.36	02:06:50	02:07:10	16			203	15.51		
9				02:03:04	02:03:34	1.72	1.36	02:07:40	02:08:02	24			199	15.01		
10				02:06:22	02:05:34	2.43	1.36	02:09:40	02:10:01	32			195	14.54		
11				02:09:06	02:09:32	2.07	1.36	02:10:50	02:11:22	18			212	14.02		
12								02:12:15	02:12:31	18			209	13.16		
13								02:12:51	02:13:13	18			187	13.16		
14								02:13:55	02:14:42	25			199	12.53		
15								02:14:43	02:15:48	25			208	12.51		
16								02:16:50	02:17:25	26			206	12.01		
17								02:17:53	02:18:00	26			213	12.01		
18								02:19:31	02:20:33	34			212	11.51		
19								02:20:55	02:21:21	24			241	11.09		
20								02:21:31	02:21:53	23			301	10.58		
21								02:21:53	02:22:25	23			314	9.95		
22								02:22:23	02:22:43	25			300	9.52		
23								02:22:47	02:23:25	39			283	9.2		
24								02:23:31	02:23:58	27			306	8.5		
25								02:23:55	02:24:13	26			306	8.05		
26								02:24:16	02:24:55	21			311	7.51		
27								02:24:36	02:24:51	21			300	7.0		
28								02:25:06	02:25:14	18			314	6.51		
29								02:25:23	02:25:45	25			293	6.03		
30								02:26:31	02:26:47	11			293	5.49		
31								02:26:57	02:27:48	47			267	5.02		

单桩施工质量验收评定表

单位工程名称	上游围堰地基处理工程	桩号	ⅡA-5018
分部工程名称	振冲碎石桩工程	施工单位	葛洲坝-北京振冲联合体
单元工程名称		施工日期	2021-03-09

项次		检验项目	质量标准	检查记录
主控项目	1	桩长	符合设计要求	14.59
	2	填料深度	粒径控制在20mm～80mm之间，20mm～40mm占比过小40%，40mm～80mm占比超过60%，个别最大粒径不超过100mm，小于5mm的泥的含量不超过10%，含泥量不大于3%	
	3	填料数量	1.41~1.62m³/m	23.11
	4	加密电流	170A～190A	243
	5	留振时间	10s~12s	23
	6	加密段长度	50cm	39
	7	施工记录	齐全、准确、清晰	
一般项目	1	孔深	18.97m	19.52
	2	桩径	120cm	136.0
	3	桩中心位置偏差	≤10cm	

单桩质量等级评定		质量等级
	经复核，主控项目检验点100%合格，一般项目逐项检验点的合格率不低于 ，且不合格点不集中分布，工序质量等级评定为：	
	（签字，加盖公章）　　年　月　日	
		质量等级
	经复核，主控项目检验点100%合格，一般项目逐项检验点的合格率不低于 ，且不合格点不集中分布，工序质量等级评定为：	
	（签字，加盖公章）　　年　月　日	

图 9.3-6　ⅡA-5018 施工报表

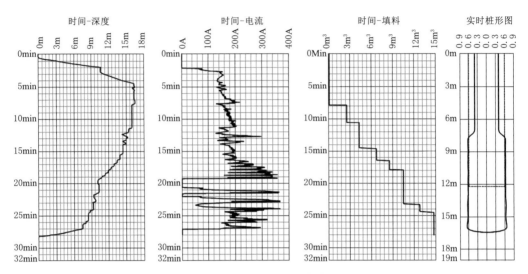

图 9.3－7　IIB－0219 综合曲线图

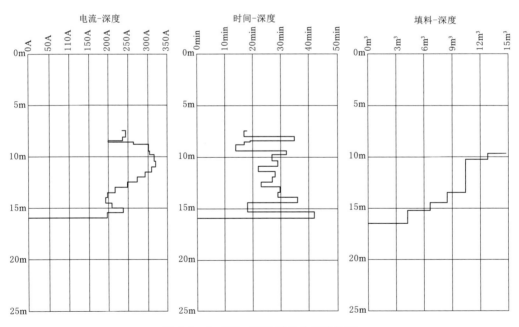

图 9.3－8　IIB－0219 质量分析线性图

振冲碎石桩施工记录表　　日期：2021-03-12

工程名称：振冲碎石桩施工工程　　施工区域：B区　　桩号：IIB-0219

设计桩长：12.28m　　设计桩高：2538.15m　　设计桩径：1.2m　　振冲器编号：

序号	变频器组频率	造孔时间开始	造孔时间结束	深度(m)	上料时间开始	上料时间结束	填料量(m²)	孔径(m)	振密时间开始	振密时间结束	留振时间(s)	造孔水压bar	造孔气压bar	电流(A)	深度(m)	SP TN	备注
1		04:19	04:27	16.51	04:27:26	04:27:56	2.44	1.38	04:30:30	04:31:32	42			197	15.97		
2					04:30:09	04:30:39	1.76	1.38	04:32:40	04:33:00	18			238	15.4		
3					04:34:11	04:34:41	2.43	1.38	04:33:39	04:33:59	18			210	14.98		
4					04:36:06	04:36:36	1.84	1.38	04:34:09	04:35:22	36			193	14.46		
5					04:37:30	04:38:00	1.94	1.38	04:35:52	04:36:24	29			198	13.96		
6					04:42:53	04:43:23	2.35	1.38	04:36:33	04:37:00	30			219	13.48		
7					04:44:05	04:44:35	1.94	1.38	04:37:10	04:37:30	23			249	12.95		
8									04:37:37	04:38:07	27			274	12.45		
9									04:38:05	04:38:35	28			293	11.95		
10									04:38:35	04:38:55	29			310	11.45		
11									04:38:59	04:39:29	29			320	10.94		
12									04:41:16	04:41:46	26			316	10.37		
13									04:42:13	04:43:11	32			305	9.79		
14									04:44:03	04:44:13	14			302	9.41		
15									04:44:17	04:44:32	26			264	8.79		
16									04:44:38	04:45:18	19			201	8.54		
17									04:45:15	04:45:56	35			238	8.43		
18									04:45:56	04:46:17	17			245	8.04		
19									04:46:49	04:47:06				237	7.46		

单桩施工质量验收评定表

单位工程名称	上游围堰地基处理工程	桩号	IIB-0219
分部工程名称	振冲碎石桩工程	施工单位	基础局·北京振冲联合体
单元工程名称		施工日期	2021-03-12

	项次	检验项目	质量标准	检查记录
主控项目	1	桩长	符合设计要求	9.05
	2	填料质量	粒径控制在20mm~80mm之间，20mm~40mm占比约40%，40mm~80mm占比约60%，个别最大粒径不超过100mm，小于5mm粒径的含量不超过10%，含泥量不大于5%	14.7
	3	填料数量	1.41~1.62m³/m	14.7
	4	加密电流	170A~190A	247
	5	留振时间	10s~12s	25
	6	加密段长度	50cm	38
	7	施工记录	齐全、准确、清晰	
一般项目	1	孔深	12.28m	16.50
	2	桩径	120cm	138.0
	3	桩中心位置偏差	≤10cm	

单桩质量等级评定：　　　质量等级

经复核，主控项目检验点100%合格，一般项目逐项检验点的合格率不低于____，且不合格点不集中分布。工序质量等级评定为：

(签字，加盖公章)　　年 月 日

质量等级

经复核，主控项目检验点100%合格，一般项目逐项检验点的合格率不低于____，且不合格点不集中分布。工序质量等级评定为：

(签字，加盖公章)　　年 月 日

图 9.3-9　IIB-0219 施工报表

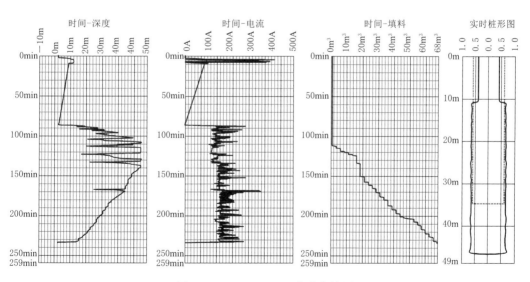

图 9.3-10　IIB-3101 综合曲线图

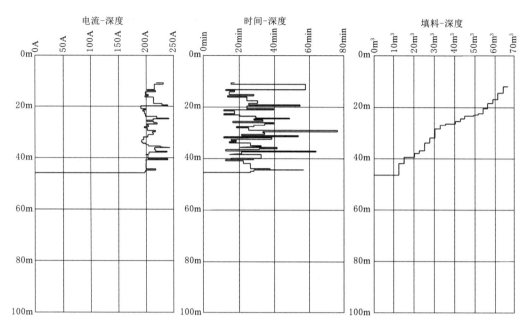

图 9.3－11　IIB－3101 质量分析线性图

振冲碎石桩施工记录表　日期：2021-02-06

工程名称：振冲碎石桩施工工程　施工区域：B区　桩号：IIB-3101

设计桩长：34.89m　设计标高：2533.03m　设计桩径：1.2m　振冲器型号：

序号	造孔时间 开始	造孔时间 结束	深度(m)	上拔时间 开始	上拔时间 结束	填料量(m³)	孔径(m)	振冲时间 开始	振冲时间 结束	留振时间(s)	造孔气水压力 bar	振冲气水压力 bar	电流(A)	深度(m)	SP TN	备注
1	11:07	12:55	46.79	12:59:30	13:00:00	2.51	1.48	13:28:03	13:28:33	27			198	45.8		
2				13:02:15	13:02:45	2.62	1.48	13:28:57	13:29:27	29			200	45.32		
3				13:06:01	13:06:31	2.59	1.48	13:29:41	13:30:44	57			203	44.79		
4				13:07:14	13:07:44	2.42	1.48	13:30:41	13:31:23	38			218	44.79		
5				13:09:31	13:10:01	1.9	1.48	13:31:33	13:32:00	27			201	44.3		
6				13:11:21	13:11:51	2.56	1.48	13:34:41	13:34:53	22			200	42.3		
7				13:21:18	13:21:48	2.27	1.48	13:39:20	13:39:33	13			200	41.28		
8				13:37:31	13:38:00	2.6	1.48	13:39:41	13:40:11	29			209	40.81		
9				13:44:28	13:44:58	2.67	1.48	13:40:24	13:40:44	16			239	40.8		
10				13:48:43	13:49:13	2.53	1.48	13:40:55	13:41:23	3			204	40.31		
11				13:52:47	13:53:17	2.4	1.48	13:49:55	13:50:01	5			206	38.79		
12				13:58:02	13:58:33	2.63	1.48	13:22:11	13:22:33	22			206	38.52		
13				14:03:27	14:03:55	2.45	1.48	12:56:41	12:58:06	64			238	37.77		
14				14:07:00	14:07:32	2.64	1.48	13:58:00	13:58:21	13			218	37.42		
15				14:14:14	14:14:44	2.57	1.48	13:59:03	13:59:57	2			216	36.86		
16				14:18:54	14:19:22	2.65	1.48	13:59:11	13:59:53	42			216	36.51		
17				14:24:04	14:24:33	2.56	1.48	13:56:11	13:56:47	21			243	36.0		
18				14:27:41	14:28:11	2.09	1.48	14:00:11	14:00:43	33			226	35.77		
19				14:29:40	14:30:00	1.97	1.48	14:01:01	14:01:32	27			205	35.36		
20				14:30:32	14:30:52	2.1	1.48	14:01:53	14:02:02	25			200	34.29		
21				14:30:41	14:31:12	2.21	1.48	14:02:41	14:02:53	15			195	34.29		
22				14:34:21	14:34:52	2.47	1.48	14:03:31	14:03:55	2			192	33.79		
23				14:38:56	14:39:22	2.36	1.48	14:04:01	14:04:43	5			193	33.31		
24				14:44:11	14:44:44	2.64	1.48	14:04:55	14:05:37	39			197	32.84		
25				14:49:01	14:49:32	2.4	1.48	14:05:53	14:06:11	12			196	32.28		
26				14:53:32	14:54:02	2.69	1.48	14:06:21	14:07:22	54			204	31.82		
27				14:58:51	14:59:21	2.45	1.48	14:07:33	14:08:01	23			205	31.31		
28								14:08:01	14:08:41	35			214	30.85		

单桩施工质量验收评定表

单位工程名称	上杨围堰地基处理工程	桩号	IIB-3101
分部工程名称	振冲碎石桩工程	施工单位	基础局·北京振冲联合体
单元工程名称		施工日期	2021-02-06

项次		检验项目	质量标准	检查记录
主控项目	1	桩长	符合设计要求	36.01
	2	填料深度	桩径控制在20mm~80mm之间，20mm~40mm占比约40%,40mm~80mm占比约60%，个别最大粒径不超过100mm,小于5mm粒径的含量不超过10%，含泥量不大于5%	
	3	填料总量	1.41~1.62m³/m	67.07
	4	加密电流	170A~190A	208
	5	留振时间	10s~12s	29
	6	加密段长度	50cm	24
	7	施工记录	齐全、准确、清晰	
一般项目	1	孔深	34.89m	46.79
	2	桩径	120cm	148.0
	3	桩中心位置偏差	≤10cm	

			质量等级
单桩质量等级评定	经复核，主控项目检验点100%合格，一般项目逐项检验点的合格率不低于　，且不合格点不集中分布。工序质量等级评定为：		
		（签字，加盖公章）　　　年　月　日	
			质量等级
	经复核，主控项目检验点100%合格，一般项目逐项检验点的合格率不低于　，且不合格点不集中分布。工序质量等级评定为：		
		（签字，加盖公章）　　　年　月　日	

图 9.3－12　IIB－3101 施工报表

第 10 章 基于 BIM 技术的土石方开挖智能化施工

10.1 土石方开挖智能化施工与 BIM 融合分析

土石方开挖施工受地形地貌、开挖坡深尺寸等影响较大，施工质量较难控制。基于 DEM＋BIM 模型，建立土石方开挖智能施工管理系统，开展地形地貌、机械参数、开挖深度、开挖宽度、开挖坡度等指标分析，并基于开挖体型特征进行多次重叠几何数物孪生，实现开挖过程实时数据三维形象与施工渲染、数据挖掘与动态互馈，形成一套基于 BIM 模型的土石方开挖智能施工管控体系。

土石方施工与 BIM 模型之间的数据融合，可大致分为以下几个方面：

（1）BIM 模型搭建。利用土石方开挖设计文件中的体型设计和施工组织设计，建立水利工程三维数字化的整体模型，并按照单位工程、分部分项工程、单元工程进行分解，并以单元工程为最小颗粒度，完成工程数据模型的建设。

（2）信息编码体系建设。土石方开挖工程以单位工程、分部分项工程、单元工程进行编码，BIM 模型以最小颗粒度编码，并将地形地貌、开挖深度、开挖宽度、开挖坡度等指标与 BIM 模型建立一一对应联系，实现施工全过程流程与模型匹配，赋予施工全过程信息查询与渲染。

（3）进度管理。以开挖布设、开挖过程为主线，以时间为驱动引擎，建立土石方开挖施工的动态进度模型，实现工程目标数据模型的规划与预期计划。

（4）质量管理。依据施工组织设计中要求的单元质量划分和评定，建立以土石方开挖施工为主线的管理模式，开展施工全流程的质量评定管理，并将质量流程与评定和 BIM 模型衔接，实现已评定、正在评定和未评定三区管理，不合格、合格、良好、优秀等四级管控，实现土石方开挖施工三区四级智能质量评定体系。

通过土石方开挖信息化施工管理需求与现状调研，开展工程信息、实时监控、质量分析、三维渲染等功能分析，进行"人-机-料-法-环"等方面资源的优化与配置，通过动态的优化规划与实际工程数据对比反馈分析，不断提升土石方开挖施工管理的信息化管控。

10.2 土石方开挖施工智能监控架构与功能

10.2.1 系统架构

基于土石方开挖施工过程控制参数，进行土石方开挖施工控制的硬件改进、安装及调试，并进行面向工程建设管理者和面向碾压设备驾驶员所使用系统的智能监控系统的开发与调试，为土石方开挖施工质量的控制和检验提供重要参考与指导，保证土石方开挖施工质量能够满足设计及规范要求。土石方开挖施工智能监控系统整体采用基于 B/S 的三层体系架构（数据层、业务处理层、展现层），如图 10.2-1 所示，软件系统平台部署在应用服务器（云服务器）上，主要业务功能通过网页浏览器操作完成，操作简单方便。

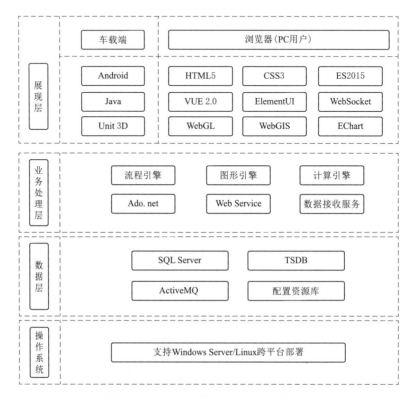

图 10.2-1　土石方开挖施工智能监控系统

在业务处理层系统采用微软 .NET Core 作为主要的业务开发基础平台；.Net Core 为微软最新的企业及互联网应用开发平台，技术先进，跨平台部署。

在数据层，系统采用微软 SQL Server 关系数据存储大部分类型的基础及业务数据，采用 TSDB 时序数据库，处理终端采集的大规模时序特征数据；SQL Server 是微软先进、成熟、稳定的关系数据库管理系统，支持 SQL 2012 规范；TSDB 是百度针对大规模时序特征数据处理研发的时序数据库，针对大规模时序数据处理提供深度优化及增强的数据处理及分析算法，是本系统中大规模挖掘记录数据的基础平台，提供了稳定高效的数据处理分析功能。

在数据展现层，采用符合业界最新规范的 HTML5、CSS3、ES2015、VUE 2.0 等数据展现层技术，为用户提供简洁、直观、易用的交互界面。

为提高多终端、大规模数据采集、计算、分析的稳定性、高效性，系统引入消息队列技术，作为数据采集处理的缓冲区，为系统稳定、高效运行提供保障。

10.2.2　硬件设备

挖掘机的机械结构按功能划分为行走装置和工作装置。其中挖掘机的工作装置主要是由铲斗、斗杆、动臂和底盘等共同组成，如图 10.2-2 所示。从机器人运动学分析，将挖掘机工作装置抽象成有四个自由度的四连杆机构。挖掘机的工作装置在回转平台的驱动下进行旋转运动，动臂在动臂液压缸的驱动下绕 A 点进行回转；斗杆在斗杆液压缸的驱动下绕斗杆和动臂的铰接点 C 点进行回转；铲斗在铲斗液压缸的驱动下绕斗杆和铲斗的铰接点 Q 点进行回转运动。结构简图如图 10.2-3 所示。

1—斗杆；2—铲斗液压缸；3—铲斗；4—斗杆液压缸；
5—斗杆；6—动臂液压缸；7—驾驶室；8—回转底盘

图 10.2-2　某型号挖掘机实物图

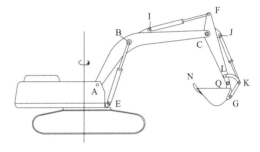

图 10.2-3　挖掘机结构简图

土石方开挖质量控制管理智能系统中硬件设备主要包括安装在挖掘机设备上的高精度定位接收机、高精度传感器及通过数据差分为挖掘机设备提供精确位置参数的 RTK 定位基站等 3 个方面。

安装在挖掘机设备上的施工监控硬件设备如图 10.2-2 所示。

（1）实时定位设备。实时定位设备包括天线、车载接收机和电台等。

1）天线为 GPS-702-GG，双频零相位天线，如图 10.2-4 所示。

2）接收机为 C201，如图 10.2-5 所示。

图 10.2-4　GPS-702-GG 双频零相位天线

图 10.2-5　C201 接收机

C201 接收机可封装多款 OEM 板卡。该产品有两个串口可以与外部设备进行通信，配有天线接口、电源输入口等。适合于低成本、低功耗领域北斗 GPS 多系统定位、RTK、授时等应用。本款接收机内可封装 BDM100/651/670/680/683 型板卡，C201 - AT 型采用 DB9 串口输出，C201 - NT 型采用 RJ45 网口输出。

3）电台为无线数传电台，如图 10.2 - 6 所示。

（2）角度传感器的选用。土石方开挖施工过程中，挖掘机工作环境恶劣，车身工作会产生剧烈抖动，为精确实时测定挖掘机铲斗的实时位置，采用高精度的角度传感器实时测定挖掘机车身各个结构的倾角；另外，所选用的角度传感器应具有防尘防水抗振的功能，如图 10.2 - 7 所示。

图 10.2 - 6　无线数传电台　　　　　图 10.2 - 7　高精度动态倾角传感器

倾角器内置水平和垂直两种倾角测定程序模式，安装在车身的角度传感器采用水平程序模式，用于检测车体左倾还是右倾，前仰还是后仰。安装在铲斗、斗杆、动臂的角度传感器选用垂直程序模式，动态检测铲斗、斗杆、动臂的倾角。

（3）操作平台。选用 Nvidia Jetson Nano，该设备使用的是 Maxwell 架构的 GPU，有 128 个 Cuda 核心，运算能力 472G，4 核心 A57 处理器，运行 Linux for Tegra。其具体技术指标如图 10.2 - 8 所示。

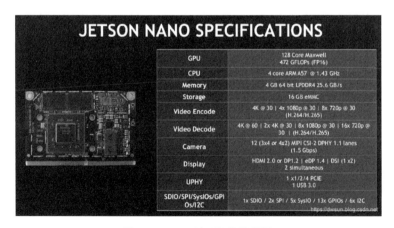

图 10.2 - 8　NANO 性能指标

10.2.3　软件功能

软件系统实现土石方开挖施工数据实时展示与分析，供现场以及后方的工程建设管理人员使用，为土石方开挖施工现场管理与快速调度提供重要的管理手段。另外，软件系统还包括在平板电脑中安装的单机施工数据展示软件，为土石方开挖施工机械人员提供操作参考与纠偏提醒。

土石方开挖施工智能监控系统的主要功能模块有以下几个方面：

（1）实施工况模块。利用该模块可以实现对土石方开挖施工过程中施工设备的碾压速度、碾压设备振动状态、施工区域碾压遍数等进行实时监控。

（2）基础信息模块。基础信息模块包括工程概况、工程划分、单位管理、用户管理和车辆管理，主要是对工程建设中的相关用户，包括施工方、监理以及项目法人代表等不同用户权限、登录账号以及密码等方面进行管理，保证不同的用户能够在各自的权限内进行数据分析及相关管理功能。

（3）质量检测模块。质量检测模块是土石方开挖施工智能监控系统中最重要的模块，其功能是在施工结束后，对一定的施工时间中某施工区域采集到的碾压数据进行综合分析，包括碾压遍数、行车轨迹等方面，重演土石方开挖施工实施过程。根据施工区域分析结果，可为单元工程质量检测所进行的压实度检测提供参考，便于单元工程质量检验，保证土石方开挖施工质量控制。另外，该模块可展示碾压完成区域内碾压面积达标的百分比、碾压平均速度以及该层的碾压平均层厚。

为更形象分析不同剖面中碾压层厚及不同层之间的结合情况，该系统提供任意沿着道路中线或者垂直道路中线的碾压数据剖面分析功能，可以全方位地了解土石方开挖施工过程及数据。

（4）单元报表模块。在实际工程建设中，每一个单元工程或每一个分区施工完成之后，可由系统自动生成该施工区域的单元报表，包括报表信息、点选采样或者框选采样检测点位置等信息以及相关的施工状态的图形等内容，可作为施工质量评价的重要附件，为保证土石方开挖施工质量检验与评价提供重要的参考与支撑资料。

（5）工程统计模块。工程统计模块主要是对土石方开挖施工机械管理人员进行使用的，利用该功能模块，可以进行单台碾压机械某段时间内的施工工效统计分析，包括碾压长度、碾压面积、不同碾压遍数所对应的碾压面积统计等。另外，该界面可以展示该台施工机械的某段时间内的施工形象示意图，为施工机械管理人员对某设备的统计分析提供技术手段，为现场施工管理人员进行不同阶段机械操作手的操作效率进行绩效管理提供重要的手段，有效提高土石方开挖的施工操作水平、施工管理水平等，实现施工机械的高效利用与高效管理，提高施工效率，节省施工成本。

（6）数据管理模块。在数据管理模块中，主要按照工程划分的结果对采集到的碾压施工过程数据进行系统管理与分析，并且能够通过不同的道路工程分区进行数据查找与查看。另外在该模块中还对系统中的每条数据的开始时间与结束时间以及不同的碾压设备都进行区分，这样就为工程管理人员对于施工控制提供重要的资料。

另外，在数据文件上传到系统服务器中时，系统会实时分析数据文件，提取重要的信息对数据文件的归类进行判别。主要判别的指标有机车代码、施工开始与结束时间以及相关的数据采集点的坐标，将数据文件精确地归到分解单元中去，便于数据管理与分析。

（7）系统管理模块。系统管理模块中，对工程中主要的参数设置有碾压遍次图，用来确定不同碾压遍数的颜色，使得数据分析结果能够以颜色层次的云图进行展示。

（8）面向挖掘设备操作员的土石方开挖施工智能监控系统。对于在土石方开挖施工过程中的每一台挖掘设备，该台挖掘设备的挖掘遍数、设备挖掘速度、挖掘振动状态以及挖掘轨迹等实时施工信息实时地在安装在挖掘设备驾驶室中的平板终端上显示出来。若挖掘设备偏离设定的挖掘参数范围，平板终端将会及时提示设备操作人员进行操作修正，保证挖掘施工过程能够按照既定的挖掘施工参数进行。利用该软件系统可以为挖掘设备操作人员提供重要的操作引导与操作纠偏，从而保证土石方开挖施工质量。

10.3　江巷水库挖库垫地土石方开挖施工智能监控

10.3.1　业务搭建

（1）车载硬件安装与调试。土石方开挖质量控制管理智能系统中硬件设备主要包括安装在挖掘机设备上的高精度定位接收机、高精度传感器及通过数据差分为挖掘机设备提供精确位置参数的 RTK 定位基站等 3 个方面。

通过硬件安装与联合调试，保证设备的精确定位信息能够实时采集并且及时传输至驾驶室平板终端与后台服务器中，保证机械操作员、施工单位管理人员、监理人员及工程建设管理人员都能够通过不同的系统实时掌握土石方开挖施工状态。

安装在挖掘机设备上的施工监控硬件设备如图 10.3-1 所示。

对于在土石方开挖施工过程中的每一台挖掘机而言，该台挖掘机的开挖断面、开挖方面、是否欠挖和超挖以及开挖边坡的坡比等实时施工信息实时地在安装在驾驶室中的平板终端上显示出来，为挖掘机操作人员进行土石方开挖提供智能引导功能，并减少施工技术员放样放线工作。本系统可以为挖掘机驾驶员提供精确定位功能，如图 10.3-2 所示。该功能可以引导驾驶员自行前往开挖区域，节省施工技术员在开挖前进行施工放线工作，提高整个工程建设的施工效率。

图 10.3-1　安装在挖掘机设备上的施工监控硬件设备　　图 10.3-2　工业级平板电脑显示界面

该平板终端精巧、可靠、结实，搭载 Android 4.3 操作系统，8 寸高亮屏幕，集终端信息显示、数据通信枢纽功能于一体，强固型防护结构设计、丰富的扩展接口，可为土石方开挖施工机械操作中提供重要的引导与提醒，保证工程施工质量。适于安装在工程机车驾驶室、监控室等各种恶劣场地环境。

平板终端设备主要有几个方面的特点：①硬件性能为 Freescale 工业级核心硬件平台，双核 CotexA9 处理器；②强固型的结构为 IP65 防护，抗冲击振动设计；③高亮显示屏在阳光直射下也能高清显示可读；④工业级电阻屏可支持手套操作的触控屏幕，方便施工人员触控操作；⑤极速通信数据采集为自带 3G＋电台双通信，数据链稳定。

GPS 基站与相关电台，主要用来对土石方开挖施工设备上安装的高精度定位接收机进行数据交互，通过差分数据精确定位挖掘机设备位置，并通过电台将相关数据实时发送到后台系统中。

（2）智能系统云端开发。面向工程建设管理者的土石方开挖质量管理系统主要是结合工程建设管理者对土石方开挖施工过程实时监控的需求，开展系统开发与编制工作。主要的需求有以下几个方面：实时工况模块，工程信息模块（工程概况、工程划分、用户管理、单位管理、车辆管理和司机管理），质量监测模块（平面分析与剖面分析），工程统计模块（方量统计与工时统计），数据管理模块（挖掘记录、挖掘信息及挖掘位置），单元报表模块和系统管理模块。

根据以上几个方面的通用需求，开展面向工程管理者的土石方开挖质量管理系统的开发。

土石方开挖质量管理系统的结构示意图如图 10.3－3 所示，主要可以分为三层，第一层是系统数据库及基础技术层，该层面服务器等计算资源基于主体工程建设信息云平台系统中 IaaS 层，相关物联网技术是结合安装在挖掘机设备上的专有仪器开发的；第二层主要是系统中间件层，与主体工程建设信息云平台系统中 PaaS 层相关内容一致；第三层是系统应用层，主要是将各种信息通过系统用户界面展示出来，为工程施工过程质量控制以及工程优化调整提供参考与支撑。在系统的编制中，主要以现行水利水电工程相关标准、规范、政策及法规为相关依据。

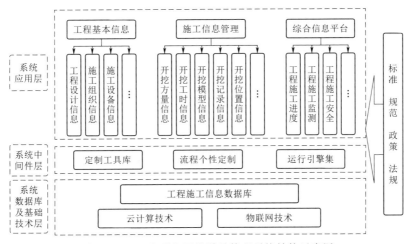

图 10.3－3　土石方开挖质量管理系统结构示意图

（3）智能系统 PAD 端开发。在挖掘机驾驶室中安装平板电脑，平板电脑中提前预装面向挖掘机设备操作员的土石方开挖质量控制管理智能系统，系统可实时显示将该台挖掘机的开挖断面、开挖方量、是否欠挖和超挖以及开挖边坡的坡比等实时施工信息，为挖掘机操作人员进行土石方开挖提供智能引导功能，减少施工过程中技术员放样放线工作。该系统为挖掘机驾驶员提供精确定位功能，引导驾驶员自行前往开挖施工区域，节省施工技术员在开挖前进行施工放线工作，提高整个工程建设的施工效率。利用该软件系统，为挖掘机操作人员提供重要的操作引导与操作纠偏，从而保证土石方开挖质量。

10.3.2　业务功能及管理

10.3.2.1　车载 PAD 端

在挖掘机驾驶室中安装平板电脑，平板电脑中安装面向挖掘机设备操作员的土石方开挖质量控制管理智能系统，该系统能够实时显示该台挖掘机的开挖断面、开挖方量、是否欠挖和超挖以及开挖边坡的坡比等实时施工信息，为挖掘机操作人员进行土石方开挖提供智能引导功能，减少施工过程中技术员放样放线工作。另外，该系统可以为挖掘机驾驶员提供精确定位功能，如图 10.3-4 所示，引导驾驶员自行前往开挖施工区域，使得挖掘机驾驶员在没有施工技术员施工放线的情况下实现自主、高效施工，提高土石方开挖工程建设的施工效率。

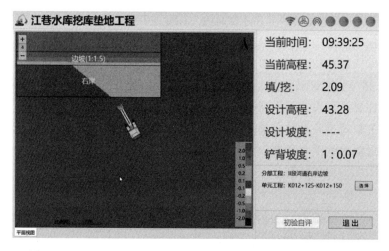

图 10.3-4　土石方开挖质量控制管理智能系统平板终端系统界面

该系统能够为挖掘机操作人员提供重要的操作引导与操作纠偏，保证土石方开挖施工质量满足设计和规范的要求。平板终端系统如图 10.3-5～图 10.3-8 所示，图中 A（当前高程）代表铲尖位置的实时高程；图中 B（填/挖）代表铲尖位置的实时高程与设计高程的差值，为挖掘机驾驶员提供引导，当 B 值为正值，说明该位置欠挖，需要继续开挖施工，当 B 值为负值，说明该位置超挖，在后续的施工过程中应进行填方；图中 C（铲背坡度）代表铲背的实时坡度，将铲背平放在已开挖的边坡坡面，实时解算该边坡的坡比，为驾驶员提供实时引导，使开挖作业做到一次成型，减少施工技术员测量检测工作；图中 D 可选择开挖所在位置的分部工程和单元工程。

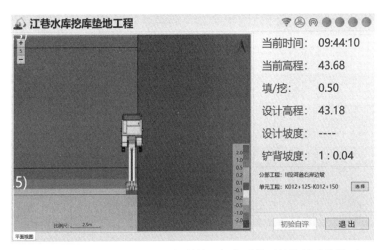

图 10.3-5 土石方开挖质量控制管理智能系统平板终端系统界面

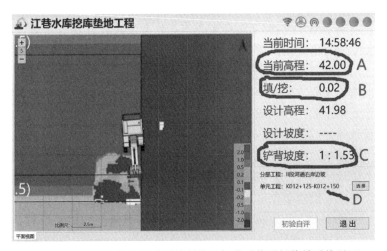

图 10.3-6 土石方开挖质量控制管理智能系统平板终端系统界面

图 10.3-7 土石方开挖边坡开挖控制

图 10.3 - 8　土石方开挖高程测量控制

　　驾驶员在进行边坡开挖和坡度控制时，将铲背贴放在已开挖的边坡上，可以实时测定该边坡的坡比，前端 PAD 实时显示该位置是否超挖和欠挖；驾驶员在进行河底开挖高程控制时，将铲尖贴放在已开挖的河底处，可以测定该位置的实时高程，前端 PAD 实时显示该位置的设计高程以及是否超挖和欠挖达到高程控制的目的。土石方开挖质量控制管理智能系统极大地简化土石方开挖施工中高程控制、坡度控制的施工流程，降低了开挖施工难度；使开挖作业基本做到一次成型，减少复工工作量、提高施工效率、降低施工成本。

10.3.2.2　远程云端

　　（1）实时工况模块。实时工况模块可以实现挖掘机开挖施工过程中自动生成挖掘模型，在平面图上实现不同部位的桩号及比例尺进行展示，实时显示某台挖掘机实时施工过程信息，为施工单位、监理单位以及工程建设管理单位对土石方开挖实时施工过程进行控制与实时调度，保证土石方开挖施工过程有序、高效，该模块功能如图 10.3 - 9 所示。

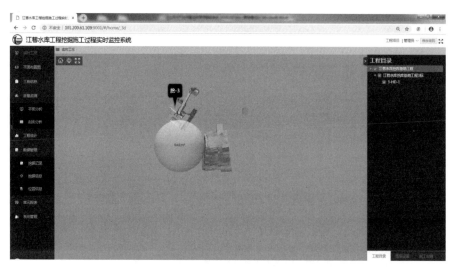

图 10.3 - 9　土石方开挖过程实时数据分析界面

实时工况功能以 BIM＋WebGIS 方式可视化展示施工现场的实时施工状况，包括施工机具开挖位置、开挖深度、开挖坡面控制情况、工程施工进度等内容。利用该模块，实现对土石方开挖施工过程中施工设备的开挖方量、开挖工时以及开挖边坡的坡比等进行实时监控。其中，在该模块中，挖掘机上方的圆框内所标示的数据实时展示挖掘机每一铲斗开挖的土方量。

（2）平面布置图。系统支持导入 CAD 平面布置图，在线预览，方便施工查阅。该模块功能如图 10.3－10 所示。

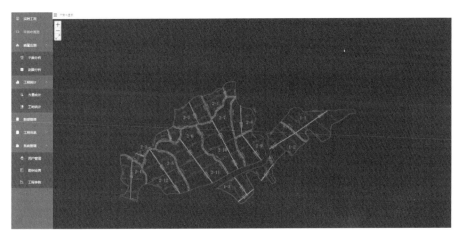

图 10.3－10　平面布置图界面

（3）工程信息模块。工程信息模块包括工程概况、工程划分、单位管理、用户管理、车辆管理和司机管理，对工程建设中的相关用户（包括施工方、监理方以及项目法人代表等）不同权限、登录账号以及密码等方面进行管理，保证不同的用户能够在各自的权限内进行使用，系统管理模块如图 10.3－11～图 10.3－14 所示。

图 10.3－11　工程概况界面

177

图 10.3 - 12　工程划分界面

图 10.3 - 13　车辆管理界面

图 10.3 - 14　司机管理界面

（4）质量监测模块。质量监测模块是土石方开挖质量控制系统中最重要的模块，主要对一定的施工时间中某施工区域采集到的挖掘数据进行综合分析，该模块可实时监控开挖断面的高程和坡比是否达到设计和规范要求。根据施工区域分析结果，为单元工程质量检测所进行的断面测量提供参考，便于单元工程质量检验，保证土石方开挖施工质量控制。典型的施工质量分析界面如图 10.3-15～图 10.3-18。

1）平面分析。针对每个单元工程，通过实际开挖线与设计线及原地面线的对比分析，计算每个部位的开挖完成情况（开挖深度），并通过颜色云图方式展现；以不同颜色及色差表达未开挖部位、已完工部位及超挖、欠挖等情况，支持用户自定义颜色配图，如图 10.3-15 所示。

图 10.3-15　平面分析界面

平面分析图直观明了地展现了每个单元工程的开挖施工状况，包括开挖位置、深度、面积等，为工程管理提供可靠的数据依据。工程管理人员可以根据各单元的开挖平面分析图及相关数据，对单元工程完成审核。

2）剖面分析。在本系统中，为了更形象分析不同剖面中开挖断面情况，还需开发垂直设计中心线的开挖数据剖面分析功能，类似目前医疗机构中所采用的 CT 技术，以便全方位地了解土石方开挖施工过程及数据，可以准确显示土石方开挖断面与设计断面的差异，为土石方开挖施工管理提供实时监控技术。具体界面如图 10.3-16～图 10.3-18 所示。

（5）工程统计模块。工程统计模块主要是对土石方开挖施工机械管理人员进行使用的，系统支持按周期（日、月、年）、车辆、时段等方式或维度统计各施工车辆的施工工程量（方量），并以数据表、柱状图、饼图方式展现，为施工机械管理人员对某设备的统计分析提供了技术手段，该模块示意图如图 10.3-19 和图 10.3-20 所示。

（6）数据管理模块。数据管理模块按照工程划分的结果对采集到的土石方开挖过程数据进行系统管理与分析，可通过车辆 ID 进行数据查找与查看。在该模块中，挖掘记录子模块实时记录挖掘机每一铲斗所开挖的土方量；挖掘信息子模块实时记录任意时刻挖掘机铲斗两端位置的坐标以及车辆的方位信息；位置信息子模块实时记录挖掘机

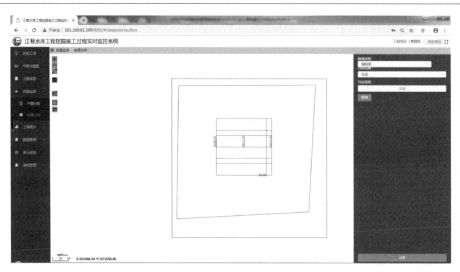

图 10.3－16　选择任意断面进行剖面分析

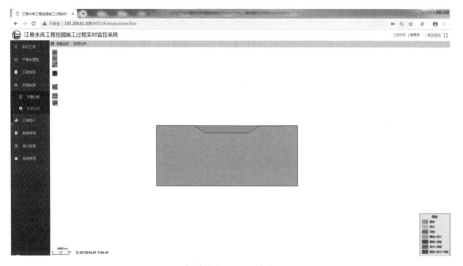

图 10.3－17　任意剖面的设计断面与原始断面

车顶 GPS 的实时坐标；另外，在该模块中还对系统中的每条数据的开始时间、结束时间以及设备编号进行归档保存，为工程管理人员对于施工控制提供参考资料，如图 10.3－21 所示。

在数据文件上传到系统服务器中时，该模块中实时分析数据文件，提取重要的信息对数据文件的归类进行判别，主要判别的指标有车辆 ID、施工开始与结束时间以及相关的数据采集点的坐标，便于数据管理与分析。通过数据管理模块能够查询所有采集的原始数据，方便运维调试等工作。该模块支持按车辆、时间范围查询原始压实数据记录。

（7）单元报表模块。在实际工程建设中，单元工程或分区施工完成之后，在左侧可选择单元工程，由系统自动加载单元工程施工质量评定表，可作为施工质量评价的重要附件，为土石方开挖施工质量检验与评价提供重要支撑资料。并可根据用户需要定制质量验收表表样，支持在线打印输出，如图 10.3－22 所示。

图 10.3-18 开挖断面实时情况

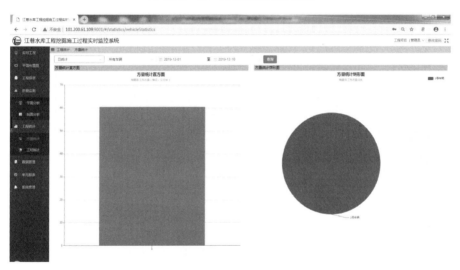

图 10.3-19 所有机械日开挖方量统计界面

（8）系统管理模块。系统管理模块主要是对土石方开挖中施工参数进行土石方碾压设置，这部分设置工作是根据目前土石方开挖施工组织计划以及设计文件后确定的最终施工过程控制参数，是土石方开挖施工质量分析中重要的评价标准。在图例设置子模块中，采用不同的颜色等信息对不同的施工状态进行描述，如图 10.3-23 所示。

在这部分中，主要的参数设置有：①高度云图，确定不同开挖位置高程的颜色，使得数据分析结果能够以颜色层次的云图进行展示；②高度差云图，确定不同开挖位置与设计高程的差值的颜色，即代表当前位置所需开挖的深度的数值，使得数据分析结果能够以颜色层次的云图进行展示；③截面图，确定不同高程的开挖情况，其功能基本上与高度云图设置功能相同。

在工程参数子模块中，对土石方开挖中三维模型的建模及计算进行设置，如图 10.3-24 所示。

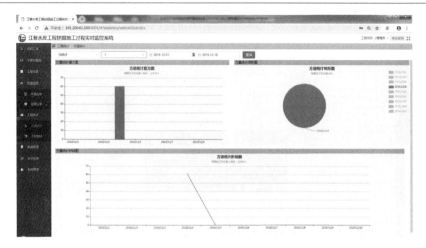

图 10.3-20　单台机械日开挖方量统计界面

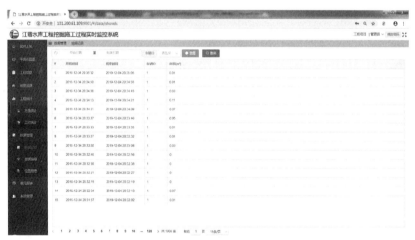

（a）挖掘记录子模块

（b）挖掘信息子模块

图 10.3-21（一）　土石方开挖施工过程系统中数据管理界面

（c）位置信息子模块

图 10.3-21（二）　土石方开挖施工过程系统中数据管理界面

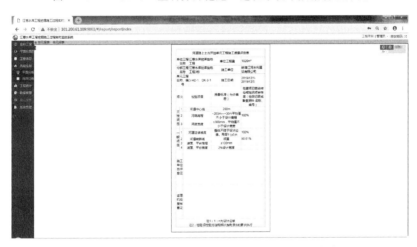

图 10.3-22　土石方开挖施工单元工程施工质量评定表界面

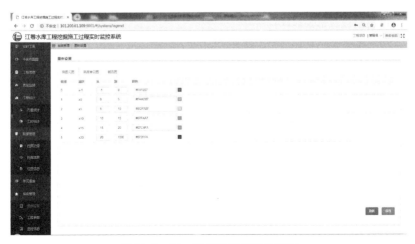

图 10.3-23　图例设置子模块界面

图 10.3 - 24 系统相关信息设置界面

第 11 章 基于 BIM 技术的大坝填筑智能化施工

11.1 大坝填筑施工与 BIM 融合分析

大坝填筑施工受坝料特性、碾压机械等影响较大，施工质量较难控制。基于 GIS＋DEM＋BIM 模型，建立大坝填筑智能施工管理系统，开展坝料级配、含水量、碾压遍数、碾压速度、碾压轨迹、振动状态等指标分析，并基于不同坝料的碾压质量进行碾压区域数物孪生，实现大坝填筑过程实时数据三维形象与施工渲染、数据挖掘与动态互馈，形成一套基于 BIM 模型的大坝填筑智能施工管控体系。

大坝填筑施工与 BIM 模型之间的数据融合，可大致分为以下几个方面：

（1）BIM 模型搭建。利用大坝填筑施工设计文件中的体型设计和施工组织设计，建立水利工程三维数字化的整体模型，并按照单位工程、分部分项工程、单元工程、碾压仓位进行分解，并以碾压仓位为最小颗粒度，完成工程数据模型的建设。

（2）信息编码体系建设。大坝填筑施工工程以单位工程、分部分项工程、单元工程、碾压仓位进行编码，BIM 模型以最小颗粒度编码，并将坝体分区、坝料特性、碾压遍数、碾压速度、碾压轨迹、振动状态等指标与 BIM 模型建立一一对应联系，实现施工全过程流程与模型匹配，赋予施工全过程信息查询与渲染。

（3）进度管理。以坝料摊铺、坝料碾压为主线，以时间为驱动引擎，建立大坝填筑施工的动态进度模型，实现工程目标数据模型的规划与预期计划。

（4）质量管理。依据施工组织设计中要求的单元质量划分和评定，建立以大坝填筑施工为主线的管理模式，开展施工全流程的质量评定管理，并将质量流程与评定和 BIM 模型衔接，实现已评定、正在评定和未评定三区管理，不合格、合格、良好、优秀等四级管控，实现大坝填筑施工三区四级智能质量评定体系。

通过大坝填筑信息化施工管理需求与现状调研，开展工程信息、实时监控、质量分析、三维渲染等功能分析，进行"人-机-料-法-环"等方面资源的优化与配置，通过动态的优化规划与实际工程数据对比反馈分析，不断提升大坝填筑施工管理的信息化管控。

11.2 大坝填筑监控系统架构与功能

本大坝施工过程实时监控系统主要包括监控硬件系统、数据交互系统和数据分析系统三部分，其系统架构如图 11.2-1 所示。

监控硬件系统主要包括安装在大坝填筑施工机械上的高精度定位接收机、工业平板电

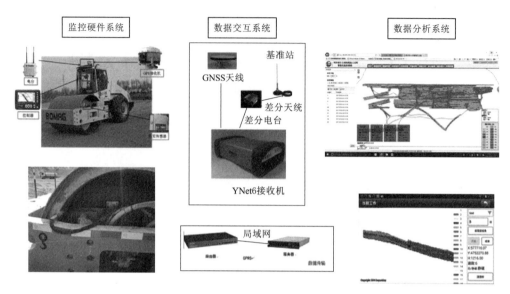

图 11.2 - 1　大坝填筑施工过程智能化监控系统

脑、压实度传感器等硬件设备。数据交互系统，为了保证施工数据的实时传输与展示，可以利用自建网络系统或 GPRS 商用网络系统进行数据传输。数据分析系统主要是实现大坝填筑施工数据实时展示与分析，供现场以及后方的工程建设管理人员使用，为大坝施工现场管理与快速调度提供了重要的管理手段。数据分析系统还包括在平板电脑中安装的单机施工数据展示软件，为大坝施工机械人员提供操作参考与纠偏提醒。另外，为保证定位坐标的精确，建立了以电台进行数据传输与校核的 RTK 差分网络系统。

11.2.1　硬件系统

硬件部分包括 GNSS 基准站、车载终端两个部分。

（1）GNSS 基准站。GNSS 基准站是整个碾压信息化监控系统的"定位标准"（图 11.2 - 2）。GNSS 接收机单点（一台接收机进行卫星信号解算）精度只能达到亚米级的观测精度，这显然无法满足实际工程需要。使用动态差分技术，利用已知的基准点坐标来修正实时获得的测量结果，进一步提高 GNSS 定位的精度。通过数据链，将基准站的 GNSS 观测数据和已知位置信息实时发送给 GNSS 流动站，与流动站的 GNSS 观测数据一起进行载波相位差分数据处理，从而计算出流动站的空间位置信息，以提高碾压机械 GNSS 设备的测量精度，使精度提高到厘米级，即可满足土石坝碾压质量控制的要求。

（2）车载终端。碾压机机载 GNSS 采用差分定位模式。该模式的定位原理为：由已知三维坐标的基准站通过无线电通信实时发送改正数，由待测点 GNSS 接收机接收并对其测量结果进行改正，以获得精确的定位结果。载波相位差分将载波相位观测值通过数据链传到流动站（碾压机机载 GNSS 接收机），然后由流动站进行载波相位定位，其定位精度可达厘米级，满足碾压遍数与压实厚度监控的精度要求（压实厚度的监控须经过数学运算减小误差）。实地采用实时动态快速定位（Real Time Kinematics，RTK）技术进行监控，其特点是以载波相位为观测值的实时动态差分 GNSS 定位，满足碾压机施工监控的实时、

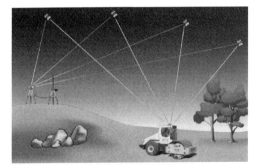

图 11.2-2 基准站安装

快速定位要求。在碾压设备上安装的相关硬件设备如图 11.2-3 所示。

另外，硬件设备还包括在大坝填筑机械上安装的各种传感器，包括方向传感器以及压实度传感器，通过传感器实时采集到的数据能够掌握碾压机械的行驶方向与振轮振动频率，并且压实度传感器输出的值能够反应坝料的压实程度。

11.2.2 数据交互系统

大坝碾压施工过程实时监控系统中的数

图 11.2-3 车载硬件终端的布置

据交互系统主要包括两个方面：一个是为了保证高精度定位接收机的定位精度，建立了以电台数据传输方式为主的数据校核与交互系统；另一个是项目中借助 GPRS 网络建立了系统的数据实时传输网络系统，通过该网络系统能够保证施工数据实时地传输至云系统中，并且各用户通过该网络能够实时查询大坝碾压施工数据，并且对数据库中的数据进行实时处理与分析，并实时在客户端的 PC 机中展示出来。信息传递主要途径如图 11.2-4 所示。

11.2.3 软件系统

大坝碾压施工过程监控系统，作为一个独立的应用模块，主要将安装在大坝填筑碾压设备、大坝运料设备上的相关监控仪器中得到的数据进行整理、分析以及展示，为工程建设管理人员进行施工质量评价以及施工优化等方面提供重要的支撑。

大坝碾压施工过程监控系统的架构如图 11.2-5 所示，主要可以分为三层：第一层是系统数据库及基础技术层，这个层面服务器等计算资源都是基于前述的主体工程建设信息云平台系统中 IaaS 层基础上的。其中相关物联网技术是结合安装在碾压设备以及坝料运输设备上的专有仪器开发的。第二层主要是系统中间件层，也基本上与前述的主体工程建设信息云平台系统中 PaaS 层中相关内容是一致的。第三层是系统应用层，主要是将各种信息通过系统用户界面展示出来，为工程施工过程质量控制以及工程优化调整提供参考与支撑。在系

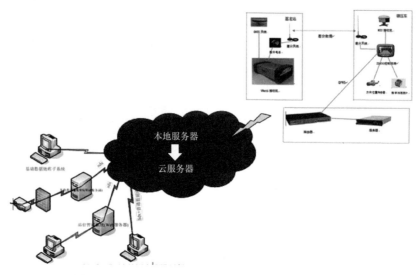

图 11.2-4　施工过程信息传递主要途径及架构示意图

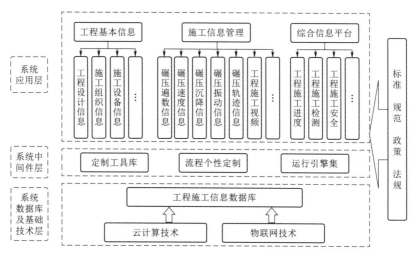

图 11.2-5　大坝碾压施工过程监控系统架构示意图

的编制中，主要以水利水电工程施工中的各种标准、规范、政策及法规为相关依据。

根据已经完成的大坝碾压施工过程实时智能化监控系统，对该系统中已有的主要功能模块介绍如下：

（1）工程基本信息整理与展示。根据工程建设中对大坝所进行的不同施工单元的划分与确定，在基础信息部分中除了对工程基本信息进行维护之外，还按照大坝分区、大坝分段、大坝分层以及大坝中不同的单元工程信息进行整理与维护，这样就可以利用这些基本信息对大坝施工过程中采集到的相关数据进行不同区域与施工部位的整理与分析，为数据管理与质量检测分析提供了最重要的基础信息。

利用该模块可以将大坝单元工程划分与实际工程中大坝填筑施工过程结合起来，通过在工程基础信息模块中进行大坝单位工程下的不同分部工程的设置，然后在不同的分部工程下进行单元工程的划分，工程中单元工程是质量评定的最小工程单元，但并不是最小的施工控制单元。通常在单元工程中还进一步划分不同的施工仓进行施工过程的控制。利用该模块还可以实现大坝施工机械与驾驶员的管理。

（2）文件上传与数据管理模块。在数据管理模块中主要按照工程划分的结果对采集到的碾压施工过程数据进行系统管理与分析，并且能够通过不同的大坝分区进行数据查找与查看。在该模块中还对系统中的每条数据的开始时间与结束时间以及不同的碾压设备都进行了区分，这样就为工程管理人员对于施工控制提供了重要的资料。

需要说明的是，在该模块中在数据文件上传到系统服务器中时，系统会实时分析数据文件，提取重要的信息对数据文件的归类进行判别，主要判别的指标有机车代码、施工开始与结束时间以及相关的数据采集点的坐标，这样就可以将数据文件精确地归到某一个大坝分解单元中去，便于数据管理与分析。

（3）施工过程实时监控分析模块。主要针对施工过程中不同高程坝面进行自动生成平面图，并且在平面图上对不同部位的桩号及比例尺进行展示，然后再加载该平面上的碾压设备及相应的驾驶员实时施工过程信息，以便施工单位、监理单位以及工程建设管理单位对大坝碾压实时施工过程进行控制与实时调度，保证大坝碾压施工过程有序、高效。

利用该模块，可以实现对大坝碾压施工过程中施工设备的碾压速度、碾压设备振动状态、施工区域碾压遍数等进行实时监控。其中实时监控界面所标示的是大坝碾压施工过程控制参数，实际工程中可按照该参数对施工机械的碾压状态进行控制。

由于实际施工过程管理中，用户打开系统可能希望看到一定时间之前的某个区域内的碾压情况，因此该模块中设置了添加历史数据的功能。历史数据的添加，可以按照某时间节点以后的某几台车的施工信息添加进来，也可以按照某个制定区域进行历史数据的添加，这样极大地方便了施工管理人员对现场的施工组织、施工指挥以及动态调度车辆等管理工作。

（4）质量检测分析模块。质量检测分析模块是大坝施工过程控制系统中最重要的模块，主要是在施工结束后，对一定的施工时间中某施工区域采集到的碾压数据进行综合分析，包括碾压遍数（总数、静碾及振动碾）、速度超限次数、碾压设备速度平均值、碾压设备速度最终值、碾压设备激振力超限次数、激振力平均值、激振力最终值、碾压沉降量以及行车轨迹等重要方面，通过这个模块可以重演大坝施工实施过程。根据施工区域分析结果，可为单元工程质量检测所进行的挖坑检验提供坑位参考，便于单元工程质量检验，保证大坝施工质量控制。另外，在质量检测分析界面显示了碾压完成区域内的碾压面积达标的百分比、碾压平均速度以及该层的碾压平均层厚。

在本系统中，为了更形象分析不同剖面中碾压层厚及不同层之间的结合情况，还需开发任意沿着坝轴线或者垂直坝轴线的碾压数据剖面分析功能，类似医疗机构中所采用的CT技术，以便全方位地了解大坝整体碾压施工过程及数据。

（5）施工报表生成模块。在实际工程建设中，每一个单元工程或每一个分区施工完成之后，可由系统自动生成该施工区域的施工报表，包括报表信息、自动或者手动设置的检测点位置等信息以及相关的施工状态的图形等内容，可作为施工质量评价的重要附件，为保证大坝工程施工质量检验与评价提供重要的参考与支撑资料。

（6）系统管理模块。系统管理模块主要是对目前工程建设中的相关用户，包括施工方、监理以及项目法人代表等不同用户权限、登录账号及密码等方面进行管理，保证不同的用户能够在各自的权限内进行数据分析及相关管理功能。

另外，在这一部分中，还对工程中碾压施工参数进行了设置，这部分设置工作是根据大坝施工组织计划以及碾压试验后确定的最终施工过程控制参数，是大坝施工质量分析中重要的评价标准。在这个模块中，一般可以采用不同的颜色等信息对不同的施工状态进行描述。

在这部分中，主要的参数设置有：①基本参数，用来碾压设备特征参数以及施工方案参数中的搭接宽度等数据；②碾压遍数云图，用来确定不同碾压遍数的颜色，使得数据分析结果能够以颜色层次的云图进行展示；③超限次数云图、机车速度云图、激振力大小云图等设置中的功能基本上都与碾压遍次云图设置功能相同。

（7）施工机械碾压统计分析模块。施工机械碾压统计分析模块主要是对大坝碾压施工机械管理人员进行使用的，利用该功能模块，可以进行单台碾压机械某段时间内的施工工效统计分析，包括碾压长度、碾压面积、不同碾压遍数所对应的碾压面积统计等。另外还可以在该界面的右侧功能框内，显示该台施工机械的某段时间内的施工形象示意图，为施工机械管理人员对某设备的统计分析提供技术手段。

在这一模块中，还提供了某一段时间内对所有参与施工的施工机械进行施工工效分析，主要包括某段时间所有的施工机械施工长度、施工面积以及满足施工标准的施工面积，这样可以为现场施工管理人员进行不同阶段机械操作手的操作效率进行绩效管理提供了重要的手段，还可以大大提高大坝碾压的施工操作水平、施工管理水平等。实现施工机械的高效利用与高效管理，提高施工效率，大大节省施工成本。

（8）面向碾压设备操作员的大坝碾压施工过程监控软件系统。对于在大坝碾压施工过程中的每一台碾压设备而言，该台碾压设备的碾压遍数、设备碾压速度、碾压振动状态以及碾压轨迹等实时施工信息实时地在安装在碾压设备驾驶室中的平板终端上显示出来，如果碾压设备一旦偏离设定的碾压参数范围，则该平板终端将会及时提示设备操作人员，进行操作修正，保证碾压施工过程能够按照既定的碾压施工参数进行。利用该软件系统，可以为碾压设备操作人员提供重要的操作引导与操作纠偏，从而保证大坝碾压施工质量。大坝碾压施工设备中平板终端系统界面如图 11.2-6 所示。

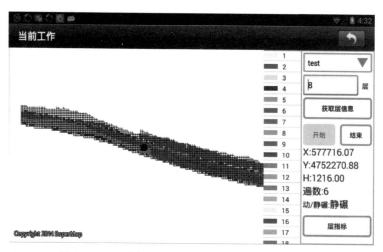

图 11.2-6　大坝碾压施工设备中平板终端系统界面

11.3 出山店水库大坝填筑精细化管控

11.3.1 登录界面

（1）展示大坝施工的平面布置情况，如图 11.3-1 所示。

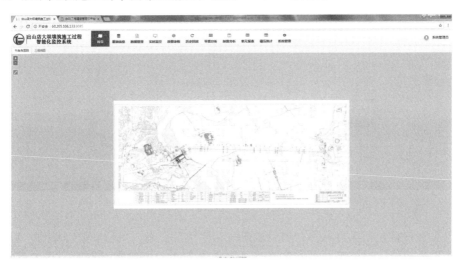

图 11.3-1 平面布置图

（2）展示大坝施工的三维模型及填筑情况，如图 11.3-2 所示。

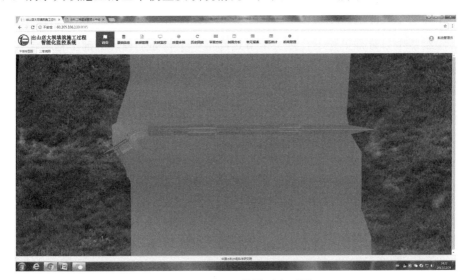

图 11.3-2 三维模型布置图

11.3.2 基础信息

对大坝施工的工程信息进行管理，包括大坝工程、单位工程、分部工程、单元工程、工作仓、车辆信息和司机信息，以树结构进行组织。其中，最重要的是工作仓的管理，它为后续进行流程化作业提供基础，如图 11.3-2 和图 11.3-3 所示。

图 11.3-3　基础信息登录界面图

单位工程信息包括项目名称、项目编码、业主单位、施工单位、监理单位、设计单位以及开始和结束施工时间等。可以在修改内容和点击提交按钮完成修改。在工程组织中，单位工程包含多个分部工程、车辆信息和司机信息。

分部工程信息包括项目名称、项目编码、起始结束桩号以及开始和结束施工时间等。点击分部工程，即可查看所有的分部工程，可以添加、删除和编辑，操作完成后需点击保存即可完成更改。

在工程组织中，分部工程下，每一个节点都是一个分部工程，分部工程下包含多个单元工程，如图 11.3-4 所示。

图 11.3-4　基础信息查询登录界面图

单元工程信息包括项目名称、项目编码、起始结束桩号、起始结束 Y 坐标以及开始和结束时间。点击分部工程节点，即可查看该分部工程下的单元工程，可以添加、删除和编辑，操作完成后需点击保存即可完成更改。在工程组织中，单元工程下包含多个工作仓，如图 11.3-5 所示。

图 11.3-5 单元工程信息登录界面图

工作仓信息包括项目名称、项目编码、起始结束桩号、起始结束 Y 坐标以及开始和结束时间。点击单元工程节点，即可查看该节点下的所有工作仓，可以添加、删除和编辑，操作完成后需点击保存即可完成更改。在工程组织中，工作仓是最小施工单位，如图 11.3-6 所示。

图 11.3-6 工作仓登录界面图

车辆信息包括车辆 ID、编号和型号等。点击车辆，即可查看所有的车辆信息，可以添加、删除和编辑，操作完成后需点击保存即可完成更改。

司机信息包括司机 ID、姓名和年龄等。点击司机，即可查看所有的司机信息，可以添加、删除和编辑，操作完成后需点击保存即可完成更改。

11.3.3　数据管理

显示碾压的数据记录，数据按时间从大到小进行排序，如图 11.3－7 所示。

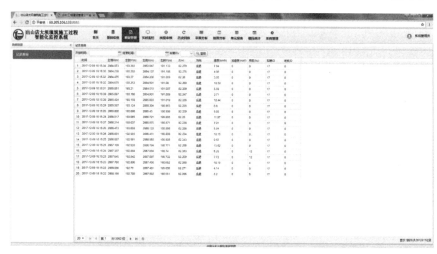

图 11.3－7　数据管理登录界面图

11.3.4　实时监控

对车辆位置、速度、频率、方向等实时监控；碾压遍次、碾压轨迹和搭边效果实时查看；在施工流程中，对工作仓进行开仓和闭仓操作，如图 11.3－8 所示。

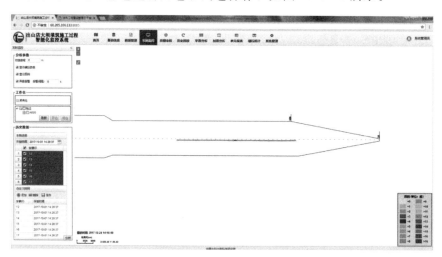

图 11.3－8　实时监控登录界面图

11.3.5　历史回放

对历史数据进行回放，可以查看其碾压轨迹、碾压遍次、搭边等，对有异议的数据进行复议，如图 11.3-9 和图 11.3-10 所示。

图 11.3-9　回放速度设定界面图

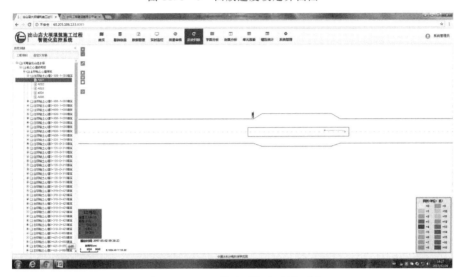

图 11.3-10　碾压回放登录界面图

11.3.6　质量审核

通过对已经闭仓的工作仓进行平面分析，确定其施工的质量，如图 11.3-11 所示。

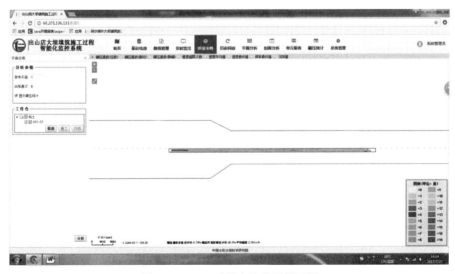

图 11.3-11　质量审核登录界面图

11.3.7　平面分析

通过对历史数据进行平面分析，确定其施工的质量，如图 11.3 - 12 所示。

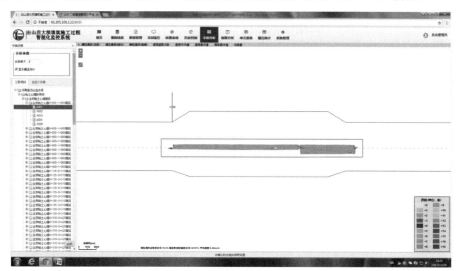

图 11.3 - 12　平面分析登录界面图

11.3.8　剖面分析

查看层的分布情况，包括层的厚度和平整度等，如图 11.3 - 13 所示。

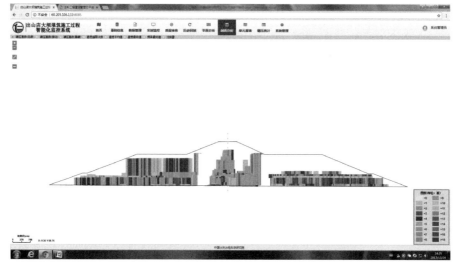

图 11.3 - 13　剖面分析登录界面图

11.3.9　单元报表

对采样点进行分析，形成工程施工报表，供质量检测参考和归档，如图 11.3 - 14～图 11.3 - 16 所示。

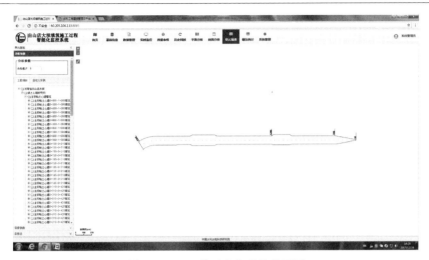

图 11.3-14　单元查询登录界面图

图 11.3-15　单元选点查询登录界面图

图 11.3-16　选点查询结果界面图

11.3.10　碾压统计

统计单辆车某天的碾压情况，包括碾压总长度、碾压总面积以及碾压遍次分部直方图和碾压遍次百分比饼图，如图 11.3－17 所示。

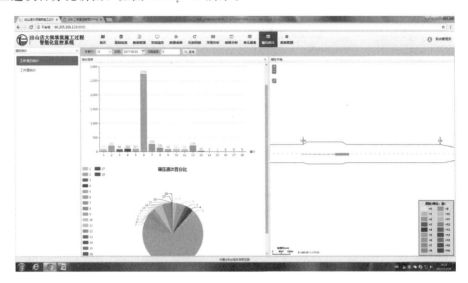

图 11.3－17　碾压遍数统计界面图

统计所有车辆在一段时间内的碾压情况，包括碾压长度分布直方图、碾压面积分布直方图和碾压遍次达标分布直方图，如图 11.3－18 所示。

图 11.3－18　碾压面积统计界面图

11.3.11　系统管理

单位管理，可以添加、编辑、删除单位信息。此功能需要管理员权限，如图 11.3－19

图 11.3-19　系统管理登录界面图

所示。

　　用户管理，可以添加、编辑、删除用户信息。此功能需要管理员权限，如图 11.3-20
所示。

图 11.3-20　用户管理登录界面图

　　角色管理，可以添加、编辑、删除角色信息。此功能需要管理员权限，如图 11.3-21
所示。

　　分析设置，此处用于坐标转换，绘图网格等的设置，需开发人员配置。此功能需要管
理员权限，如图 11.3-22 所示。

　　配色方案，用于分析图中各个质量段的显示颜色的配置。此功能需要管理员权限，如
图 11.3-23 所示。

图 11.3 - 21　角色管理界面图

图 11.3 - 22　分析设置界面图

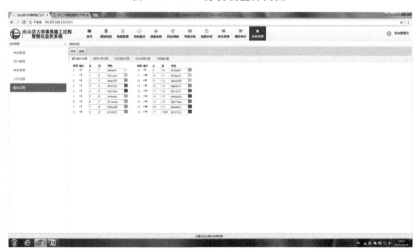

图 11.3 - 23　配色方案界面图

11.4 清原抽水蓄能电站大坝填筑精细化管控

基于无人驾驶的大坝填筑智能碾压是一种可以自主行驶的智能施工系统。它的系统结构非常复杂，不仅具备加速、减速、制动、前进、后退以及转弯等常规的车辆功能，还具有环境感知、任务规划、路径规划、车辆控制、智能避障等人类行为的人工智能。它是由传感系统、控制系统、执行系统等组成的相互联系、相互作用、融合视觉和听觉信息的复杂动态系统。随着计算机技术、人工智能技术（系统工程、路径规划与车辆控制技术、车辆定位技术、传感器信息实时处理技术以及多传感器信息融合技术等）的发展，基于无人驾驶的大坝填筑智能碾压施工在工程中逐渐得以开发和应用。

基于无人驾驶的大坝填筑智能碾压施工管理系统通过无线网络把碾压机械上的信息上传给云服务器，操作人员看到信息后作出相应的动作（即操作控制端的命令），控制端的下传命令也是通过无线网络下传无人驾驶智能碾压机械，传无人驾驶智能碾压机械接收到下传命令后，执行相应的动作，从而达到了"智能碾"的目的（图 11.4 - 1）。

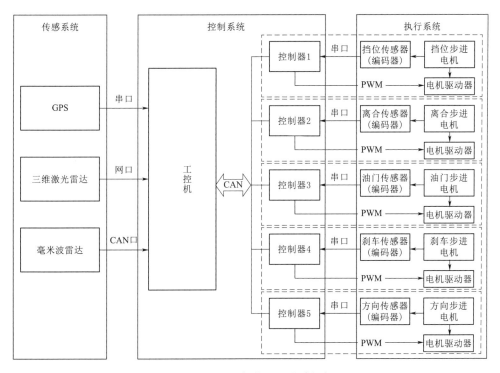

图 11.4 - 1 "智能碾"设计框架

基于无人驾驶的大坝填筑智能碾压施工"智能碾"包括传感系统、控制系统和执行系统三个部分，采用的是自上而下的阵列式体系架构，各系统之间模块化，均有明确的定义接口，并采用无线网络进行系统间的数据传输，从而保证数据的实时性和完整性。

基于无人驾驶的大坝填筑智能碾压系统，除了监控碾压质量的激振力传感器、方向传感器、定位导航外，还包括三维激光雷达、毫米波雷达、高精度定位、方向盘、油门、离合、刹车、挡位等传感设备（图 11.4－2）。

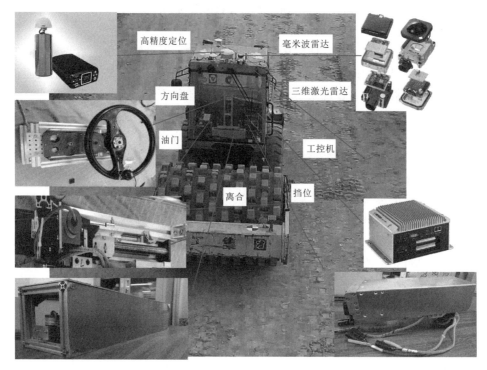

图 11.4－2　"智能碾"系统实物

1. 执行机构设备

（1）挡位机构。对于碾压设备挡位不仅包括纵向移动还有横向移动的情况，本次设计采用电机驱动，通过齿轮与齿条之间的双自由度模型来控制换挡杆两个方向的移动。挡位执行机构改装，主要是通过平行布置的两个电机，各自带动丝杆进行运动，将丝杆连接上碾压设备的挡位手柄，且挡位执行机构的改装也不能影响司机的正常驾驶。左右电机同时工作以及左右电机交替运动，从而可以控制挡位手柄前后、左右运动，实现车辆的换挡要求。丝杆机构上的位置传感器可以将信息传回控制器形成闭环控制，如图 11.4－3 所示。

（2）离合、刹车机构。离合踏板和刹车踏板的运动均为圆周运动，其运动的阻力和方向都是变化的，且离合和刹车执行机构的改装也不能影响司机的正常驾驶，因此无法使用直线运动机构进行驱动。故采用类似油门拉线的结构进行设计，以步进电机为动力源驱动同步齿轮旋转，通过同步齿形皮带拉动拉线运动，进而拉动离合器踏板和刹车踏板向下运动，完成离合和刹车指令。离合器和刹车在运行方式上大致相同，故可以使用相同的执行机构方案（图 11.4－4）。固定支架以座椅底座为支撑将推动离合器和刹车所需的直流电机与电动推杆固定。在离合器和刹车下安装位置，压力传感器等，将信号传回控制端，形成闭环控制。

（3）油门机构。油门执行机构由一个步进电机驱动的直线滑台模组、一个固定底座和一个快速解锁装置组成。直线滑台由 57 步进电机驱动，电机工作转速为 600r/min，工作转矩为 1.5N·m，能够驱动滑台上的滑块以 50mm/s 的速度做水平运动，保证了此执行机构能控制油门杆在 2s 内从最大开度调到最小开度。滑块和油门杆手柄通过连接件相连，因连接机构设计中采用了万向轴连接方式，所以由滑块传递到油门杆的力，其作用方向始终与油门杆垂直，从而保证了此执行机构拉动油门杆的力始终大于 100N，高于拉动油门杆所需的 50N 的力。底座与操纵箱固连，能够保证此执行机构工作过程中保持稳定。快速解锁装置能够保证在紧急情况下，驾驶员能够在 1s 内脱开执行机构与油门杆的连接，并将油门调到最小开度。自动驾驶时，电磁装置上电保持自锁装置常开，在齿盘旁固定一个直流电机用联轴器与油门把手上设计的机构相连，使直流电机转动时能够带动齿盘旋转达到自动控制油门大小（图 11.4-5）。油门位置离座椅较近，固定支架的安装位置可与刹车执行机构的固定支架相连来固定直流电机的位置。

（4）方向盘机构。方向盘通过直流电机带动夹具中齿轮，多次传递，齿轮与方向盘轴刚性连接，从而准确使方向盘产生旋转（图 11.4-6）。方向盘固定支架通过从车辆底部竖立起的铝型材支架来牢牢固定。方向盘上装有角度传感器将角度信息传回控制器，从而形成闭环控制。在选择动力源时，考虑到方向盘转动时所需的最大拉力是 35N 左右，所以在选择动力源时，选择直流电机，暂定 24V，60W 直流减速电机。

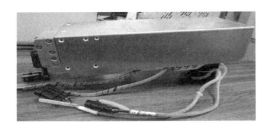

图 11.4-3　挡位执行机构

图 11.4-4　离合、刹车执行机构

图 11.4-5　油门执行机构

图 11.4-6　方向盘执行机构

2. 执行机构控制

下位机接收上位机传输来的启动、前进、倒车、转向、加速、停车指令，从而对执行机构发出相应的指令，执行机构完成这些指令，并通过传感器实时监测反馈信息到下位机。从而实现了对车辆行驶的闭环控制。

（1）方向盘闭环控制。当方向盘执行机构接收到下位机发来的转向指令时，通过编码器实时监测方向盘转角和位置，从而使该执行机构驱动方向盘转过目标角度。编码器采集方向盘的位置反馈到下位机，下位机判断是否到达预定转向角度，然后再执行相应的转向命令，从而实现方向盘闭环控制。

（2）离合器与换挡执行机构的闭环控制。下位机接收到上位机的换挡命令时，首先，离合器执行机构产生动作。此时，离合器位移传感器实时反馈离合器位置信息，使离合器运动到相应位置。这时，下位机便接收到了离合器的就位信号。此刻便可以进行换挡操作了。换挡机构通过两个编码器实时采集档位位置数据，通过差分法闭环控制来确定挡位是否准确挂上。

（3）油门和刹车执行机构的闭环控制。当碾压设备启动或者需要加速时，下位机会给油门执行机构发出相应的指令。油门位移传感器实时监测油门挡杆的位置，从而间接确定了油门的开度。油门执行机构推动油门挡杆运动，通过油门位移传感器来确定油门是否运动到位。当碾压设备需要停车或者减速时，下位机向刹车机构发送相应的指令，驱动刹车产生动作，通过刹车位移传感器来实时监测刹车的位置，并将刹车位置反馈到上位机，从而实现闭环控制。

基于无人驾驶的大坝填筑智能碾压施工系统"智能碾"，按照大坝填筑施工技术要求，进行大坝填筑施工进度、质量监控。具体运行过程，如图 11.4 - 7 所示。

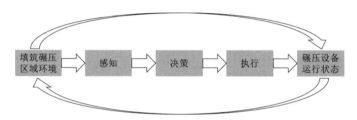

图 11.4 - 7 "智能碾"运行过程

图 11.4 - 8 感知设备

在碾压设备上，安装三维激光雷达、毫米波雷达、高清影像等设备（图 11.4 - 8）。三维激光雷达主要用于发射激光束来探测目标的位置、速度等特征量，获得碾压设备的有关信息，如目标距离、方位、高度、速度、姿态，甚至形状等参数；毫米波雷达导引头穿透雾、烟、灰尘的能力强，主要用于全天候（大雨天除外）全天时的探测周围环境；高清摄像主要用于采集周围的道路环境信息，模拟人眼在驾驶中的功能。

基于无人驾驶的大坝填筑智能碾压施工系统决策模块的最终目标是像熟练的驾驶员一样驾驶碾压设备。人类的驾驶决策行为是以"环境信息、本车状态、碾压情景"为输入，以"驾驶行为"为输出的一种映射关系。该决策系统主要实现路径规划、轨迹跟踪和避障停车等功能。

其决策是一个复杂的过程，可表述为：驾驶员在行车过程中，通过其眼睛、耳朵等感知器官实时地获取道路交通流、本车状态、行车标线等多源信息，并将其传入中枢神经系统，提取行车过程中的关键信息，通过与大脑中存储的经过训练的驾驶模式作对比，在交通规则的约束下，推理出最优的驾驶行为。不同的驾驶模式对应于不同的操控行为，最终通过手、脚等器官实现方向和速度的改变。

11.4.1　登录界面

（1）展示大坝施工的平面布置情况，如图 11.4-9 所示。

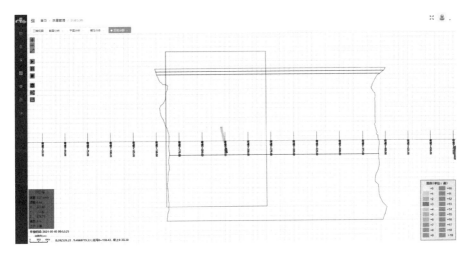

图 11.4-9　平面布置图

（2）展示大坝施工的三维模型及填筑情况，如图 11.4-10 所示。

图 11.4-10　三维模型布置图

11.4.2　基础信息

对大坝施工的工程信息进行管理，包括大坝工程、单位工程、分部工程、单元工程、工作仓、车辆信息和司机信息，以树结构进行组织。其中，最重要的是工作仓的管理，它为后续进行流程化作业提供基础，如图 11.4-11 所示。

单位工程信息包括项目名称、项目编码、业主单位、施工单位、监理单位、设计单位

图 11.4-11　基础信息登录界面图

以及开始和结束施工时间等。可以在修改内容和点击提交按钮完成修改。在工程组织中，单位工程包含多个分部工程、车辆信息和司机信息。

分部工程信息包括项目名称、项目编码、起始结束桩号以及开始和结束施工时间等。点击分部工程，即可查看所有的分部工程，可以添加、删除和编辑，操作完成后需点击保存即可完成更改。

在工程组织中，分部工程下每一个节点都是一个分部工程，分部工程下包含多个单元工程，如图 11.4-12 所示。

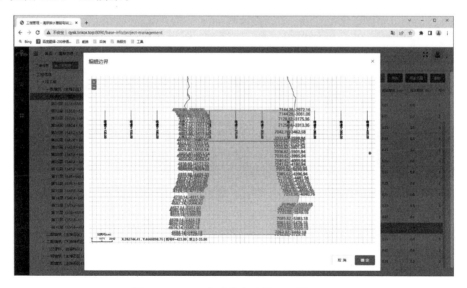

图 11.4-12　基础信息查询登录界面图

单元工程信息包括项目名称、项目编码、起始结束桩号、起始结束 Y 坐标以及开始和结束时间。点击分部工程节点，即可查看该分部工程下的单元工程，可以添加、删除和编辑，操作完成后需点击保存即可完成更改。在工程组织中，单元工程下包含多个工作仓，如图 11.4-13 所示。

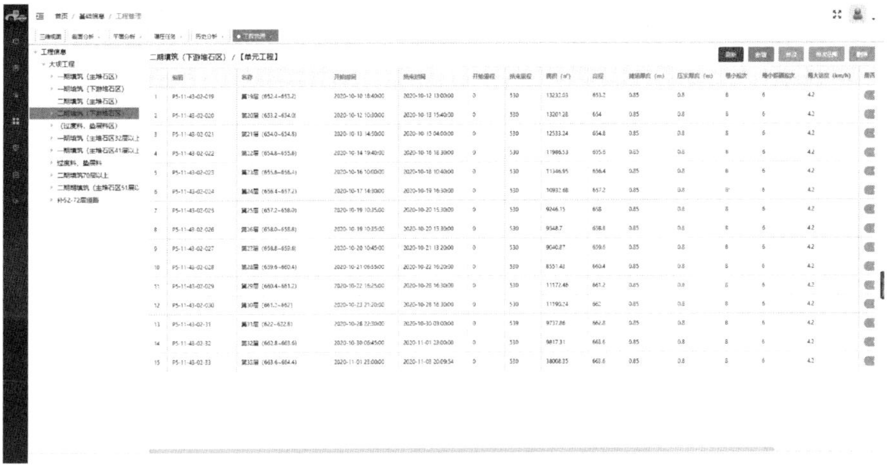

图 11.4-13 单元工程信息登录界面图

11.4.3 数据管理

显示碾压的数据记录，数据按时间从大到小进行排序，如图 11.4-14 所示。

图 11.4-14 数据管理登录界面图

11.4.4 实时监控

对车辆位置、速度、频率、方向等实时监控；碾压遍次、碾压轨迹和搭边效果实时查看；在施工流程中，对工作仓进行开仓和闭仓操作，如图 11.4-15 所示。

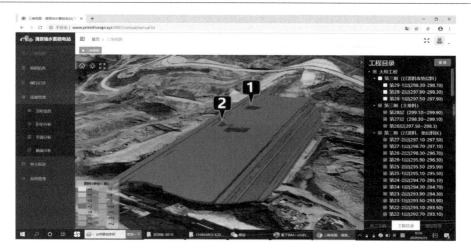

图 11.4-15　实时监控登录界面图

11.4.5　历史回放

对历史数据进行回放，可以查看其碾压轨迹、碾压遍次、搭边等，对有异议的数据进行复议，如图 11.4-16 所示。

图 11.4-16　碾压回放登录界面图

11.4.6　质量审核

通过对已经闭仓的工作仓进行平面分析，确定其施工的质量，如图 11.4-17 所示。

11.4.7　平面分析

通过对历史数据进行平面分析，确定其施工的质量，如图 11.4-18 所示。

11.4.8　剖面分析

查看层的分布情况，包括层的厚度和平整度等，如图 11.4-19 所示。

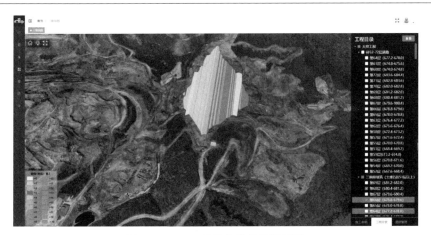

图 11.4 - 17　质量审核登录界面图

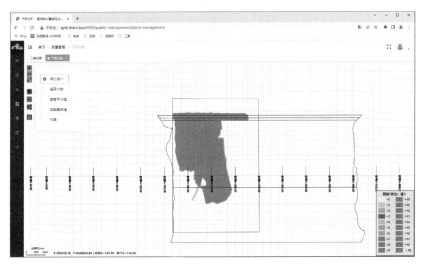

图 11.4 - 18　平面分析登录界面图

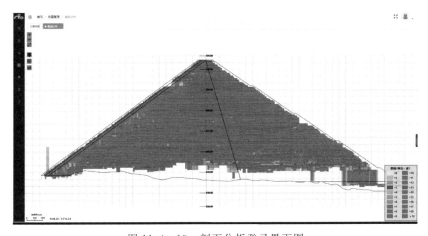

图 11.4 - 19　剖面分析登录界面图

11.4.9　单元报表

对采样点进行分析，形成工程施工报表，供质量检测参考和归档，如图 11.4 - 20 所示。

图 11.4 - 20　单元查询登录界面图

11.4.10　碾压统计

统计单辆车某天的碾压情况，如图 11.4 - 21 所示。

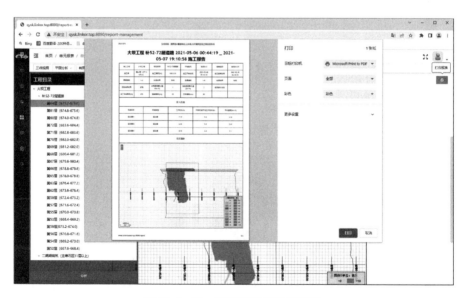

图 11.4 - 21　碾压遍数统计界面图

统计所有车辆在一段时间内的碾压情况，如图 11.4 - 22 所示。

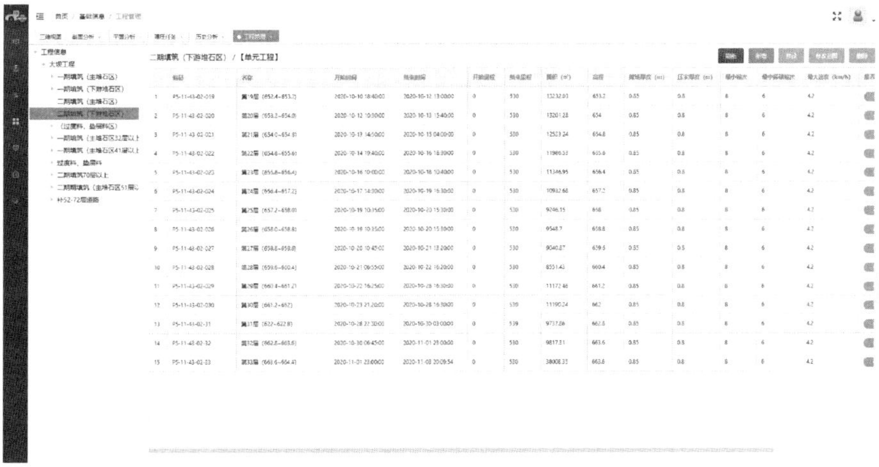

图 11.4-22　碾压面积统计界面图

第 12 章　基于 BIM 技术的大坝安全
监测智能化管理

12.1　大坝安全监测与 BIM 融合分析

大坝安全监测是大坝安全性态监控的耳眼，是大坝建设质量和安全运行监控的重要指标。基于 GIS＋DEM＋BIM 模型，建立大坝安全监测智能化管理系统，开展大坝类型、环境量、变形、渗流、应力等指标分析，并基于不同坝型特征进行监测区域数物孪生，实现大坝安全监测实时数据三维形象与成果渲染、数据挖掘与动态互馈，形成一套基于 BIM 模型的大坝安全监测智能化管控体系。

大坝安全监测与 BIM 模型之间的数据融合，可大致分为以下几个方面：

（1）BIM 模型搭建。利用大坝安全监测设计文件中的结构设计和施工组织设计，建立水利工程三维数字化的整体模型，并按照单位工程、分部分项工程、单元工程、支/组/套进行分解，并以支/组套为最小颗粒度，完成工程数据模型的建设。

（2）信息编码体系建设。大坝安全监测工程以单位工程、分部分项工程、单元工程、支/组套进行编码，BIM 模型以最小颗粒度编码，并将环境量、变形、渗流、应力等指标与 BIM 模型建立一一对应联系，实现大坝安全监测指标与模型匹配，赋予大坝安全监测信息查询与渲染。

（3）进度管理。以大坝安全监测选型、检验率定、仪埋、观测、整编、分析、预警为主线，以时间为驱动引擎，建立大坝安全监测的动态进度模型，实现工程目标数据模型的规划与预期计划。

（4）质量管理。依据施工组织设计中要求的单元质量划分和评定，建立以大坝安全监测选型、检验率定、仪埋、观测、整编、分析、预警为主线的管理模式，开展大坝安全监测全流程的质量评定管理，并将质量流程与评定和 BIM 模型衔接，实现已评定、正在评定和未评定三区管理，不合格、合格、良好、优秀等四级管控，实现大坝安全监测三区四级智能质量评定体系。

（5）成果管理。依据大坝安全监测设计和施工情况，开展环境量、变形、渗流、应力等指标的时程、特征值、趋势值分析，并开展时程曲线、特征值分布、等值线、趋势线、相关性、贡献率等分析，绘制二维/三维图表，并映射 BIM 模型，实现二维/三维 BIM 查询及渲染，实现周报、月报、年报及专题报告个性化定制和自动生成。

通过大坝安全监测信息化管理需求与现状调研，开展工程信息、实时监控、成果分析、三维渲染等功能分析，进行"人-机-料-法-环"等方面资源的优化与配置，通过动态的优化规划与实际工程数据对比反馈分析，不断提升大坝安全监测管理的信息化管控。

12.2 大坝安全监测系统架构与功能

12.2.1 系统架构

大坝安全监测智能化管理，采用"空-天-地-深"三维无缝监控体系实现，是指利用 In-SAR 卫星、DEM 无人机、GNSS 高精度定位、MEMS 传感器等硬件设备采集相关原始数据，采用时程差分干涉算法、现代测量时程平差算法、测量系统精度耦合算法等解算，最终将多源异构海量数据深度融合变形时空演化的三维无缝监控体系。其架构如图 12.2－1 所示。

图 12.2－1 大坝安全监测管理系统架构图

通过云平台构架、"空-天-地-深"三维无缝监测、网格化智能巡检、三维"4S"模型、预测预报及预警模型、五位一体联防预案构成本项目设计框架；以基础地质及地理信息资料、网格化智能巡检、BDS 表面变形、三维 MEMS 深部变形、时空渗流等作为主要监控指标，以智能巡检、监测资料、数值模拟、分析评价、动态反馈及联防机制为监控方法，实现其信息管理、分布、共享、预警及反馈等功能，建立大坝全生命周期安全运行监控管理云平台。研究成果不仅可以直接反馈设计、指导施工，而且可以对大坝工程的安全运行、生态环境治理以及防灾减灾提供科学依据和技术支撑，还可以对我国大坝工程长期稳定性和安全评价体系研究起到推动作用。

12.2.2　系统功能

大坝安全监测管理系统组成及系统功能分为云平台搭建、监测体系设计、智能巡检、预报预警、安全评价以及动态反馈等部分，具体如下：

（1）大坝工程智能管理平台总体框架搭建。如图 12.2－2 所示，通过云平台构架、三维无缝监测、网格化智能巡检、三维"4S"模型、预测预报及预警模型、五位一体联防预案构成本项目设计框架；以基础地质及地理信息资料、网格化智能巡检、BDS 表面变形、三维 MEMS 深部变形、时空渗流等作为主要监控指标，以智能巡检、监测资料、数

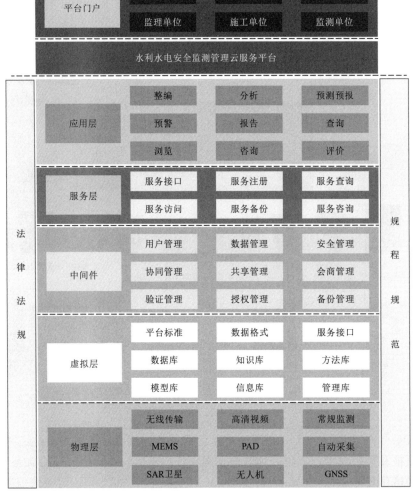

图 12.2－2　安全监测系统组成及功能

值模拟、分析评价、动态反馈及联防机制为监控方法，实现其信息管理、分布、共享、预警及反馈等功能，建立大坝全生命周期安全运行监控管理云平台。

（2）"空-天-地-深"立体无缝监测体系设计。立体感知体系是在已有或规划建设的传感器资源的基础上，通过集成共享，将异构、海量、离散的传感器资源通过标准统一的信息描述机制进行表达，然后基于标准的网络目录服务（CSW）进行万维网注册与按需发现。通过统一的信息模型和标准的目录服务，实现异构传感器资源的广泛共享，促使各类传感器资源从"观测孤岛"到"集成共享"的转变。拟建立一套集"空-天-地-深"等多重监测方式和手段于一体的立体监测体系，从多个维度实现对大坝的无缝监测。应用BDS北斗定位技术、GIS地理信息系统技术、RS遥感技术、IWHRINS智能管理系统技术，以及大数据、云计算和物联网等技术，研究"空-天-地-深"等主要监测要素及监测方式，对大坝工程进行点、线、面、体等集一体化的监测优化布局，并对其监测模式、监测目标、监测频次以及监测范围等进行分析，形成大坝工程的立体感知监测体系设计方案。

（3）网格化的智能巡检系统设计。以无人机高低频DEM、高精度厘米级的工业智能PAD为基础，应用GPS和GIS技术，通过数据同步、地图浏览、案件上报、协同处理、信息共享，达到现场智能PAD与控制室决策实时响应，实现边坡巡检智能网格化管理。建立大坝工程区域无人机视频高清巡检摄像、整体全覆盖的智能巡检PAD，并采用定位差分技术和自动化技术，实现及时发现、及时分析、及时反馈、及时处理。

（4）大坝安全性态预测预报及智能预警技术研究。大坝工程失稳灾害预警就是通过对灾害宏观破坏特征的调查分析、主动监测和被动监测相结合的监测体系所提供地学信息的准确判断，正确分析灾害发生的主控因素和主控因素耦合体，明确工程灾害的分析方法与类型以及灾害发生在空间上的特征点和时间上的临界状态，从而把灾变过程与灾害主控因素、宏观破坏特征、灾害类别以及灾变规律判定通过相关信息，建立确定的最佳联系，实现灾害的预测预报。依据监测成果资料，应用灰色理论、神经网络、深度学习等方法，建立基于效应量的预测预报模型；依据环境量成果资料，应用因素敏感性、相关性和贡献率分析，建立基于多因素的预测预报模型。应用多种预测预报方法，进行阈值预警或趋势预警分析评价。建立基于监测原始数据、效应量和因素量多重评价模型为基础，以预警阈值和趋势值为判据的预警体系。

（5）结合大坝的监测资料，梳理了用于安全监测预警和安全评价的直接监测指标和间接指标。整理了安全评价体系资料及数据来源途径（包括结构设计、施工及管线监测、工程运行和巡线管理），提出了不同数据来源的直接（或间接）控制指标。通过安全监测、运行控制、设计和施工参数等指标匹配，应用故障树分析（FTA）方法、主成分理论分析（PCA）方法、投影跟踪分析（PPA）方法，进行了多层次、多因素的大坝安全评价指标选取、评价方法等方面研究，研究大坝原型监测指标与安全评价指标的深度耦合匹配，建立大坝安全评价体系。

（6）大坝安全运行智能监控自动化、标准化设计。建立统一接口、统一标准是保障其运行可靠的基础。大坝安全运行智能监控系统硬件包括数据采集、传输、存储和展示等部分。数据采集包括监测物理量、环境量、巡检录像图片及文字等指标；数据传输包括有线模式和无线（4G技术、WiFi技术）模式；数据存储包括现场传感器、自动采集MCU、服务器、数据库、图形库、方法库、知识库等；数据展示包括 BDS、MEMS、GIS、RS 和 IWHRINS 等。工程所涉及的数据格式、硬件接口、网络接口等模块和格式众多，多源异构数据较为常见，采用标准化的拓扑架构，解决数据格式、硬件接口、网络协议数字化，实现数据采集、传输、存储和展示等部分标准化。

（7）大坝安全运行智慧管理信息系统设计。为提高工作效率，及时准确地提供监测资料和分析成果，依托已经成熟的系统开发经验为大坝工程开发一套"监测资料管理及分析系统"。系统的开发目标是：针对大坝工程的需要，开发监测数据库、方法库、图形库、知识库和分析模型库等五库一体化信息管理分析系统。该系统包括系统管理、数据管理、整编管理、分析评价、预测预报、安全预警、图形管理、报表管理、显示管理、巡检管理、办公管理、协商管理等模块，实现边坡监测资料整理、整编、预测预报、预警、动态反馈、分析评价等功能，以及二维-三维同步、平-剖面互层的可视化分析；满足大坝在施工期、运行期等全生命周期分析判断的需要，提供监测数据时空动态分析与评估以及超限或超趋势报警，以达到实时监控大坝工程安全的目的。

（8）大坝动态反馈及联防体系设计。拟以智能巡查、安全监测为基础，以信息整编、分析、评价、预警、联防为主线，实现重点断面和辅助断面相结合，智能巡查网格化和高清巡检监控相结合，变形和渗流监测相结合，人-物相结合，技术和管理预警相结合，非工程措施和工程措施相结合的"发现者-评价者-管理者-执行者-操作者"五位一体的联防机制。

（9）大坝全生命周期安全运行监控管理云平台建设（图 12.2-3）。该云平台包括硬件和软件两部分，硬件包括 BDS 北斗定位系统、MEMS 三维深部变形、MCU 自动采集

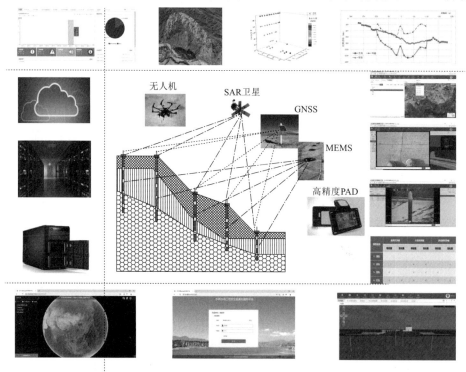

图 12.2-3　安全监测系统云平台搭建及功能展示

模块、网络架构、云服务器、高清电子显示屏等，软件包括网络协议、接口协议、智能巡检系统、智慧信息管理系统等。该平台基于高精度北斗定位导航系统、智能物联网、云计算、大数据挖掘等技术，建立了实时、智慧、全程、高效、远程的大坝安全运行监控体系，集自动化管理、网络协议管理、接口协议管理、系统管理、数据管理、整编管理、分析评价、预测预报、安全预警、图形管理、报表管理、显示管理、巡检管理、办公管理、协商管理等模块管理于一身，大坝监测资料整理、整编、预测预报、预警、动态反馈、分析评价和远程咨询决策等功能于一体，为大坝安全运行智慧管理提供技术支撑，为大坝安全动态反馈及联防提供科学依据。

12.3　甘再水电站大坝安全监测管理系统

12.3.1　综合概况

主要介绍甘再水电站工程所涉及的监测仪器类型、对象、项目、测点、数据、预警以及相关重点关注项目、测点等信息，以及综合信息的建立、修改、增添、删除等功能，如图 12.3-1 所示。

图 12.3-1　综合概况界面

12.3.2　监测对象

主要介绍甘再水电站工程监测对象所涉及的大坝、隧洞、边坡以及相应的坝段、断面以及部位等信息，以及监测对象的建立、修改、增添、删除等功能，如图 12.3-2 所示。

图 12.3-2　监测对象界面

12.3.3　监测项目

主要介绍甘再水电站工程监测项目所涉及的变形、应力、渗压以及环境量等项目，如坝基水平位移、坝体沉降、锚杆应力计、应变计组、渗压计、测压管、量水堰、库水位等信息，以及监测项目的建立、修改、增添、删除等功能，如图 12.3-3 所示。

图 12.3-3　监测项目界面

12.3.4　测点管理

主要介绍甘再水电站工程监测测点所涉及的各类传感器编号及数量，如 TP-1、IP1、

TC1-6 等信息，以及监测测点的建立、修改、增添、删除等功能，如图 12.3-4～图 12.3-8 所示。

图 12.3-4　测点列表界面

图 12.3-5　支持仪器更换操作界面

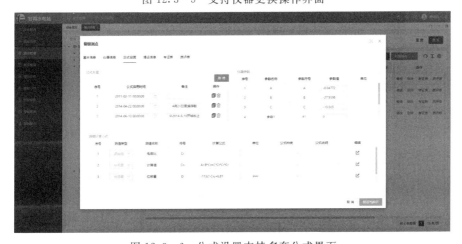

图 12.3-6　公式设置支持多套公式界面

图 12.3-7　考证表填写界面

图 12.3-8　质评表填写界面

12.3.5　数据整编

主要介绍甘再水电站工程数据整编所涉及的数据序列、初始值以及基准值、粗差值、无效值等信息，以及数据的录入、批量导入导出、计算、粗差、日志等功能，如图 12.3-9～图 12.3-16 所示。

12.3.6　特征值

主要介绍甘再水电站工程特征值所涉及的监测数据最大值、最小值、均值、变幅、当前值等信息，以及按照年度、季度、月度、周度、时间段等功能，如图 12.3-17～图 12.3-19 所示。

图 12.3 - 9　监测数据列表界面

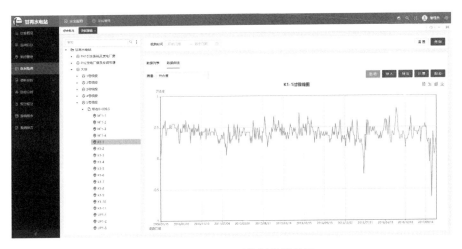

图 12.3 - 10　监测数据曲线界面

图 12.3 - 11　新增监测数据界面

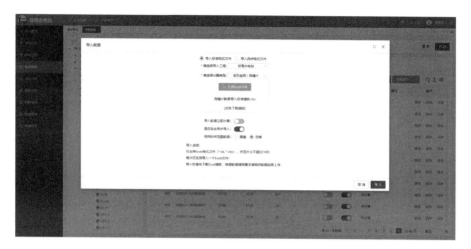

图 12.3-12　导入监测数据界面

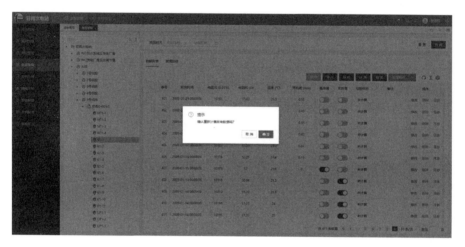

图 12.3-13　数据计算界面

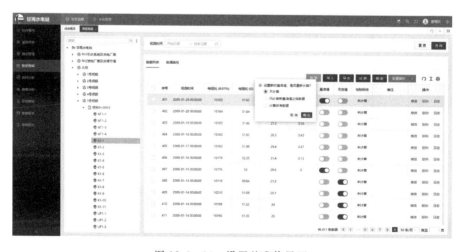

图 12.3-14　设置基准值界面

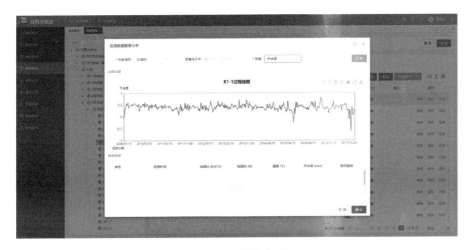

图 12.3-15 粗差分析界面

图 12.3-16 数据日志界面

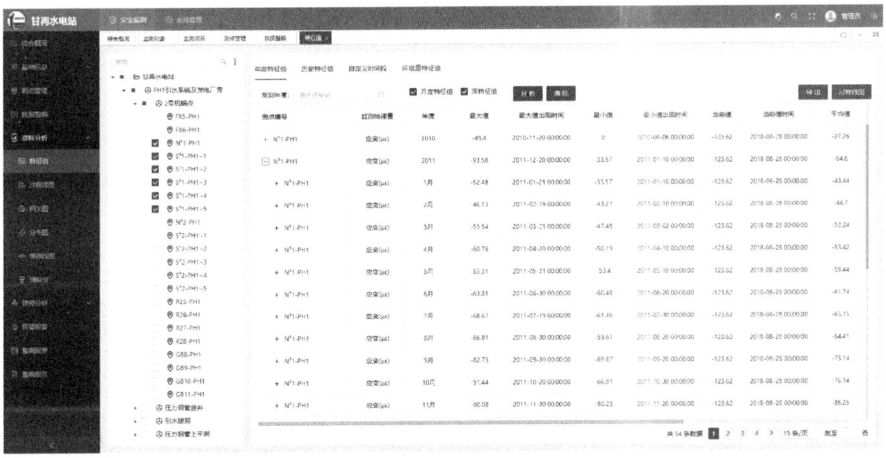

图 12.3-17 年度、月、周特征值界面

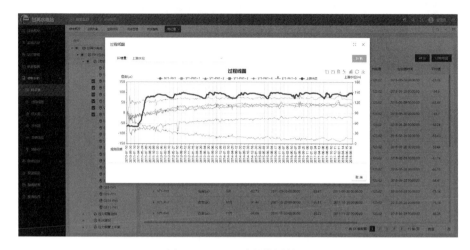

图 12.3-18 过程线图界面

图 12.3-19 环境量特征值界面

12.3.7 过程线图

主要介绍甘再水电站工程监测数据过程线所涉及的监测数据 XY 轴、XYY 轴、$XYYY$ 轴的时序过程线等信息，以及图名、图例、坐标轴、点线标识、个性化模板等功能，如图 12.3-20 和图 12.3-21 所示。

12.3.8 相关图

主要介绍甘再水电站工程监测数据相关性所涉及的效应量与因变量、效应量与两个因变量、效应量与多个因变量、效应量与效应量等信息，以及相关图的散点图、柱状图以及相关性分析等功能，如图 12.3-22 所示。

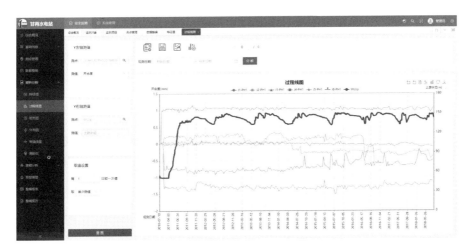

图 12.3-20 过程线图界面

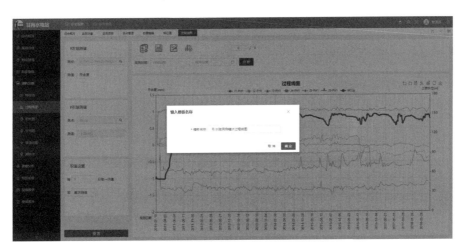

图 12.3-21 保存模板界面

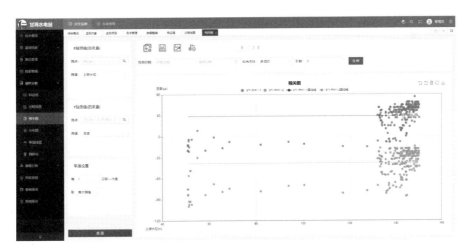

图 12.3-22 相关性分析界面

12.3.9　分布图

主要介绍甘再水电站工程监测数据分布所涉及的按断面、按桩号、按剖面、按平面的变形、应力、渗压以及环境量的时空分布等信息，以及图名、图例、坐标轴、点线标识、个性化模板等功能，如图 12.3-23 和图 12.3-24 所示。

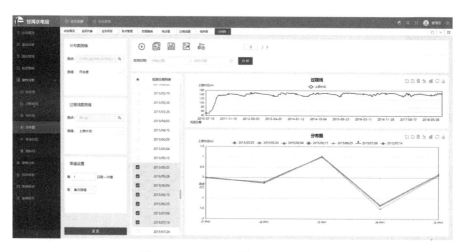

图 12.3-23　监测数据分布图（一）

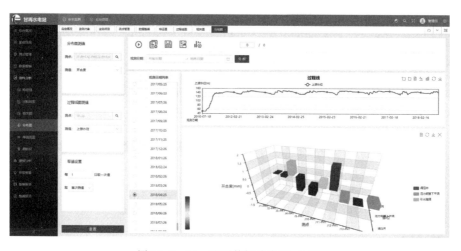

图 12.3-24　监测数据分布图（二）

12.3.10　等值线图

主要介绍甘再水电站工程监测等值线所涉及的按断面、按剖面、按平面的变形、应力、渗压以及环境量的时空分布等信息，以及图名、图例、坐标轴、点线标识、个性化模板等功能，如图 12.3-25 和图 12.3-26 所示。

图 12.3-25 等值线界面

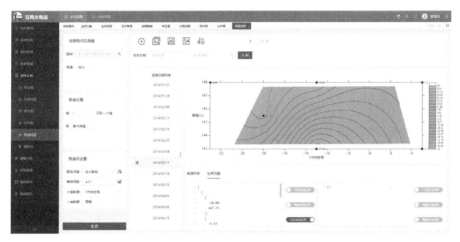

图 12.3-26 白化边界

12.3.11 建模分析

主要介绍甘再水电站工程监测建模所涉及的时程、特征值、聚类、统计、拟合等大数据算法，以及数据选取、粗差、参数设置、大数据分析、计算精度分析、误差分析等功能，如图 12.3-27～图 12.3-30 所示。

12.3.12 预警预报

主要介绍甘再水电站工程预警预报所涉及的阈值、趋势值、预警等级等信息，以及预警判别、预警处理等功能，如图 12.3-31～图 12.3-36 所示。

12.3.13 整编报表

主要介绍甘再水电站工程整编报表所涉及的信息图表、数据图表、考证质评图表、分析图表等信息，以及图表格式、尺寸、样式等功能，如图 12.3-37～图 12.3-41 所示。

图 12.3-27　时序预测模型建模成果界面

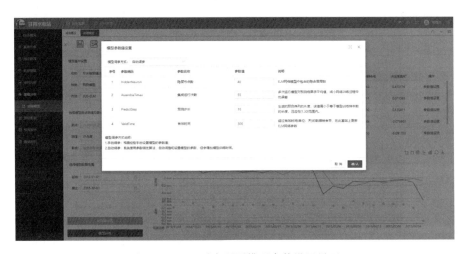

图 12.3-28　时序预测模型参数设置界面

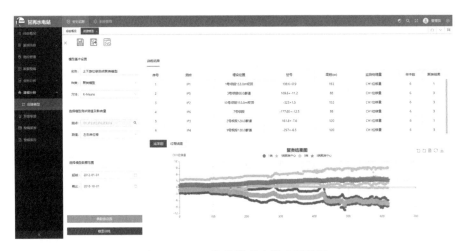

图 12.3-29　聚类模型建模成果界面

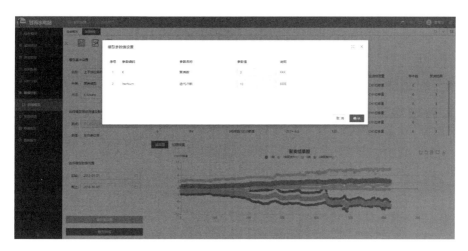

图 12.3-30 聚类模型参数设置界面

图 12.3-31 预警预报数据列表界面

图 12.3-32 预警报警详情界面

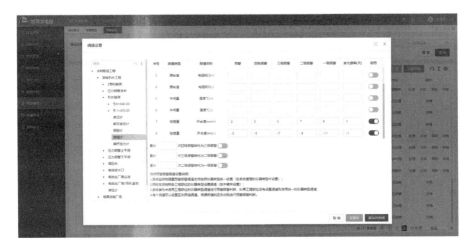

图 12.3 - 33　阈值及趋势值设置界面

图 12.3 - 34　处理预警报警界面

图 12.3 - 35　忽略预警报警界面

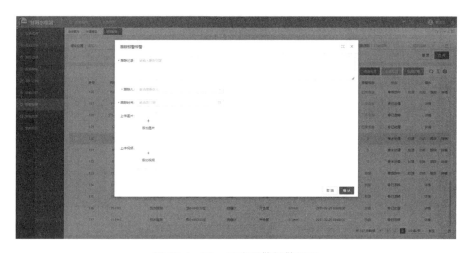

图 12.3-36 跟踪预警报警界面

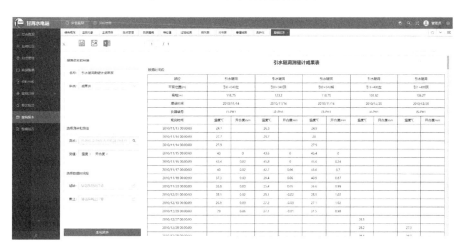

图 12.3-37 成果表界面

图 12.3-38 统计表界面

图 12.3-39　记录计算表界面

图 12.3-40　考证表界面

图 12.3-41　质评表界面

12.3.14　整编报告

主要介绍甘再水电站工程整编报告所涉及的年报、月报、周报、简报等信息，以及报告的格式、图表、文字、附图等功能，如图 12.3-42～图 12.3-45 所示。

图 12.3-42　周报界面

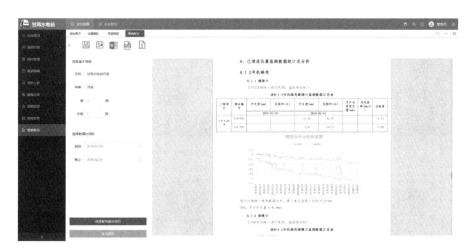

图 12.3-43　月报界面

12.3.15　BIM 三维可视化

主要介绍甘再水电站工程 BIM 所涉及的全局、局部、监测对象、监测项目、监测测点、二维以及三维交互等信息，以及数据查询、渲染、展示、交互等功能，如图 12.3-46～图 12.3-62 所示。

图 12.3－44　报告设置界面

图 12.3－45　报告定时任务界面

图 12.3－46　外观仪器主页面

图 12.3-47　真实仪器三维模型——观测墩

图 12.3-48　真实仪器三维模型——静力水准仪

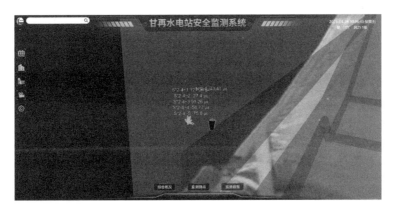

图 12.3-49　真实仪器三维模型——无应力计和五向应变组

图 12.3-50　镜头拉近时自动显示测点编号和最新测值

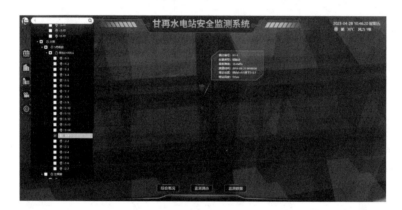

图 12.3-51　测点搜索显示

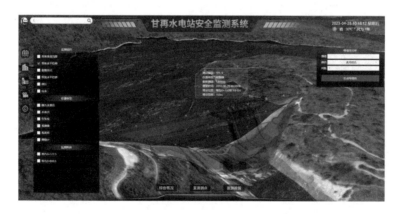

图 12.3-52（一）　按监测项目查看测点分布-坝体水平位移

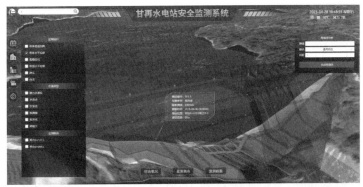

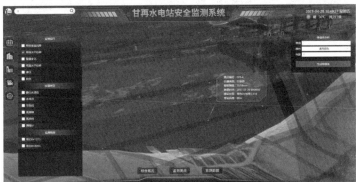

图 12.3-52（二）　按监测项目查看测点分布-坝体水平位移

图 12.3-53　按仪器类型查看测点分布

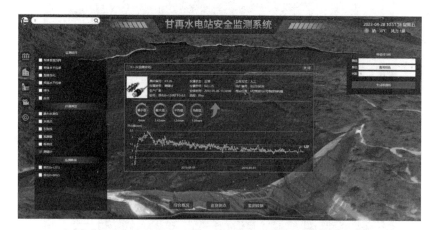

图 12.3-54　查看测点的详细数据和数据曲线

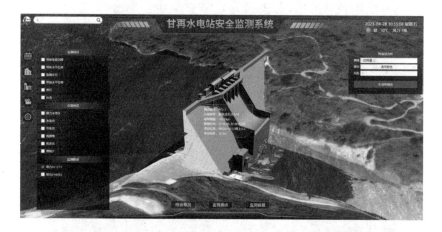

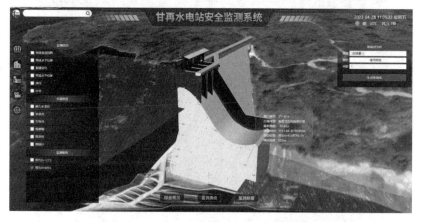

图 12.3-55　监测断面和断面上的测点显示

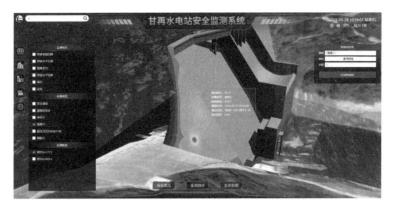

图 12.3-56 断面等值线和测点、数据显示——温度

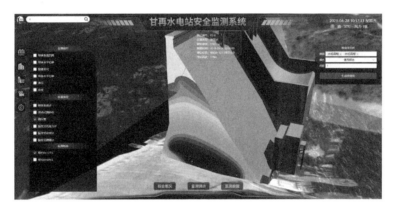

图 12.3-57 断面等值线和测点、数据显示——渗压水位

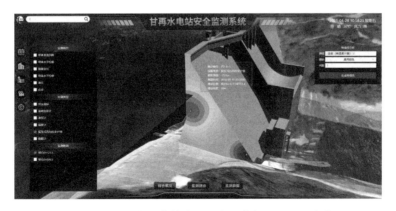

图 12.3-58 断面等值线和测点、数据显示——应变

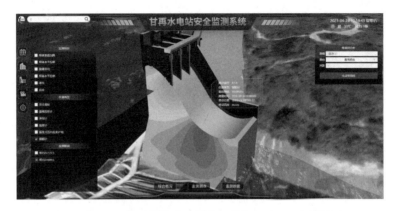

图 12.3 - 59　断面等值线和测点、数据显示——钢筋应力

图 12.3 - 60　综合数据显示

图 12.3 - 61　监测测点数据展示

图 12.3 - 62　监测数据显示

部 分 程 序 代 码

```html
<template>
  <div id="main2" style=""></div>
</template>
<script>
import * as echarts from 'echarts';
export default {
  components: {
  },
  props: {
    capacity: {
      type: Object,
      default: () => { }
    },
  },
  data() {
    return {
      newPlan: {
        resultName: [
          "初期生态放水孔封堵换洞室对外交通洞衬砌混凝土",
          "永久生态放水孔开挖支护",
          "3号引水洞回填混凝土",
          "1号引水洞回填混凝土",
          "2号引水洞回填混凝土",
          "联合进水口结构混凝土浇筑",
          "溢洪道堰闸段底板块混凝土",
          "溢洪道泄槽段结构混凝土",
          "溢洪道排流量块状混凝土",
          "溢洪道堰闸段混凝土",
        ],
        plan: [0, 0, 0, 0, 0, 0, 0, 0, 0, 0],
        percentcomplete: [0, 0, 0, 0, 0, 0, 0, 0, 0, 0],
      },
    },
  },
}
```

(a) BIM中心功能部分源程序(一)

```html
<template>
  <div>
    <div class="rightPanel rightTop">
      <div class="rightTopChild"></div>
      <span class="rightText">施工属性</span>
      <span @click="leftVisible" class="rightSQ">{{
        leftText ? "收起" : "展开"
      }}</span>
      <img
        @click="leftVisible"
        class="rightImg"
        :src="leftImg"
        width="40px"
        height="40px"
      />
    </div>
    <div class="rightPanelBottom" v-show="leftFlag">
      <div class="content">
        项目名称:
        {{ leftInfo.projectName != undefined ? leftInfo.projectName : "" }}
      </div>
      <div class="content">
        项目等级:
        {{
          leftInfo.projectLevelName != undefined
            ? leftInfo.projectLevelName
            : ""
        }}
      </div>
      <div class="content">
        工程编码: {{ leftInfo.name != undefined ? leftInfo.name : "" }}
      </div>
    </div>
  </div>
</template>
```

(b) BIM中心功能部分源程序(二)

附图 1(一)　BIM 中心功能部分源程序

```
getModelDetails(modelId, gild, flag) {
    let that = this;

    that.$fromService
        -getIdByGlid({
            modelName: modelId,
            glid: gild,
        })
        .then(((res) => {
            let result = res.data.data;
            if (result) {
                // 透明开挖地面
                api2.Model.setAlpha(modelData.modelJson.KWMDX, 0.5);

                // 显示面板
                that.leftFlag = true;
                that.leftImg = "images/downTriangle.png";
                that.leftInfo = result;

                that.rightFlag = true;
                that.rightImg = "images/downTriangle.png";
                that.rightInfo = result;
                // 定位构件
                let flyRange = 60;
                api2.Feature.zoomTo(
                    modelId + "^" + gild,
                    modelId,
                    true,
                    undefined,
                    undefined,
                    undefined,
                    undefined,
                    flyRange
                );
```

(c) BIM中心功能部分源程序(三)

```
{
    label: "装载车",
    url: `http://                         model/${modelData.modelJson.ZZC}/root.glt`,
    modelId: "GMC23",
    scale: 30,
    options: {
        pos: {
            lon: 1.3884080282128457,
            lat: 0.7267974576645977,
            height: 1493.5146333362977,
        },
        visualRange: 100000,
        // 模型位置调整,偏移量
        offset: {
            x: 0,
            y: 150,
            z: -43314
        },
    },
};
model.forEach((model) => {
    model.options.flyto = false;
    if(modelData.modelJson.ZZC==model.modelId){
        // model.options.rotateAxis = 45;
        model.options.rotateAxis = 45;
    }
    api.Model.add(
        model.url,
        model.modelId,
        model.beforeLoad ? model.beforeLoad : (data) => {},
        model.afterLoad ? model.afterLoad : (data) => {
        },
        model.options
    );
```

(d) BIM中心功能部分源程序(四)

附图1(二) BIM中心功能部分源程序

243

```
/***
 *@Description: 为gis获取所有点位信息
 *@Param: [map]
 *@return: ███████████████████████e
 *@Author: Qxk
 *@Date: 2022/10/22 14:57
 */
@GetMapping("/█████████")
public ApiResponse ████████(@RequestParam Map map) {
    ApiResponse apiResponse = cameraManagerService.getCameras();
    return apiResponse;
}
/***
 *@Description: 为gis提供视频列表信息
 *@Param: [map]
 *@return: ███████████████████████e
 *@Author: Qxk
 *@Date: 2022/10/22 16:03
 */
@GetMapping("/████████████")
public ApiResponse ████████(@RequestParam Map map) {
    ApiResponse apiResponse = cameraManagerService.getCamerasList();
    return apiResponse;
}
/**
 *
 * @param map
 * @return ███████████████████
 * @author qxk
 * @creed: Talk is cheap,show me the code
 * @date 2022/10/26 11:55
 * @Description 修改在线状态
 */
@GetMapping("/█████████████")
public ApiResponse updateOnlineOrNot(@RequestParam Map map) {
```

（a）电子沙盘功能部分源程序（一）

```
/**
 * 单元列表信息获取
 * @param
 * @return
 */
@RequestMapping(value = "/█████████████", method = RequestMethod.GET)
public List ████████████(@RequestParam Map<Object, Object> params) {
    return massOfBimService.qualityOfDyList(params);
}
/**
 * 单元项目评定信息获取
 * @param
 * @return
 */
@RequestMapping(value = "/███████", method = RequestMethod.GET)
public ApiResponse ██████████(@RequestParam Map<Object, Object> params) {
    return massOfBimService.█████████(params);
}
/**
 * 单元项目评定信息获取
 * @param
 * @return
 */
@RequestMapping(value = "/█████████", method = RequestMethod.GET)
public ApiResponse ████████████(@RequestParam Map<Object, Object> params) {
    return massOfBimService.█████████(params);
}
```

（b）电子沙盘功能部分源程序（二）

附图 2（一） 电子沙盘功能部分源程序

```java
@RequestMapping(value = "/d██████████l", method = RequestMethod.GET)
public void ██████████(@RequestParam Map<String, Object> params) throws IOException {
    List<BimModel> bimlist=bimModelService.getModelDats(params);
        SimpleClientHttpRequestFactory requestFactory = new SimpleClientHttpRequestFactory();
        requestFactory.setConnectTimeout(1000 * 1000);
        requestFactory.setReadTimeout(1000 * 1000);
        RestTemplate restTemplate = new RestTemplate(requestFactory);
        HttpHeaders headers = new HttpHeaders();
        headers.add("Content-Type","application/json;charset=UTF-8");
        HttpEntity<Map<String,Object>> httpEntity = new HttpEntity<>(headers);
    for(BimModel bim:bimlist){
        if(bim.getIsDownload() == 0){
            String get = HttpUtil.doGet("http://██████████/TransitionState"
            +"?guid="
            + URLEncoder.encode(bim.getGuid(),"utf-8"));
        if(StringUtils.equals(get, "1")){
            String downurl = "http://██████████/Download?guid="+bim.getGuid();
                //根据guid从公司bim平台下载d3m文件
                ResponseEntity<byte[]> responseEntityfbx = restTemplate.exchange(downurl, HttpMethod.GET, httpEntity, byte[].class);
            byte[] bytefilezip = responseEntityfbx.getBody();
            if (bytefilezip == null) {
                System.out.println("d3m文件为空");
                return;
            }
            String filepath = storgeUrl + bim.getFbxCode()+"\\" + bim.getFbxCode() + ".zip";
            File zipfile = new File(filepath);
            if(zipfile.exists()){
                zipfile.delete();
            }
            FileOutputStream fos = new FileOutputStream(zipfile);
            fos.write(bytefilezip,0,bytefilezip.length);
            fos.flush();
            fos.close();
```

(c) 电子沙盘功能部分源程序(三)

附图 2（二） 电子沙盘功能部分源程序

```java
/**
 *  删除
 *  @param  id
 */
@RequestMapping(value = "/██████/{id}", produces = "application/json;charset=UTF-8", method = RequestMethod.DELETE)
public ApiResponse ██████(@PathVariable String id) {
    return modelLibraryService.██████(id);
}


/**
 * 获取单元工程大类
 * @param params
 * @return
 */
@RequestMapping(value = "/██████████", method = RequestMethod.GET)
public ApiResponse ██████████(@RequestParam Map<Object, Object> params) {
    return modelLibraryService.██████████(params);
}

/**
 * 获取备查表
 * @param params
 * @return
 */
@RequestMapping(value = "/██████████", method = RequestMethod.GET)
public ApiResponse ██████████(@RequestParam Map<Object, Object> params) {
    return modelLibraryService.██████████(params);
}
```

(a) 质量模块功能部分源程序(一)

附图 3（一） 质量模块功能部分源程序

```
 97    /**
 98     *  @Description: 获取项目树(带仓面)
 99     *  @param:
100     *  @return:
101     *  @Date: 2021/11/9  14:13
102     *  @Created: ▨
103     */
104    @RequestMapping(value = "/▨▨▨▨▨", method = RequestMethod.GET)
105    public ApiResponse ▨▨▨▨▨() throws Exception {
106        return workProcedureService.▨▨▨▨▨();
107    }
108
109
110    /**
111     *  @Description: 获取工序的备查表回填信息
112     *  @param:
113     *  @return:
114     *  @Date: 2022/1/11  17:13
115     *  @Created: ▨
116     */
117    @RequestMapping(value = "/▨▨▨▨▨", method = RequestMethod.GET)
118    public ApiResponse ▨▨▨▨▨Info(@RequestParam Map<String, Object> params){
119        return workProcedureService.▨▨▨▨▨Info(params);
120    }
121    }
```

（b）质量模块功能部分源程序（二）

```
270    /**
271     *  评定表/报验单获取工序表信息
272     *  @param params
273     *  @return
274     */
275    @RequestMapping(value = "/▨▨▨▨▨", method = RequestMethod.GET)
276    public ApiResponse ▨▨▨▨▨(@RequestParam Map<Object, Object> params) {
277        return dataLibraryService.▨▨▨▨▨(params);
278    }
279
280
281
282    /**
283     *  要料单结束生成配料单
284     *  @param id
285     *  @return
286     */
287    @RequestMapping(value = "/▨▨▨▨▨/{id}", method = RequestMethod.GET)
288    public ApiResponse ▨▨▨▨(@PathVariable String id) {
289        return dataLibraryService.▨▨▨▨▨(id);
290    }
291
292
293    /**
294     *  查询当前业务id的流程状态
295     *  @param params
296     *  @return
297     */
298    @RequestMapping(value = "/▨▨▨▨▨", method = RequestMethod.GET)
299    public ApiResponse ▨▨▨▨▨(@RequestParam Map<Object, Object> params) {
300        return dataLibraryService.▨▨▨▨▨(params);
301    }
```

（c）质量模块功能部分源程序（三）

附图 3（二）　质量模块功能部分源程序

```
53    /**
54     * 获取模板编码相同的最新版本模板列表
55     * @param params
56     * @return
57     */
58    @RequestMapping(value = "/▒▒▒▒▒▒▒▒▒▒▒", method = RequestMethod.GET)
59    public ApiResponse ▒▒▒▒▒▒▒▒(@RequestParam Map<Object, Object> params) {
60        return dataLibraryService.▒▒▒▒▒▒▒▒(params);
61    }
62
63    /**
64     * 根据主键查询表sq_que_data_library信息
65     * @param id
66     */
67    @RequestMapping(value = "/▒▒▒▒▒▒▒▒/{id}", produces = "application/json;charset=UTF-8", method = RequestMethod.GET)
68    public ApiResponse ▒▒▒▒▒▒(@PathVariable String id) {
69        return dataLibraryService.▒▒▒▒▒▒(id);
70    }
71
72    /**
73     * 新增
74     * @param dataLibrary
75     */
76    @RequestMapping(value = "/▒▒▒▒", produces = "application/json;charset=UTF-8", method = RequestMethod.POST)
77    public ApiResponse ▒▒▒▒(@RequestBody DataLibrary dataLibrary, HttpServletRequest request) {
78        return dataLibraryService.▒▒▒▒(dataLibrary, request);
79    }
80
```

（d）质量模块功能部分源程序（四）

附图 3（三） 质量模块功能部分源程序

```
/**
 * 导出
 * @param params
 * @param request
 * @param response
 */
@Function(code = "SAFE-CONSIDERDANGER-006", name = "导出", desc = "导出", type = PermissionTypes.EXPORT, tag = "safe")
@RequestMapping(value = "/▒▒▒▒", produces = "application/json;charset=UTF-8", method = RequestMethod.GET)
public void ▒▒▒▒▒▒(@RequestParam Map<Object, Object> params, HttpServletRequest request, HttpServletResponse response) {
    // 导出的数据
    List<?> exportData = considerDangerService.queryExport(params);
    // 1. 导出的header标题设置
    String[] headers = {"月份", "施工单位", "类别", "项目", "危险源", "施工项目", "可能导致的事故类型", "L", "E", "C", "D", "风险等级", "技术管理责任人", "施工管理责任人
    // 2. 导出header对应的字段设置
    String[] columns = {"month", "fillOrgName", "dangerStyleName", "item", "dangerName", "projectName", "accident", "lValue", "eValue", "cValue", "dValue", "da
    try {
        ExcelUtils.generalExport(exportData, headers, columns, "较大风险及分级管控清单", 6000, response);
    } catch (Exception e) {
        e.printStackTrace();
    }
}

/**
 * 提交
 *
 * @param id
 */
@Function(code = "SAFE-CONSIDERDANGER-007", name = "提交", desc = "提交", type = PermissionTypes.SUBMIT, tag = "safe")
@RequestMapping(value = "/▒▒▒▒/{id}", produces = "application/json;charset=UTF-8", method = RequestMethod.POST)
public ApiResponse ▒▒▒▒(@PathVariable String id) {
    return considerDangerService.submit(id);
}
```

（a）安全模块功能部分源程序（一）

```
/**
 * 新增
 * @param checkPlanDetail
 */
@Transactional
@Override
public ApiResponse ▒▒▒▒▒k(CheckPlanDetail checkPlanDetail) {
    boolean result = save(checkPlanDetail);
    return ApiResponse.Ok(checkPlanDetail.getId(),result?1:0);
}

/**
 * 修改
 * @param checkPlanDetail
 */
@Transactional
@Override
public ApiResponse ▒▒▒▒(CheckPlanDetail checkPlanDetail) {
    boolean result = updateById(checkPlanDetail);
    return ApiResponse.Ok(checkPlanDetail.getId(),result?1:0);
}

/**
```

（b）安全模块功能部分源程序（二）

附图 4（一） 安全模块功能部分源程序

```
* @param params
* @return QueryResult<MajorDanger>
*/
Function(code = "SAFE-MAJORDANGER-001", name = "分页获取对象", desc = "分页获取对象", type = PermissionTypes.SELECT, tag = "safe")
RequestMapping(value = "/                    ", method = RequestMethod.GET)
ublic ApiResponse                    (@RequestParam Map<Object, Object> params) {
    return majorDangerService.                    (params);
```

```
**
* 根据主键查询表               信息
*
* @param id
*/
Function(code = "SAFE-MAJORDANGER-002", name = "获取详细信息", desc = "获取详细信息", type = PermissionTypes.SELECT, tag = "safe")
RequestMapping(value = "/          /{id}", produces = "application/json;charset=UTF-8", method = RequestMethod.GET)
ublic ApiResponse                (@PathVariable String id) {
    return majorDangerService.                (id);
```

```
**
* 新增
*
* @param majorDanger
*/
Function(code = "SAFE-MAJORDANGER-003", name = "新增", desc = "新增", type = PermissionTypes.ADD, tag = "safe")
RequestMapping(value = "/          ", produces = "application/json;charset=UTF-8", method = RequestMethod.POST)
ublic ApiResponse          (@Valid @RequestBody MajorDanger majorDanger) {
    return majorDangerService.          (majorDanger);
```

（c）安全模块功能部分源程序（三）

```
/**
* 导出
*
* @param
*/
@Function(code = "SAFE-EMERGENCYDRILLINFO-006", name = "导出", desc = "导出", type = PermissionTypes.EXPORT, tag = "safe")
@RequestMapping(value = "/        ", produces = "application/json;charset=UTF-8", method = RequestMethod.GET)
public void        (@RequestParam Map<Object, Object> params, HttpServletRequest request, HttpServletResponse response) {
    emergencyDrillInfoService.                (params,request,response);
}
/**
* 查询应急预案库列表
* @param params
* @return
*/
@RequestMapping(value = "/                ", method = RequestMethod.GET)
public ApiResponse                (@RequestParam Map<Object, Object> params) {
    return emergencyDrillInfoService.                (params);
}

/**
* 查询应急预案库名称
* @param params
* @return
*/
@RequestMapping(value = "/              ", method = RequestMethod.GET)
public ApiResponse                (@RequestParam Map<Object, Object> params) {
    return emergencyDrillInfoService.                (params);
}
```

（d）安全模块功能部分源程序（四）

附图 4（二） 安全模块功能部分源程序

```
//1)自定义条形图外观显示
project.on("drawitem", function (e) {
    var item = e.item;
    var left = e.itemBox.left,
        top = e.itemBox.top,
        width = e.itemBox.width,
        height = e.itemBox.height;
    if(item.Milestone == 1){

    }else{
        if (!item.Summary && !e.baseline) {
            var percentWidth = width * (item.PercentComplete / 100);

            e.itemHtml = '<div id="' + item._id + '" class="myitem" style="left:' + left + 'px;top:' + top + 'px;width:' + width + 'px;height:' + (height) + ';
            e.itemHtml += '<div style="width:' + (percentWidth) + 'px;" class="percentcomplete"></div>';
            e.itemHtml += '</div>';
        } else if (e.baseline) {
            e.itemHtml = '<div id="' + item._id + '" class="baseline" style="left:' + left + 'px;top:' + top + 'px;width:' + width + 'px;height:' + (height) +
            e.itemHtml += '</div>';
        } else {
            e.itemHtml = '<div id="' + item._id + '" class="summary" style="left:' + left + 'px;top:' + top + 'px;width:' + width + 'px;height:' + (height) +
            e.itemHtml += '</div>';
        }
    }
}
```

(a) 进度模块功能部分源程序(一)

```
/* 勾选关联父级和子级
-------------------------------------------------------------------------*/
project.on("beforeselect", function (e) {
    //如果是可选择模式
    if(!project.getColumn('check').visible){
        return;
    }
    e.cancel = true;
    var task = e.task;

    var isSelected = this.isSelected(task);
    if (isSelected) {
        //任务和子任务全部取消选择
        var tasks = this.getAllChildTasks(task);
        tasks.push(task);
        this.deselects(tasks);

        //?如果父任务下没有选中的任务，则父任务也取消选择

    } else {
        //任务、父任务、子任务选中
        var tasks = this.getAncestorTasks(task);
        tasks.push(task);

        var childs = this.getAllChildTasks(task);
        tasks.addRange(childs);
        this.selects(tasks);
    }
});
```

(b) 进度模块功能部分源程序(二)

附图 5 (一) 进度模块功能部分源程序

249

```
//年计划和月计划
function showSplit(type) {

    mini.open({
        url: mini_JSPath + "../plusproject/js/PlanWindow.html?pid="+projectUID+"&mold="+type,
        title: "选择计划",
        width: 650,
        height: 380,
        onload: function () {
//                      var iframe = this.getIFrameEl();
//                      iframe.contentWindow.SetData(null);
        },
        ondestroy: function (action) {
            if (action == "ok") {
                var iframe = this.getIFrameEl();
                //
                var data = iframe.contentWindow.GetData();
                data = mini.clone(data);    //必须

                //增加查询参数
                var obj = {
                    projectuid: data.id,
                    dataType: 'basics',
                    startTime: '',
                    endTime: ''
                }

                LoadProject(obj, project, function () {
                    project.orderProject(); //加载数据后，进度计算一下.
                });

            }
        }
    });
```

(c) 进度模块功能部分源程序(三)

```
    mini.parse();
/* 创建项目甘特图对象，设置列配置，创建右键菜单和任务面板
-------------------------------------------------------------------------*/
    var type = 'basics';    //基础 计划-实际对比

var project = new PlusProject();
// project.setStyle("width:1000px;height:400px");
project.setStyle("width:100%;height:100%");
project.setBorderStyle("border:0");

    var columns = [];

    columns.push(new mini.CheckColumn({header: "",field:"check",name:'check'}));          //选择列
    columns.push(new PlusProject.IDColumn());
    columns.push(new PlusProject.StatusColumn());
    columns.push(new PlusProject.ManualColumn());
    columns.push(new PlusProject.NameColumn());
    columns.push(new PlusProject.WeightColumn());

    var isCritical = {
        header: "关键任务<br/>Boolean",
        field: "Critical",
        width: 70,
        type: "checkboxcolumn",
        trueValue: '1',
        falseValue: '0',
        name: 'Critical'
    };
    columns.push(isCritical);
```

(d) 进度模块功能部分源程序(四)

附图 5（二）　进度模块功能部分源程序

```
<el-table v-loading="loading" :height="tableHeight" :data="listData.data" style="width:100%;"  border
        size="mini" :header-cell-style="{'text-align':'center'}">
    <el-table-column label="序号" type="index" :index="indexMethod" width="70" align="center"></el-table-column>
    <%--<el-table-column prop="projectName" label="工程名称" align="left" width="500" :show-overflow-tooltip="true"></el-table-column>--%>
    <%--<el-table-column prop="projectCode" label="工程编码" align="center" width="200"></el-table-column>--%>
    <el-table-column prop="orgName" label="标段" align="center" width="100">

    </el-table-column>
    <el-table-column prop="mpCode" label="配合比编码" align="center" width="200" :show-overflow-tooltip="true">
        <template slot-scope="scope">
            <el-link type="primary" :underline="false" @click="queryDetail(scope.$index,scope.row)">{{scope.row.mpCode}}</el-link>
        </template>
    </el-table-column>
    <el-table-column prop="concreteTypeDesc" label="混凝土种类" align="center" width="120"></el-table-column>
    <el-table-column prop="wbRatio" label="水胶比" align="center" width="120"></el-table-column>
    <el-table-column prop="sGradeDesc" label="强度等级" align="center" width="120"></el-table-column>
    <%--<el-table-column prop="frGradeDesc" label="抗冻等级" align="center" width="120"></el-table-column>--%>
    <el-table-column prop="iGradeDesc" label="抗渗等级" align="center" width="120"></el-table-column>
    <el-table-column prop="reportTime" label="报告时间" align="center" width="120"></el-table-column>
    <el-table-column prop="reportPeriods" label="报告期数" align="center"></el-table-column>
    <el-table-column fixed="right" label="操作" width="130" header-align="center" align="center">
        <template slot-scope="scope">
            <el-link v-if="btnShow('QUALITY-MIXPROPORTION-002')" type="primary" :underline="false"
                icon="el-icon-edit" @click="handleEdit(scope.$index, scope.row)">编辑</el-link>
            <el-link v-if="btnShow('QUALITY-MIXPROPORTION-003')" type="danger" :underline="false"
                icon="el-icon-delete" @click="deleteData(scope.$index, scope.row)">删除</el-link>
        </template>
    </el-table-column>
</el-table>
```

（a）试验检测模块功能部分源程序（一）

```
onSuccess: function (response, file, fileList) {
    var self = this;
    if (response.code === 200) {
        self.$message({showClose: true, message: '保存成功! ', type: 'success'});
        self.getPageList();
    } else if (response.code === 3000) {
        var msgList = response.data;
        if (msgList && msgList.length > 0) {
            var msgStr = "";
            for (var i = 0; i < msgList.length; i++) {
                msgStr += msgList[i] + `</br>`;
            }
            msgStr = `<div style="overflow-y: auto; max-height: 360px;">` + msgStr + `</div>`;
            self.$alert(msgStr, '导入失败', {confirmButtonText: '关闭', dangerouslyUseHTMLString: true});
        } else {
            self.$message.error(response.data || "导入失败");
        }
    } else if (response.code === 3001) {
        self.$message.error(response.data || "导入失败");

    } else {
        self.$message.error(response.data || "导入失败! ");
    }
}
}
```

（b）试验检测模块功能部分源程序（二）

附图 6（一）　试验检测模块功能部分源程序

```
<body>
<div id="vueApp" class="ff-wrap">

        <el-form ref="queryForm" :model="queryForm" size="mini" label-width="auto" class="search-form">
            <el-row>
                <el-col>

                    <el-form-item label="关键字" prop="keywords">
                        <el-input v-model="queryForm.keywords" placeholder="配合比编码" clearable></el-input>
                    </el-form-item>
                    <el-form-item label="混凝土种类" prop="concreteType">
                        <el-select  v-model="queryForm.concreteType" style="width: 100%;" clearable>
                            <el-option
                                v-for="item in concreteTypeList"
                                :key="item.value"
                                :label="item.label"
                                :value="item.value">
                            </el-option>
                        </el-select>
                    </el-form-item>
                    <el-form-item label="强度等级" prop="sGrade">
                        <el-select  v-model="queryForm.sGrade" style="width: 100%;" clearable>
                            <el-option
                                v-for="item in sGradeList"
                                :key="item.value"
                                :label="item.label"
                                :value="item.value">
                            </el-option>
                        </el-select>
                    </el-form-item>
```

（c）试验检测模块功能部分源程序（三）

```
@RestController
@RequestMapping("/                    ")
@Function(code="QUALITY-MIXPROPORTION" ,
            name="配合比库",
            url="view/                    /list",
            desc="配合比库")
public class MixProportionController {
        @Autowired
        private MixProportionService mixProportionService;

    QuaProducer producer = new QuaProducer();

    /**
     * 分页获取对象MixProportion
     * @param params
     * @return QueryResult<MixProportion>
     */
    @RequestMapping(value = "/                    ", method = RequestMethod.GET)
    public ApiResponse                    (@RequestParam Map<Object, Object> params) {
        return mixProportionService.                    (params);
    }

    @RequestMapping(value = "/s                    ", method = RequestMethod.GET)
    public ApiResponse                    (@RequestParam Map<Object, Object> params) {
        return mixProportionService.                    (params);
    }

    @RequestMapping(value = "/                    ", method = RequestMethod.GET)
    public ApiResponse                    (@RequestParam Map<Object, Object> params) {
        return mixProportionService.                    (params);
    }

    /**
```

（d）试验检测模块功能部分源程序（四）

附图 6（二） 试验检测模块功能部分源程序

```
@RestController
@RequestMapping("/▇▇▇▇▇▇▇")
@Function(code="MATERIAL-COSTDIFFINFO" ,
name="设备成本控制指标与实际消耗成本对比分析表",
url="view/▇▇▇▇▇▇▇▇▇▇▇/list",
desc="设备成本控制指标与实际消耗成本对比分析表")
public class CostDiffInfoController {
    @Autowired
    private CostDiffInfoService costDiffInfoService;


    /**
    * 分页获取对象CostDiffInfo
    * @param params
    * @return QueryResult<CostDiffInfo>
    */
    @Function(code = "MATERIAL-COSTDIFFINFO-001", name = "分页获取对象", desc = "分页获取对象", type = PermissionTypes.SELECT, tag = "material")
    @RequestMapping(value = "/▇▇▇▇▇▇▇▇▇▇▇▇", method = RequestMethod.GET)
    public ApiResponse ▇▇▇▇▇▇▇▇▇▇▇(@RequestParam Map<Object, Object> params) {
        return costDiffInfoService.▇▇▇▇▇▇▇▇▇▇(params);
    }
    ....
```

（a）物资设备模块功能部分源程序（一）

```
    * 分页获取对象DailyOperationInfo
    *
    * @param params
    * @return QueryResult<DailyOperationInfo>
    */
    @Function(code = "MATERIAL-DAILYOPERATIONINFO-001", name = "决策会议列表", desc = "决策会议列表", type = PermissionTypes.SELECT, tag = "material")
    @RequestMapping(value = "/▇▇▇▇▇▇▇▇▇▇▇", method = RequestMethod.GET)
    public ApiResponse ▇▇▇▇▇▇▇▇▇▇▇▇▇(@RequestParam Map<Object, Object> params) {

        return dailyOperationInfoService.▇▇▇▇▇▇▇▇▇▇▇▇(params);
    }

    /**
    *  根据主键查询表▇▇▇▇▇▇▇▇信息
    *  @param id
    */
    @Function(code="MATERIAL-DAILYOPERATIONINFO-002" ,name="根据id查询详情", desc="根据id查询详情", type= PermissionTypes.DETAIL,tag = "material")
    @RequestMapping(value = "/▇▇▇▇▇▇/{id}", produces = "application/json;charset=UTF-8", method = RequestMethod.GET)
    public ApiResponse ▇▇▇▇▇▇▇(@PathVariable String id) {
        return dailyOperationInfoService.▇▇▇▇▇▇(id);
    }

    /**
    *  新增
    *  @param dailyOperationInfo
    */
    @Function(code="MATERIAL-DAILYOPERATIONINFO-003" ,name="新增", desc="新增", type= PermissionTypes.ADD,tag = "material")
    @RequestMapping(value = "/▇▇▇▇▇", produces = "application/json;charset=UTF-8", method = RequestMethod.POST)
    public ApiResponse▇▇▇▇▇(@Valid  @RequestBody DailyOperationInfo dailyOperationInfo ) {
        return dailyOperationInfoService.▇▇▇▇(dailyOperationInfo);
    }
```

（b）物资设备模块功能部分源程序（二）

附图 7（一） 物资设备模块功能部分源程序

253

```
 * 导出
 *
 * @param
 */
@Function(code = "MATERIAL-STOCKSTATISTIC-002", name = "导出", desc = "导出", type = PermissionTypes.EXPORT, tag = "material")
@RequestMapping(value = "/██████", produces = "application/json;charset=UTF-8", method = RequestMethod.GET)
public void ██████(@RequestParam Map<Object, Object> params, HttpServletRequest request, HttpServletResponse response) {
    String[] headers = new String[]{ "物资名称", "规格型号", "单位", "累计入库", "累计出库", "库存数量"};
    // 1.导出的header标题设置
    // 2.导出header对应的字段设置
    String[] columns = {"materialName", "specificationModel", "unit", "rksl", "cksl", "sysl"};
    List<Map<String, Object>> exportData = stockService.getExportData(params);
    try {
        ExcelUtils.generalExport(exportData, headers, columns, "物资库存统计", 6000, response);
    } catch (Exception e) {
        e.printStackTrace();
    }
}


/**
 * 分页获取物资数量来源明细
 * @param params
 * @return
 */
@Function(code = "MATERIAL-STOCKSTATISTIC-003", name = "分页获取物资台账对象", desc = "分页获取物资台账对象", type = PermissionTypes.SELECT, tag = "material")
@RequestMapping(value = "/███████████████", method = RequestMethod.GET)
public ApiResponse ███████████████(@RequestParam Map<Object, Object> params) {
    return stockService.███████████████(params);
}
```

（c）物资设备模块功能部分源程序（三）

```
/**
 * 分页获取对象DeviceCost
 * @param params
 * @return QueryResult<DeviceCost>
 */
@Function(code="MATERIAL-DEVICECOST-001" ,name="设备使用费管理列表", desc="设备使用费管理列表", type= PermissionTypes.SELECT,tag = "material")
@RequestMapping(value = "/███████████████", method = RequestMethod.GET)
public ApiResponse q██████████████(@RequestParam Map<Object, Object> params) {
    return deviceCostService.q█████████████(params);
}


/**
 *  根据主键查询表███████████████信息
 *  @param id
 */
@Function(code="MATERIAL-DEVICECOST-002" ,name="根据id查询详情", desc="根据id查询详情", type= PermissionTypes.DETAIL,tag = "material")
@RequestMapping(value = "/██████/{id}", produces = "application/json;charset=UTF-8", method = RequestMethod.GET)
public ApiResponse ██████████(@PathVariable String id) {
    return deviceCostService.██████(id);
}


/**
 *  新增
 *  @param deviceCost
 */
@Function(code="MATERIAL-DEVICECOST-003" ,name="新增", desc="新增", type= PermissionTypes.ADD,tag = "material")
@RequestMapping(value = "/██████", produces = "application/json;charset=UTF-8", method = RequestMethod.POST)
public ApiResponse ██████(@Valid @RequestBody DeviceCost deviceCost ) {
    return deviceCostService.██████(deviceCost);
}
/**
```

（d）物资设备模块功能部分源程序（四）

附图 7（二） 物资设备模块功能部分源程序

254

```
        var allPointList =
            (await MonitorPointAppService.GetAllListAsync(new GetMonitorPointInput())).Items.ToList();
        var allInformationOverviewDtoList =
            (await InformationOverviewAppService
                .GetAllListAsync(new GetInformationOverviewsInput())).Items.ToList();

        var allMonDataInformationOverviewList =
            allInformationOverviewDtoList.Where(u => u.Type == "AllMonData").ToList();

        if (allMonDataInformationOverviewList.Count != 1)
        {
            throw new UserFriendlyException("未找到监测数据！");
        }

        var invalidMonDataInformationOverviewList =
            allInformationOverviewDtoList.Where(u => u.Type == "InvalidMonData").ToList();

        if (invalidMonDataInformationOverviewList.Count != 1)
        {
            throw new UserFriendlyException("未找到无效监测数据！");
        }


        var instrumentTypes = (await InstrumentTypeAppService.GetAllListAsync(new GetInstruTypeInput()))
            .Items.Where(u => u.State == "Enable").ToList();
        var monitorObjectCount = await MonitorObjectAppService.GetCountAsync();
        var monitorCategoryCount = await MonitorCategoryAppService.GetCountAsync();
        var allMonDataAlarmDtoList =
            (await MonDataAlarmAppService.GetAllListAsync(new GetMonDataAlarmsInput())).Items.ToList();
        var alarmDtoList = allMonDataAlarmDtoList.Where(u => u.Status == "Untreated" || u.Status == "Tracking")
            .ToList();
        var warm = alarmDtoList.Where(u => u.AlarmLevel == "Warn").ToList();
        var alarm = alarmDtoList.Where(u => u.AlarmLevel != "Warn").ToList();
        var informationOverviewStatisticsDto =
            new InformationOverviewStatisticsDto
            {
                InstruTypeCount = instrumentTypes.Count,
                MonitorObjectCount = monitorObjectCount,
                MonitorProjectCount = monitorCategoryCount,
                MonitorPointCount = allPointList.Count,
                MonitorDataCount = allMonDataInformationOverviewList[0].Count,
                InvalidDataCount = invalidMonDataInformationOverviewList[0].Count,
                AlarmCount = alarm.Count,
                WarnCount = warm.Count
            };

    var checkMarks = (await DataDictionaryAppService.GetAllListAsync(new GetAllDataDictionaryInput
    {Type = DataDictionaryType.CheckMark})).Items.ToList();
    var jsonList = JsonConvert.DeserializeObject<JArray>(checkMarks[0].Value);
    var monitorDataTypeList = new List<MonitorDataType>();
    if (jsonList != null)
        foreach (var jToken in jsonList)
        {
            var keyValue = JsonConvert.DeserializeObject<KeyValue>(jToken.ToString());
            if (keyValue != null)
            {
                var informations =
                    (await InformationOverviewAppService
                        .GetAllListAsync(new GetInformationOverviewsInput()
                        {
                            Type = keyValue.Key
                        })).Items.ToList();
                foreach (var informationOverviewDto in informations)
                {
                    monitorDataTypeList.Add(new MonitorDataType
                    {
                        Name = informationOverviewDto.Name,
                        Count = informationOverviewDto.Count
                    });
                }
            }
        }


    var allPointList =
        (await MonitorPointAppService.GetAllListAsync(new GetMonitorPointInput())).Items.ToList();
    var pointStateStatistics =
        await InformationOverviewStatisticsService.GetPointStateStatisticsAsync(allPointList.Count);
    return pointStateStatistics;
```

（a）工程管理模块功能部分源程序（一）

附图 8（一） 工程管理模块功能部分源程序

255

```
public async Task<ActionResult> DownloadGenericTemplateAsync(string downloadName, Guid instruTypeId)
{
    var workbook = await _templateFactory.CreateGenericTemplate(instruTypeId);
    var memoryStream = new MemoryStream();
    workbook.SaveAs(memoryStream);
    memoryStream.Position = 0;

    var actionResult = new FileStreamResult(memoryStream,
        new MediaTypeHeaderValue("application/vnd.openxmlformats-officedocument.spreadsheetml.sheet"))
    {
        FileDownloadName = downloadName
    };
    return actionResult;
}


public async Task<InstruTypeDto> GetAsync(Guid id)
{
    try
    {
        return ObjectMapper.Map<InstruType, InstruTypeDto>(
            await InstruTypeRepository.FindAsync(id)
        );
    }
    catch (UserFriendlyException)
    {
        throw;
    }
    catch (Exception e)
    {
        Logger.LogError(e, e.Message);
        throw new UserFriendlyException(e.InnerException != null ? e.InnerException.Message : e.Message, null, null,
            e);
    }
}


public async Task<PagedResultDto<InstruTypeDto>> GetListAsync(GetPageInstruTypeInput input)
{
    try
    {
        var count = await InstruTypeRepository.GetCountAsync(
            input.Filter,
            input.SeriesId,
            input.MonitorType,
            input.MeasurerType,
            input.State);
        var list = await InstruTypeRepository.GetListAsync(
            input.Filter,
            input.Sorting,
            input.SeriesId,
            input.MonitorType,
            input.MeasurerType,
            input.State,
            input.MaxResultCount,
            input.SkipCount
        );

        return new PagedResultDto<InstruTypeDto>(
            count,
            ObjectMapper.Map<List<InstruType>, List<InstruTypeDto>>(list)
        );
    }
    catch (UserFriendlyException)
    {
        throw;
    }
    catch (Exception e)
    {
        Logger.LogError(e, e.Message);

    try
    {
        // 1、创建仪器类型本身
        var instruType = new InstruType(
            CurrentTenant.Id,
            GuidGenerator.Create())
        {
            MonitorType = input.MonitorType,
            SeriesId = input.SeriesId,
            MeasureType = input.MeasureType,
            State = input.State,
            Icon = input.Icon,
            Name = input.Name,
            Code = input.Code,
            Unit = input.Unit,
            VirtualInstrument = input.VirtualInstrument,
            Seq = input.Seq,
            Description = input.Description
        };
        input.MapExtraPropertiesTo(instruType);

        var instru = await InstruTypeManager.CreateAsync(instruType);
        var dto = ObjectMapper.Map<InstruType, InstruTypeDto>(instru);

        // 2.创建2条空导入模板
        var serializeOptions = new JsonSerializerOptions();
        serializeOptions.PropertyNamingPolicy = JsonNamingPolicy.CamelCase;

        var instruImportTypes =
            await DataDictionaryRepository.GetAllAsync(type: DataDictionaryType.InstrumentImportType);
        var instruImportType = instruImportTypes.FirstOrDefault();
        if (instruImportType == null) throw new UserFriendlyException("未查询到数据字典");
        var dictionaryInstruImportItems =
```

（b）工程管理模块功能部分源程序（二）

附图 8（二） 工程管理模块功能部分源程序

```
6 个引用
public async Task<ListResultDto<MonitorProjectDto>> GetAllListAsync(GetMonitorProjectInput input)
{
    var list = await _monitorProjectRepository.GetAllListAsync(input.ProjectType, input.Filter, input.Sorting);
    return new ListResultDto<MonitorProjectDto>(
        ObjectMapper.Map<List<MonitorProject>, List<MonitorProjectDto>>(list)
    );
}


0 个引用
public override async Task<PagedResultDto<MonitorProjectDto>> GetListAsync(GetPageMonitorProjectInput input)
{
    var list = await _monitorProjectRepository.GetListAsync(input.ProjectType, input.SkipCount,
        input.MaxResultCount, input.Filter, input.Sorting);
    var count = await _monitorProjectRepository.GetCountAsync(input.ProjectType, input.Filter);
    return new PagedResultDto<MonitorProjectDto>(count,
        ObjectMapper.Map<List<MonitorProject>, List<MonitorProjectDto>>(list));
}


var contentRoot = _uploadOptions.Value.FileRootPath;
var attachRoot = Path.Combine(contentRoot, "Attchments_Root");
var excelFileDto = await _uploadFileAppService.GetByFileNameAsync(name);
if (excelFileDto == null) throw new Exception($"未找到列({name})!");
var fileName = excelFileDto.FileName;

var fileDate = excelFileDto.LocalPath;
var fileFullName = $"{attachRoot}/{fileDate}/{fileName}";
var readWorkbook = _excel.GetReadWorkbook(fileFullName);
var sheet = readWorkbook.GetSheetAt(0);
var dataRow = 3;

if (await _projectCache.GetAsync(ProjectOptions.MonitorProject) == null)
{
    var projectOptions = _configuration.GetSection(ProjectOptions.MonitorProject)
        .Get<ProjectOptions>();
    await _projectCache.SetAsync(ProjectOptions.MonitorProject,
        projectOptions.GetTitlePropertyColumnDictionary());
}

var titlePropertyColumnDictionary = await _projectCache.GetAsync(ProjectOptions.MonitorProject);

var titleColumnIndexDictionary = new Dictionary<int, string>();

var monitorProjects =
    await _projectExcel.GetProjectSheetData(sheet, dataRow, titlePropertyColumnDictionary,
        titleColumnIndexDictionary);


protected override MonitorProject MapToEntity(MonitorProjectCreateDto inputDto)
{
    var entity = new MonitorProject(
        _currentTenant.Id,
        _guidGenerator.Create(),
        inputDto.Name,
        inputDto.Code
    );
    entity.Abbreviation = inputDto.Abbreviation;
    entity.ProjectType = inputDto.ProjectType;
    entity.RegionId = inputDto.RegionId;
    entity.RespUserIds = inputDto.RespUserIds;
    entity.Lon = inputDto.Lon;
    entity.Lat = inputDto.Lat;
    entity.Alt = inputDto.Alt;
    entity.Introduction = inputDto.Introduction;
    entity.Seq = inputDto.Seq;
    entity.Description = inputDto.Description;
    return entity;
}

protected override void MapToEntity(MonitorProjectUpdateDto inputDto, MonitorProject entity)
{
    entity.Name = inputDto.Name;
    entity.Code = inputDto.Code;
    entity.Abbreviation = inputDto.Abbreviation;
    entity.ProjectType = inputDto.ProjectType;
    entity.RegionId = inputDto.RegionId;
    entity.RespUserIds = inputDto.RespUserIds;
    entity.Lon = inputDto.Lon;
    entity.Lat = inputDto.Lat;
    entity.Alt = inputDto.Alt;
    entity.Introduction = inputDto.Introduction;
    entity.Seq = inputDto.Seq;
    entity.Description = inputDto.Description;
}
```

（c）工程管理模块功能部分源程序（三）

附图 8（三） 工程管理模块功能部分源程序

```
public override async Task<PagedResultDto<MonitorObjectDto>> GetListAsync(GetPageMonitorObjectInput input)
{
    var list = await _monitorObjectRepository.GetListAsync(input.ParentId, input.SkipCount,
        input.MaxResultCount, input.Filter, input.Sorting);
    var count = await _monitorObjectRepository.GetCountAsync(input.ParentId, input.Filter);
    return new PagedResultDto<MonitorObjectDto>(count,
        ObjectMapper.Map<List<MonitorObject>, List<MonitorObjectDto>>(list));
}


    var contentRoot = _uploadOptions.Value.FileRootPath;
    var attachRoot = Path.Combine(contentRoot, "Attchments_Root");
    var excelFileDto = await _uploadFileAppService.GetByFileNameAsync(name);
    if (excelFileDto == null) throw new UserFriendlyException($"未找到({name})!");
    var fileName = excelFileDto.FileName;
    var fileDate = excelFileDto.LocalPath;
    var fileFullName = $"{attachRoot}/{fileDate}/{fileName}";
    var readWorkbook = _excel.GetReadWorkbook(fileFullName);
    var sheet = readWorkbook.GetSheetAt(0);

    if (await _projectCache.GetAsync(ObjectOptions.MonitorObject) == null)
    {
        var objectOptions = _configuration.GetSection(ObjectOptions.MonitorObject)
            .Get<ObjectOptions>();
        await _projectCache.SetAsync(ObjectOptions.MonitorObject, objectOptions.GetTitlePropertyColumnDictionary());
    }

    var titlePropertyColumnDictionary = await _projectCache.GetAsync(ObjectOptions.MonitorObject);


    var dataRow = 3;
    var titleColumnIndexDictionary = new Dictionary<int, string>();


var monitorObjectList = new List<MonitorObject>();
foreach (var monitorObjectExcleTreeDto in monitorObjects)
{
    var monitorObjectEntity = new MonitorObject(CurrentTenant.Id, Guid.NewGuid());
    monitorObjectEntity.MonitorProjectId = monitorObjectExcleTreeDto.MonitorProjectId;

    monitorObjectExcleTreeDto.Id = monitorObjectEntity.Id;
    // todo 映射
    monitorObjectEntity.Code = monitorObjectExcleTreeDto.Code;
    monitorObjectEntity.Name = monitorObjectExcleTreeDto.Name;
    monitorObjectEntity.ObjectType = monitorObjectExcleTreeDto.ObjectType;
    monitorObjectEntity.ProjectDivide = monitorObjectExcleTreeDto.ProjectDivide;
    monitorObjectEntity.SectionType = monitorObjectExcleTreeDto.SectionType;
    monitorObjectEntity.StakeId = monitorObjectExcleTreeDto.StakeId;
    monitorObjectEntity.StakeMeter = monitorObjectExcleTreeDto.StakeMeter;
    monitorObjectEntity.Lon = monitorObjectExcleTreeDto.Lon;
    monitorObjectEntity.Lat = monitorObjectExcleTreeDto.Lat;
    monitorObjectEntity.Alt = monitorObjectExcleTreeDto.Alt;
    monitorObjectEntity.ContractNo = monitorObjectExcleTreeDto.ContractNo;
    monitorObjectEntity.ContractCompanyId = monitorObjectExcleTreeDto.ContractCompanyId;
    monitorObjectEntity.SupervisorCompanyId = monitorObjectExcleTreeDto.SupervisorCompanyId;
    monitorObjectEntity.RespUserIds = monitorObjectExcleTreeDto.RespUserIds;
    monitorObjectEntity.Seq = monitorObjectExcleTreeDto.Seq;
    monitorObjectEntity.Description = monitorObjectEntity.Description;
    if (monitorObjectExcleTreeDto.Level != 0)
        monitorObjectEntity.ParentId = monitorObjectExcleTreeDto.Parent.Id;
    monitorObjectList.Add(monitorObjectEntity);
}

await _monitorObjectRepository.InsertManyAsync(monitorObjectList);
protected override MonitorObject MapToEntity(MonitorObjectCreateDto inputDto)
{
    var entity = new MonitorObject(
        CurrentTenant.Id,
        _guidGenerator.Create(),
        inputDto.Name,
        inputDto.Code
    );

    entity.MonitorProjectId = inputDto.MonitorProjectId;
    entity.ParentId = inputDto.ParentId;
    entity.ObjectType = inputDto.ObjectType;
    entity.ProjectDivide = inputDto.ProjectDivide;
    entity.SectionType = inputDto.SectionType;
    entity.StakeId = inputDto.StakeId;
    entity.StakeMeter = inputDto.StakeMeter;
    entity.Lon = inputDto.Lon;
    entity.Lat = inputDto.Lat;
    entity.Alt = inputDto.Alt;
    entity.ContractNo = inputDto.ContractNo;
    entity.ContractCompanyId = inputDto.ContractCompanyId;
    entity.SupervisorCompanyId = inputDto.SupervisorCompanyId;
    entity.RespUserIds = inputDto.RespUserIds;
    entity.Seq = inputDto.Seq;
    entity.Description = inputDto.Description;
    return entity;
}
```

（d）工程管理模块功能部分源程序（四）

附图 8（四） 工程管理模块功能部分源程序

```
public override async Task<PagedResultDto<MonitorCategoryDto>> GetListAsync(GetPageMonitorCategoryInput input)
{
    var list = await _monitorCategoryRepository.GetListAsync(
        input.MonitorObjectId,
        input.SeriesId,
        input.MonitorType,
        input.SkipCount,
        input.MaxResultCount,
        input.Filter,
        input.Sorting);
    var count = await _monitorCategoryRepository.GetCountAsync(input.MonitorObjectId,
        input.SeriesId,
        input.MonitorType,
        input.Filter);
    return new PagedResultDto<MonitorCategoryDto>(count,
        ObjectMapper.Map<List<MonitorCategory>, List<MonitorCategoryDto>>(list));
}

var contentRoot = _uploadOptions.Value.FileRootPath;
var attachRoot = Path.Combine(contentRoot, "Attchments_Root");
var excelFileDto = await _uploadFileAppService.GetByFileNameAsync(name);
if (excelFileDto == null) throw new Exception($"未找到列({name})!");
var fileName = excelFileDto.FileName;
var fileDate = excelFileDto.LocalDate;
var fileFullName = $"{attachRoot}/{fileDate}/{fileName}";
var readWorkbook = _excel.GetReadWorkbook(fileFullName);
var sheet = readWorkbook.GetSheetAt(0);
var dataRow = 3;

if (await _projectCache.GetAsync(CategoryOptions.MonitorCategory) == null)
{
    var categoryOptions = _configuration.GetSection(CategoryOptions.MonitorCategory)
        .Get<CategoryOptions>();
    await _projectCache.SetAsync(CategoryOptions.MonitorCategory,
        categoryOptions.GetTitlePropertyColumnDictionary());
}

var titlePropertyColumnDictionary = await _projectCache.GetAsync(CategoryOptions.MonitorCategory);

var titleColumnIndexDictionary = new Dictionary<int, string>();

var monitorCategoryExcelTreeDtos =
    await _categoryExcel.GetCategorySheetData(sheet, dataRow, titlePropertyColumnDictionary,
        titleColumnIndexDictionary);

foreach (var monitorCategoryExcelTreeDto in monitorCategoryExcelTreeDtos)
{
    var monitorCategory = new MonitorCategory(CurrentTenant.Id, Guid.NewGuid());
    if (monitorCategoryExcelTreeDto.MonitorObjectId != null)
        monitorCategory.MonitorObjectId = monitorCategoryExcelTreeDto.MonitorObjectId.Value;

    monitorCategoryExcelTreeDto.Id = monitorCategory.Id;
    // todo 映射
    monitorCategory.Code = monitorCategoryExcelTreeDto.Code;
    monitorCategory.Name = monitorCategoryExcelTreeDto.Name;
    monitorCategory.MonitorType = monitorCategoryExcelTreeDto.MonitorType;
    if (monitorCategoryExcelTreeDto.SeriesId != null)
        monitorCategory.SeriesId = monitorCategoryExcelTreeDto.SeriesId.Value;
    monitorCategory.Seq = monitorCategoryExcelTreeDto.Seq;
    monitorCategory.Description = monitorCategoryExcelTreeDto.Description;

    await _monitorCategoryRepository.InsertAsync(monitorCategory);
}
protected override MonitorCategory MapToEntity(MonitorCategoryCreateDto inputDto)
{
    var entity = new MonitorCategory(
        _currentTenant.Id,
        _guidGenerator.Create(),
        inputDto.Name,
        inputDto.Code
    );
    entity.MonitorObjectId = inputDto.MonitorObjectId;
    entity.MonitorType = inputDto.MonitorType;
    entity.SeriesId = inputDto.SeriesId;
    entity.Seq = inputDto.Seq;
    entity.Description = inputDto.Description;
    return entity;
}
```

（a）数据管理模块功能部分源程序（一）

附图 9（一） 数据管理模块功能部分源程序

```
public async Task<StakeNumberSystemDto> GetAsync(Guid id)
{
    try
    {
        return ObjectMapper.Map<StakeNumberSystem, StakeNumberSystemDto>(
            await _stakeNumberSystemRepository.FindAsync(id)
        );
    }
    catch (UserFriendlyException)
    {
        throw;
    }
    catch (Exception e)
    {
        Logger.LogError(e, e.Message);
        throw new UserFriendlyException(e.InnerException != null ? e.InnerException.Message : e.Message, null, null,
            e);
    }
}


public async Task<StakeNumberSystemDto> GetDefaultAsync()
{
    try
    {
        return ObjectMapper.Map<StakeNumberSystem, StakeNumberSystemDto>(
            await _stakeNumberSystemRepository.FindAsync(DefaultId));
    }
    catch (UserFriendlyException)
    {
        throw;
    }
    catch (Exception e)
    {
        Logger.LogError(e, e.Message);
        throw new UserFriendlyException(e.InnerException != null ? e.InnerException.Message : e.Message, null, null,
            e);
    }
}


public async Task<StakeNumberSystemDto> GetByCodeAsync(string code)
{
    try
    {
        return ObjectMapper.Map<StakeNumberSystem, StakeNumberSystemDto>(
            await _stakeNumberSystemRepository.FindByCodeAsync(code)
        );
    }
    catch (UserFriendlyException)
    {
        throw;
    }
    catch (Exception e)
    {
        Logger.LogError(e, e.Message);
        throw new UserFriendlyException(e.InnerException != null ? e.InnerException.Message : e.Message, null, null,
            e);
    }
}

public async Task<PagedResultDto<StakeNumberSystemDto>> GetListAsync(GetStakeNumberSystemsInput input)
{
    try
    {
        var count = await _stakeNumberSystemRepository.GetCountAsync(input.Filter);
        var list = await _stakeNumberSystemRepository.GetListAsync(
            input.Filter,
            input.Sorting,
            input.MaxResultCount,
            input.SkipCount
        );

        return new PagedResultDto<StakeNumberSystemDto>(
            count,
            ObjectMapper.Map<List<StakeNumberSystem>, List<StakeNumberSystemDto>>(list)
        );
    }
    catch (UserFriendlyException)
    {
        throw;
    }
    catch (Exception e)
    {
        Logger.LogError(e, e.Message);
        throw new UserFriendlyException(e.InnerException != null ? e.InnerException.Message : e.Message, null, null,
            e);
    }
}
```

（b）数据管理模块功能部分源程序（二）

附图 9（二） 数据管理模块功能部分源程序

```
public async Task<SystemThreedModelDto> GetAsync(Guid id)
{
    try
    {
        return ObjectMapper.Map<SystemThreedModel, SystemThreedModelDto>(
            await _systemThreedModelRepository.FindAsync(id)
        );
    }
    catch (UserFriendlyException)
    {
        throw;
    }
    catch (Exception e)
    {
        Logger.LogError(e, e.Message);
        throw new UserFriendlyException(e.InnerException != null ? e.InnerException.Message : e.Message, null, null,
            e);
    }
}


public async Task<PagedResultDto<SystemThreedModelDto>> GetListAsync(GetSystemThreedModelInput input)
{
    try
    {
        var count = await _systemThreedModelRepository.GetCountAsync(input.Filter);
        var list = await _systemThreedModelRepository.GetListAsync(
            input.Filter,
            input.Sorting,
            input.MaxResultCount,
            input.SkipCount
        );

        return new PagedResultDto<SystemThreedModelDto>(
            count,
            ObjectMapper.Map<List<SystemThreedModel>, List<SystemThreedModelDto>>(list)
        );
    }
    catch (UserFriendlyException)
    {
        throw;
    }
    catch (Exception e)
    {
        Logger.LogError(e, e.Message);
        throw new UserFriendlyException(e.InnerException != null ? e.InnerException.Message : e.Message, null, null,
            e);
    }
}


public async Task<SystemThreedModelDto> CreateAsync(SystemThreedModelCreateDto input)
{
    try
    {
        var systemThreedModel = new SystemThreedModel(
            _currentTenant.Id,
            _guidGenerator.Create()
        );
        systemThreedModel.Code = input.Code;
        systemThreedModel.Name = input.Name;
        systemThreedModel.FileName = input.FileName;
        systemThreedModel.Type = input.Type;
        systemThreedModel.Size = input.Size;
        systemThreedModel.Format = input.Format;
        systemThreedModel.UploadFileId = input.UploadFileId;
        systemThreedModel.Seq = input.Seq;
        systemThreedModel.Description = input.Description;

        input.MapExtraPropertiesTo(systemThreedModel);

        await _systemThreedModelManager.CreateAsync(systemThreedModel);
        var dto = ObjectMapper.Map<SystemThreedModel, SystemThreedModelDto>(systemThreedModel);

        return dto;
    }
    catch (UserFriendlyException)
    {
        throw;
    }
}
public async Task<SystemThreedModelDto> UpdateAsync(Guid id, SystemThreedModelUpdateDto input)
{
    try
    {
        var systemThreedModel = await _systemThreedModelRepository.FindAsync(id);
        if (systemThreedModel == null) throw new UserFriendlyException("模型资源不存在！");
        systemThreedModel.Code = input.Code;
        systemThreedModel.Name = input.Name;
        systemThreedModel.FileName = input.FileName;
        systemThreedModel.Type = input.Type;
        systemThreedModel.Size = input.Size;
        systemThreedModel.Format = input.Format;
        systemThreedModel.UploadFileId = input.UploadFileId;
        systemThreedModel.Seq = input.Seq;
        systemThreedModel.Description = input.Description;
        input.MapExtraPropertiesTo(systemThreedModel);

        var dto = ObjectMapper.Map<SystemThreedModel, SystemThreedModelDto>(systemThreedModel);
        return dto;
    }
    catch (UserFriendlyException)
    {
        throw;
    }
    catch (Exception e)
    {
        Logger.LogError(e, e.Message);
        throw new UserFriendlyException(e.InnerException != null ? e.InnerException.Message : e.Message, null, null,
            e);
    }
}
```

（c）数据管理模块功能部分源程序（三）

附图 9（三） 数据管理模块功能部分源程序

```
var contentRoot = UploadOptions.Value.FileRootPath;
var attachRoot = Path.Combine(contentRoot, "Attchments_Root");
var excelFileDto = await UploadFileAppService.GetByFileNameAsync(name);
if (excelFileDto == null) throw new Exception($"未找到({name})!");
var fileName = excelFileDto.FileName;
var fileDate = excelFileDto.LocalPath;
var fileFullName = $"{attachRoot}/{fileDate}/{fileName}";

var readWorkbook = LodeExcel.GetReadWorkbook(fileFullName);
var sheet = readWorkbook.GetSheetAt(0);
if (await ProjectCache.GetAsync(PointOptions.MonitorPoint) == null)
{
    var pointOptions = Configuration.GetSection(PointOptions.MonitorPoint)
        .Get<PointOptions>();
    await ProjectCache.SetAsync(PointOptions.MonitorPoint, pointOptions.GetTitlePropertyColumnDictionary());
}

var titlePropertyColumnDictionary = await ProjectCache.GetAsync(PointOptions.MonitorPoint);

var dataRow = 3;
var titleColumnIndexDictionary = new Dictionary<int, string>();

var monitorPoints =
    await PointExcel.GetSheetData(sheet, dataRow, titlePropertyColumnDictionary,
        titleColumnIndexDictionary);

var insertPointCount = monitorPoints.Count;
if (insertPointCount != 0)
{
    var insertPointMonDynamic = new MonDynamicCreateDto
    {

var instruMeasureData = new Dictionary<Guid, ListResultDto<InstruMeasureDto>>();
var formulaTypeDictionary = new Dictionary<int, KeyValue>();

var formulaTypeDataList = await DataDictionaryAppService.GetAllListAsync(new GetAllDataDictionaryInput
    {Type = DataDictionaryType.FormulaType});

foreach (var formulaType in formulaTypeDataList.Items)
    {
        var typeValue = formulaType.Value;
        var jsonList = LodeExcel.GetToJsonList(typeValue);
        foreach (var token in jsonList)
            {
                var keyValue = JsonConvert.DeserializeObject<KeyValue>(token.ToString());
                if (keyValue != null) formulaTypeDictionary[keyValue.Index] = keyValue;
            }
    }

foreach (var monitorPoint in monitorPoints)
    {
        if (!instruMeasureData.ContainsKey(monitorPoint.InstruTypeId))
            instruMeasureData[monitorPoint.InstruTypeId] =
                await InstruMeasureAppService.GetAllListAsync(new GetInstruMeasureInput
                    {InstruTypeId = monitorPoint.InstruTypeId});

        if (!instruParameterData.ContainsKey(monitorPoint.InstruTypeId))
            instruParameterData[monitorPoint.InstruTypeId] =
                await InstruParameterAppService.GetAllListAsync(new GetInstruParameterInput
                    {InstruTypeId = monitorPoint.InstruTypeId});
    }

var instruFormulaList = new List<PointInstruFormula>();
foreach (var monitorPointExcelSumTree in monitorPoints)
{
    var monitorPointEntity = new MonitorPoint(CurrentTenant.Id, Guid.NewGuid());
    monitorPointEntity.MonitorObjectId = monitorPointExcelSumTree.MonitorObjectCode;

    monitorPointEntity.MonitorCategoryId = monitorPointExcelSumTree.MonitorCategoryCode;
    monitorPointEntity.Code = monitorPointExcelSumTree.Code;
    monitorPointEntity.Name = monitorPointExcelSumTree.Name;
    monitorPointEntity.WorkWay = monitorPointExcelSumTree.WorkWay;
    monitorPointEntity.State = monitorPointExcelSumTree.State;
    monitorPointEntity.CellCode = monitorPointExcelSumTree.CellCode;
    monitorPointEntity.CellName = monitorPointExcelSumTree.CellName;
    monitorPointEntity.PointGroup = monitorPointExcelSumTree.PointGroup;
    monitorPointEntity.Seq = monitorPointExcelSumTree.Seq;
    monitorPointEntity.Description = monitorPointExcelSumTree.Description;
    monitorPointList.Add(monitorPointEntity);

    var instrumentEntity = new PointInstrument(CurrentTenant.Id, Guid.NewGuid());
    instrumentEntity.MonitorPointId = monitorPointEntity.Id;
    instrumentEntity.MonitorCategoryId = monitorPointExcelSumTree.MonitorCategoryCode;
    instrumentEntity.InstruTypeId = monitorPointExcelSumTree.InstruTypeId;
    instrumentEntity.InstruModel = monitorPointExcelSumTree.InstruModel;
    instrumentEntity.ManufactNo = monitorPointExcelSumTree.ManufactNo;
    instrumentEntity.Manufacturer = monitorPointExcelSumTree.Manufacturer;
    instrumentEntity.InstallTime = monitorPointExcelSumTree.InstallTime;
    instrumentEntity.IsValid = monitorPointExcelSumTree.IsValid;
    instrumentList.Add(instrumentEntity);

    var buryingEntity = new PointBurying(CurrentTenant.Id, Guid.NewGuid());

    foreach (var instruParameter in instruParameterData[monitorPointExcelSumTree.InstruTypeId].Items)
    {
        var pointInstruParameter = new PointInstruParameter(CurrentTenant.Id, Guid.NewGuid());
        pointInstruParameter.SchemeId = formulaScheme.Id;
        pointInstruParameter.InstruParaId = instruParameter.Id;
        pointInstruParameter.Seq = instruParameter.Seq;
        instruParameterList.Add(pointInstruParameter);
    }

    foreach (var instruMeasure in instruMeasureData[monitorPointExcelSumTree.InstruTypeId].Items)
    {
        var pointInstruFormula = new PointInstruFormula(CurrentTenant.Id, Guid.NewGuid());
        pointInstruFormula.SchemeId = formulaScheme.Id;
        pointInstruFormula.MeasureId = instruMeasure.Id;
        pointInstruFormula.CalculationFormula = instruMeasure.DefaultFormula;
        pointInstruFormula.FormulaType = formulaTypeDictionary[0].Key;
        pointInstruFormula.Seq = instruMeasure.Seq;
        instruFormulaList.Add(pointInstruFormula)
    }
```

（d）数据管理模块功能部分源程序（四）

附图 9（四）　数据管理模块功能部分源程序

```csharp
for (var i = 0; i < records.Count; i++)
{
    var dictionary = records[i].Dictionary;
    var monData = new MonData(GuidGenerator.Create());
    monData.IsInvalid = false;
    monData.IsBase = false;
    monData.CheckMark = "NoCompute";
    monData.Items = new List<MonDataItem>();
    monData.Logs = new List<MonDataLog>();
    var indexX = i * 3;
    var indexY = 0;
    foreach (var keyValuePair in dictionary)
    {
        indexY++;
        if (keyValuePair.Key.Contains("Code"))
        {
            var code = keyValuePair.Value;
            MonitorPointDto pointDto = null;
            if (pointMap.ContainsKey(code))
            {
                pointDto = pointMap[code];
            }
            else
            {
                pointDto = await MonitorPointAppService.GetByPointCodeAsync(project.Id, code);
                if (pointDto == null)
                {
                    throw new UserFriendlyException(
                        $"第{indexX}行第{indexY}列, 测点不存在Code: {keyValuePair.Value}, 请确认测点偏号是否正确");
                }
                pointMap.Add(pointDto.Code, pointDto);
            }
            monData.PointId = pointDto.Id;
        }
        else if (keyValuePair.Key.Contains("Depth"))
        {
            var valueStr = keyValuePair.Value;
            var isParse = double.TryParse(valueStr, out var value);
            if (!isParse)
            {
                throw new UserFriendlyException(
                    $"第{indexX}行第{indexY}列数据{keyValuePair.Value}, 解析失败");
            }
            monData.Depth = value;
        }
        else if (keyValuePair.Key.Contains("Time"))
        {
            DateTime dateTime;
            dateTime = DateTime.TryParse(keyValuePair.Value, out dateTime)
                ? dateTime.AddHours(_globalSettings.TimeZone : 0)
                : DateTime.MinValue;
            dateTime = new DateTime(dateTime.Year, dateTime.Month, dateTime.Day, dateTime.Hour,
                dateTime.Minute, dateTime.Second, DateTimeKind.Utc);
            if (DateTime.Compare(dateTime, DateTime.MinValue) == 0)
            {
                throw new UserFriendlyException(
                    $"第{indexX}行第{indexY}列Time为: {keyValuePair.Value}的记录, 时间解析失败");
            }
            monData.MonTime = dateTime;
        }
        else if (keyValuePair.Key.Contains("Remark"))
        {
```

(a) 算法管理模块功能部分源程序

```csharp
foreach (var pointFormulaSchemeDto in pointFormulaSchemes)
{
    if (DateTime.Compare(input.MonTime, pointFormulaSchemeDto.StartTime) >= 0)
    {
        calcFragmentArg =
            new CalcFragmentArg(objectDto.MonitorProjectId, pointFormulaSchemeDto.StartTime);
        calcFragmentArg.PointFormulaScheme = pointFormulaSchemeDto;
    }
}
if (calcFragmentArg == null || calcFragmentArg?.PointFormulaScheme == null)
{
    throw new UserFriendlyException("未找到可用的公式方案");
}

calcFragmentArg.EndTime = DateTime.UtcNow;

var basePointList = monitorPointDatas.OrderBy(t => t.MonTime)
    .ToList();
// 检查基准值
var basePointsDic = new Dictionary<DateTime, Dictionary<double, List<MonData>>>();

int index = 0;
if (isHdcxy)
{
    var group = basePointList.GroupBy(t => t.MonTime);
    foreach (var monDatas in group)
    {
        var tempBase = (
            await MonDataRepository.GetAllListAsync(pointId, monDatas.Key, false,
            null, null))
```

```csharp
foreach (var monData in basePointList)
{
    if (input.id.HasValue && basePointsDic != null &&
        monData.Id == input.id.Value)
    {
        foreach (var item in input.Items)
        {
            var first = monData.Items.FirstOrDefault(t => t.MeasureId == item.MeasureId);
            if (first == null)
            {
                monData.Items.Add(new MonDataItem()
                {
                    MeasureId = item.MeasureId,
                    IsOverRange = item.IsOverRange,
                    MonValue = item.MonValue.HasValue
                        ? Math.Round(item.MonValue.Value,
                            instrumMeasuresDic.ContainsKey(first.MeasureId)
                            ? instrumMeasuresDic[first.MeasureId].DecimalNum
                            : 2)
                        : item.MonValue,
                    AlarmLevel = item.AlarmLevel,
                });
            }
            else
            {
                first.MonValue = item.MonValue.HasValue
                    ? Math.Round(item.MonValue.Value,
                        instrumMeasuresDic.ContainsKey(first.MeasureId)
                        ? instrumMeasuresDic[first.MeasureId].DecimalNum
                        : 2)
                    : item.MonValue;
                first.AlarmLevel = item.AlarmLevel;
            }
        }
    }
}
```

(a) 算法管理模块功能部分源程序

附图 10(一)　算法管理模块功能部分源程序(一)

```csharp
public async Task<ListResultDto<FeatureValue>> YearFeatureValueAsync(GetFeatureValueInput input)
{
    var config = await SysParaConfigRepository.FindByKeyAsync("CharacteristicValueFirstWeekDays");
    input.FirstWeekScope = Convert.ToDouble(config.Value);

    var featureValueYearList = new List<FeatureValue>();
    foreach (var pointId in input.PointIds)
    {
        var pointFeatureValues = await GetPointFeatureValues(pointId, input);

        featureValueYearList.AddRange(pointFeatureValues);
    }

    return new ListResultDto<FeatureValue>(featureValueYearList);
}

private async Task<List<FeatureValue>> GetPointAllDataFeatureValues(Guid pId,
    GetFeatureValueInput input)
{
    var providerName = Configuration.GetSection("SettingProviderName").Value;
    var globalSettings = await SettingsAppService.GetGlobalSettingsAsync(providerName);
    var pointAllFeatureValueList = new List<FeatureValue>();

    MonitorPointDto point;
    try
    {
        point = await MonitorPointAppService.GetAsync(pId);
    }
    catch (Exception e)
    {
        throw new UserFriendlyException($"测点不存在！错误代码: {e}");
    }

    var measureDto = await UniversalCalcAppService.GetPointIdBMeasureDto(pId);

    if (point == null || measureDto == null)
    {
        throw new UserFriendlyException($"测点不存在！(pid={pId})");
    }

    var monDataList = await MonDataRepository.GetAllListAsync(point.Id, null, null, null, false);

    if (monDataList == null || monDataList.Count == 0)
    {
        var featureValueNull = new FeatureValue(GuidGenerator.Create())
        {
            PointCode = point.Code,
            MonitorPhysicalQuantity = measureDto.Name,
        };
```

(b) 算法管理模块功能部分源程序（二）

```csharp
private async Task<List<FeatureValue>> GetPointCustomTimeFeatureValues(Guid pId,
    GetFeatureValueInput input)
{
    var providerName = Configuration.GetSection("SettingProviderName").Value;
    var globalSettings = await SettingsAppService.GetGlobalSettingsAsync(providerName);
    var customTimeFeatureValues = new List<FeatureValue>();
    MonitorPointDto point;
    try
    {
        point = await MonitorPointAppService.GetAsync(pId);
    }
    catch (Exception e)
    {
        throw new UserFriendlyException($"测点不存在！错误代码: {e}");
    }

    var measureDto = await UniversalCalcAppService.GetPointIdBMeasureDto(pId);

    DateTime? startTime = null;

    DateTime? endTime = null;

    if (input.EndTime != null &&
        input.StartTime != null &&
        input.StartTime.Value.Year > 1900
        && input.EndTime.Value.Year < 2100)
    {
        startTime = new DateTime(input.StartTime.Value.Year, input.StartTime.Value.Month,
            input.StartTime.Value.Day, input.StartTime.Value.Hour, input.StartTime.Value.Minute,
```

```csharp
private async Task<List<MonData>> GetPointMonData(MonitorPointDto point, InstruMeasureDto measureDto,
    GetFeatureValueInput input)
{
    var providerName = Configuration.GetSection("SettingProviderName").Value;
    var globalSettings = await SettingsAppService.GetGlobalSettingsAsync(providerName);
    DateTime? startTime = null;
    DateTime? endTime = null;
    if (input.Year != null)
    {
        startTime = new DateTime(input.Year.Value, 1, 1, 0, 0, 0)
            .AddHours(-globalSettings.TimeZone);
        endTime = new DateTime(input.Year.Value + 1, 1, 1, 0, 0, 0)
            .AddHours(-globalSettings.TimeZone)
            .AddMilliseconds(-1);
    }
    else if (input.StartTime != null || input.EndTime != null)
    {
        if (input.StartTime != null)
        {
            startTime = new DateTime(
                input.StartTime.Value.Year,
                input.StartTime.Value.Month,
                input.StartTime.Value.Day,
                input.StartTime.Value.Hour,
                input.StartTime.Value.Minute,
                input.StartTime.Value.Second)
                .AddHours(-globalSettings.TimeZone);
        }
        if (input.EndTime != null)
        {
            endTime = new DateTime(
                input.EndTime.Value.Year,
                input.EndTime.Value.Month,
                input.EndTime.Value.Day,
                input.EndTime.Value.Hour,
```

附图 10(二) 算法管理模块功能部分源程序

```csharp
public async Task<ListResultDto<FeaturesHydrograph>> HydrographDataAsync(GetAnalysisChartInput input)
{
    var hydrographAllList = new List<FeaturesHydrograph>();
    var leftAxis = 0;
    var rightAxis = 1;
    var allPointList = await MonitorPointAppService.GetAllListAsync(new GetMonitorPointInput());
    var allPointDict = allPointList.Items.ToDictionary(u => u.Id, u => u);
    var allObjectList = await MonitorObjectAppService.GetAllListAsync(new GetMonitorObjectInput());
    var allObjectDict = allObjectList.Items.ToDictionary(u => u.Id, u => u);
    var allMeasureList = await InstruMeasureAppService.GetAllListAsync(new GetInstruMeasureInput());
    var allMeasureDict = allMeasureList.Items.ToDictionary(u => u.Id, u => u);

    var liftHydrograph =
    await UniversalCalcAppService.GetAllLeftAxisFeaturesHydrographs(input,
        allPointDict,
        allObjectDict,
        allMeasureDict,
        leftAxis);

    hydrographAllList.AddRange(liftHydrograph);

    if (input.RightAxisOptions == null || input.RightAxisOptions.Length == 0)
    {
        return new ListResultDto<FeaturesHydrograph>(hydrographAllList);
    }
    else
    {
        foreach (var rightAxisOption in input.RightAxisOptions)
        {
            MonitorPointDto rightPointDto;
```

```csharp
public async Task<ListResultDto<AnalTemplateDto>> CreateAsync(GetCreateUpdateAnalTemplateInput input)
{
    if (input.AnalTemplateOption == null || input.AnalTemplateOption.Length == 0)
    {
        return new ListResultDto<AnalTemplateDto>();
    }
    foreach (var analTemplateDto in input.AnalTemplateOption)
    {
        var analTemplates = new List<AnalTemplate>();
        var template = new AnalTemplate(GuidGenerator.Create())
        {
            ParentId = analTemplateDto.ParentId,
            Name = analTemplateDto.Name,
            ChartType = analTemplateDto.ChartType,
            TemplateType = analTemplateDto.TemplateType,
            ValuePeriod = analTemplateDto.ValuePeriod,
            ValueType = analTemplateDto.ValueType,
            DateStart = analTemplateDto.DateStart,
            DateEnd = analTemplateDto.DateEnd,
            FittingMethod = analTemplateDto.FittingMethod,
            FittingOrder = analTemplateDto.FittingOrder,
            Option = analTemplateDto.Option,
            ContourColorId = analTemplateDto.ContourColorId,
            ContourRank = analTemplateDto.ContourRank,
            ContourValidBoundary = analTemplateDto.ContourValidBoundary,
            ContourInvalidBoundary = analTemplateDto.ContourInvalidBoundary,
            Seq = analTemplateDto.Seq,
            Description = analTemplateDto.Description,
        };
        analTemplates.Add(template);
    }
```

(c) 算法管理模块功能部分源程序(三)

```csharp
try
{
    if (input.AnalTemplateOption == null || input.AnalTemplateOption.Length == 0)
    {
        return new ListResultDto<AnalTemplateDto>();
    }
    var analTemplateDtos = new List<AnalTemplateDto>();
    foreach (var analTemplateDto in input.AnalTemplateOption)
    {
        var analTemplate = await AnalTemplateRepository.FindAsync(analTemplateDto.Id);
        if (analTemplate == null) throw new UserFriendlyException("模板不存在！");
        analTemplate.ParentId = analTemplateDto.ParentId;
        analTemplate.Name = analTemplateDto.Name;
        analTemplate.ChartType = analTemplateDto.ChartType;
        analTemplate.TemplateType = analTemplateDto.TemplateType;
        analTemplate.ValuePeriod = analTemplateDto.ValuePeriod;
        analTemplate.ValueType = analTemplateDto.ValueType;
        analTemplate.DateStart = analTemplateDto.DateStart;
        analTemplate.DateEnd = analTemplateDto.DateEnd;
        analTemplate.FittingMethod = analTemplateDto.FittingMethod;
        analTemplate.FittingOrder = analTemplateDto.FittingOrder;
        analTemplate.Option = analTemplateDto.Option;
        analTemplate.ContourColorId = analTemplateDto.ContourColorId;
        analTemplate.ContourRank = analTemplateDto.ContourRank;
        analTemplate.ContourValidBoundary = analTemplateDto.ContourValidBoundary;
        analTemplate.ContourInvalidBoundary = analTemplateDto.ContourInvalidBoundary;
        analTemplate.Seq = analTemplateDto.Seq;
        analTemplate.Description = analTemplateDto.Description;
        var anal = await AnalTemplateManager.UpdateAsync(analTemplate);
        var dto = ObjectMapper.Map<AnalTemplate, AnalTemplateDto>(anal);
        analTemplateDtos.Add(dto);
    }
}
```

```csharp
public async Task DeleteAsync(Guid id)
{
    try
    {
        var analTemplate = await AnalTemplateRepository.FindAsync(id);
        if (analTemplate == null)
            throw new UserFriendlyException("未找到要删除的记录");

        var parents = await AnalTemplateRepository.GetAllAsync(analTemplate.Id);
        foreach (var anal in parents) await AnalTemplateManager.DeleteAsync(anal.Id);

        var analTemplatePoints = await AnalTemplatePointRepository.GetAllAsync(analTemplate.Id);
        foreach (var templatePoint in analTemplatePoints)
            await AnalTemplatePointManager.DeleteAsync(templatePoint.Id);

        await AnalTemplateManager.DeleteAsync(analTemplate.Id);
    }
    catch (UserFriendlyException)
    {
        throw;
    }
    catch (Exception e)
    {
        Logger.LogError(e, e.Message);
        throw new UserFriendlyException(e.InnerException != null ? e.InnerException.Message : e.Message, null, null,
        e);
    }
}
```

附图 10(三) 算法管理模块部分源程序

```
private async Task<List<CorrelationChartResult>> GetCorrelationChartResult(
    FeaturesHydrograph xHydrograph, Dictionary<Guid, MonitorPointDto> yAxisPointDto,
    Dictionary<Guid, InstrumMeasureDtoDict, GetAnalysisChartResult> input)
{
    var correlationChartResultAtAllList = new List<CorrelationChartResult>();
    if (xHydrograph.MonTime != null)
    {
        foreach (var rightAxisOption in input.RightAxisOptions)
        {
            if (!yAxisMeasureDtoDict.TryGetValue(rightAxisOption.Measured, out var measureY))
            {
                throw new UserFriendlyException("Y轴测值不存在");
            }
            if (!yAxisPointDtoDict.TryGetValue(rightAxisOption.PointId, out var point))
            {
                throw new UserFriendlyException("Y轴测点不存在");
            }
            //获取当天的整数
            var startTime = xHydrograph.MonTime.Value;
            var monDataList =
            await MonDataRepository.GetAllListAsync(point.Id,
                startTime,
                startTime.AddDays(1), false);
            if (monDataList.Count != 0)
            {
                var monData = monDataList.Last();
                if (monData.IsInvalid) continue;
                var monDataItem = UniversalCalcAppService.GetMonDataItem(measureY, monData);
            }
```

```
public async Task<ListResultDto<AnalTemplateDto>> CreateAsync(GetCreateUpdateAnalTemplateInput input)
{
    if (input.AnalTemplateOption == null || input.AnalTemplateOption.Length == 0)
    {
        return new ListResultDto<AnalTemplateDto>();
    }
    var analTemplates = new List<AnalTemplate>();
    foreach (var analTemplateDto in input.AnalTemplateOption)
    {
        var template = new AnalTemplate(GuidGenerator.Create())
        {
            ParentId = analTemplateDto.ParentId,
            Name = analTemplateDto.Name,
            ChartType = analTemplateDto.ChartType,
            TemplateType = analTemplateDto.TemplateType,
            ValuePeriod = analTemplateDto.ValuePeriod,
            ValueType = analTemplateDto.ValueType,
            DateStart = analTemplateDto.DateStart,
            DateEnd = analTemplateDto.DateEnd,
            FittingMethod = analTemplateDto.FittingMethod,
            FittingOrder = analTemplateDto.FittingOrder,
            Option = analTemplateDto.Option,
            ContourColorId = analTemplateDto.ContourColorId,
            ContourRank = analTemplateDto.ContourRank,
            ContourValidBoundary = analTemplateDto.ContourValidBoundary,
            ContourInvalidBoundary = analTemplateDto.ContourInvalidBoundary,
            Seq = analTemplateDto.Seq,
            Description = analTemplateDto.Description,
        };
        analTemplates.Add(template);
```

```
try
{
    if (input.AnalTemplateOption == null || input.AnalTemplateOption.Length == 0)
    {
        return new ListResultDto<AnalTemplateDto>();
    }
    var analTemplateDtos = new List<AnalTemplateDto>();
    foreach (var analTemplateDto in input.AnalTemplateOption)
    {
        var analTemplate = await AnalTemplateRepository.FindAsync(analTemplateDto.Id);
        if (analTemplate == null) throw new UserFriendlyException("模板不存在！");
        analTemplate.ParentId = analTemplateDto.ParentId;
        analTemplate.Name = analTemplateDto.Name;
        analTemplate.ChartType = analTemplateDto.ChartType;
        analTemplate.TemplateType = analTemplateDto.TemplateType;
        analTemplate.ValuePeriod = analTemplateDto.ValuePeriod;
        analTemplate.ValueType = analTemplateDto.ValueType;
        analTemplate.DateStart = analTemplateDto.DateStart;
        analTemplate.DateEnd = analTemplateDto.DateEnd;
        analTemplate.FittingMethod = analTemplateDto.FittingMethod;
        analTemplate.FittingOrder = analTemplateDto.FittingOrder;
        analTemplate.Option = analTemplateDto.Option;
        analTemplate.ContourColorId = analTemplateDto.ContourColorId;
        analTemplate.ContourRank = analTemplateDto.ContourRank;
        analTemplate.ContourValidBoundary = analTemplateDto.ContourValidBoundary;
        analTemplate.ContourInvalidBoundary = analTemplateDto.ContourInvalidBoundary;
        analTemplate.Seq = analTemplateDto.Seq;
        analTemplate.Description = analTemplateDto.Description;
        var anal = await AnalTemplateManager.UpdateAsync(analTemplate);
        var dto = ObjectMapper.Map<AnalTemplate, AnalTemplateDto>(anal);
        analTemplateDtos.Add(dto);
    }
```

```
public async Task DeleteAsync(Guid id)
{
    try
    {
        var analTemplate = await AnalTemplateRepository.FindAsync(id);
        if (analTemplate == null)
            throw new UserFriendlyException("未找到要删除的记录");
        var parents = await AnalTemplateRepository.GetAllAsync(analTemplate.Id);
        foreach (var anal in parents) await AnalTemplateManager.DeleteAsync(anal.Id);
        var analTemplatePoints = await AnalTemplatePointRepository.GetAllAsync(analTemplate.Id);
        foreach (var templatePoint in analTemplatePoints)
            await AnalTemplatePointManager.DeleteAsync(templatePoint.Id);
        await AnalTemplateManager.DeleteAsync(analTemplate.Id);
    }
    catch (UserFriendlyException)
    {
        throw;
    }
    catch (Exception e)
    {
        Logger.LogError(e, e.Message);
        throw new UserFriendlyException(e.InnerException.Message != null ? e.InnerException.Message : e.Message, null, null,
            e);
    }
}
```

(d) 算法管理模块功能部分源程序　　附图 10(四)　算法管理模块功能部分源程序(四)

```csharp
public async Task DeleteAsync(Guid id)
{
    try
    {
        var analTemplate = await AnalTemplateRepository.FindAsync(id);
        if (analTemplate == null)
            throw new UserFriendlyException("未找到要删除的记录");

        var parents = await AnalTemplateRepository.GetAllListAsync(analTemplate.Id);
        foreach (var anal in parents) await AnalTemplateManager.DeleteAsync(anal.Id);

        var analTemplatePoints = await AnalTemplatePointRepository.GetAllListAsync(analTemplate.Id);
        foreach (var templatePoint in analTemplatePoints)
            await AnalTemplatePointManager.DeleteAsync(templatePoint.Id);

        await AnalTemplateManager.DeleteAsync(analTemplate.Id);
    }
    catch (UserFriendlyException)
    {
        throw;
    }
    catch (Exception e)
    {
        Logger.LogError(e, e.Message);
        throw new UserFriendlyException(e.InnerException != null ? e.InnerException.Message : e.Message, null, null,
            e);
    }
}
```

```csharp
    if (input.AnalTemplateOption == null || input.AnalTemplateOption.Length == 0)
    {
        return new ListResultDto<AnalTemplateDto>();
    }

    var analTemplateDtos = new List<AnalTemplateDto>();
    foreach (var analTemplateDto in input.AnalTemplateOption)
    {
        var analTemplate = await AnalTemplateRepository.FindAsync(analTemplateDto.Id);
        if (analTemplate == null) throw new UserFriendlyException("模板不存在！");
        analTemplate.ParentId = analTemplateDto.ParentId;
        analTemplate.Name = analTemplateDto.Name;
        analTemplate.ChartType = analTemplateDto.ChartType;
        analTemplate.TemplateType = analTemplateDto.TemplateType;
        analTemplate.ValueType = analTemplateDto.ValueType;
        analTemplate.ValuePeriod = analTemplateDto.ValuePeriod;
        analTemplate.DateStart = analTemplateDto.DateStart;
        analTemplate.DateEnd = analTemplateDto.DateEnd;
        analTemplate.FittingMethod = analTemplateDto.FittingMethod;
        analTemplate.FittingOrder = analTemplateDto.FittingOrder;
        analTemplate.Option = analTemplateDto.Option;
        analTemplate.ContourColorId = analTemplateDto.ContourColorId;
        analTemplate.ContourRank = analTemplateDto.ContourRank;
        analTemplate.ContourValidBoundary = analTemplateDto.ContourValidBoundary;
        analTemplate.ContourInvalidBoundary = analTemplateDto.ContourInvalidBoundary;
        analTemplate.Seq = analTemplateDto.Seq;
        analTemplate.Description = analTemplateDto.Description;
        var anal = await AnalTemplateManager.UpdateAsync(analTemplate);
        var dto = ObjectMapper.Map<AnalTemplate, AnalTemplateDto>(anal);
        analTemplateDtos.Add(dto);
    }
```

(a) 模型管理模块功能部分源程序（一）

附图 11（一）　模型管理模块功能部分源程序

```csharp
public async Task<ListResultDto<FeaturesHydrograph>> DistributeResultAsync(GetAnalysisChartInput input)
{
    var distChartAllList = new List<FeaturesHydrograph>();
    const int distAxis = 0;
    const int hydrographAxis = 1;
    var allPointList = await MonitorPointAppService.GetAllListAsync(new GetMonitorPointInput());
    var allPointDict = allPointList.Items.ToDictionary(u => u.Id, u => u);
    var allObjectList = await MonitorObjectAppService.GetAllListAsync(new GetMonitorObjectInput());
    var allObjectDict = allObjectList.Items.ToDictionary(u => u.Id, u => u);
    var allMeasureList = await InstruMeasureAppService.GetAllListAsync(new GetInstruMeasureInput());
    var allMeasureDict = allMeasureList.Items.ToDictionary(u => u.Id, u => u);

    var distHydrograph =
        await UniversalCalcAppService.GetAllLeftAxisFeatureHydrographs(input,
            allPointDict,
            allObjectDict,
            allMeasureDict,
            distAxis);
    distChartAllList.AddRange(distHydrograph);

    if (input.RightAxisOptions == null || input.RightAxisOptions.Length == 0)
    {
        return new ListResultDto<FeaturesHydrograph>(distChartAllList);
    }
    else
    {
        foreach (var rightAxisOption in input.RightAxisOptions)
        {
            MonitorPointDto rightPointDto;
            InstruMeasureDto rightMeasureDto;
            try
            {
                rightPointDto = await MonitorPointAppService.GetAsync(rightAxisOption.PointId);
                rightMeasureDto = await InstruMeasureAppService.GetAsync(rightAxisOption.MeasureId);
            }
            catch (Exception e)
            {
                throw new UserFriendlyException($"未找到对应测线图左端测点或测值！错误代码{e}");
            }

            var rightHydrograph =
                await UniversalCalcAppService.GetAllRightAxisFeatureHydrographs(
                    rightPointDto,
                    rightMeasureDto,
                    allObjectDict,
                    hydrographAxis,
                    distAxis);
            distChartAllList.AddRange(rightHydrograph);
        }
    }

    var orderDistChartList = distChartAllList.OrderBy(u => u.MonTime).ToList();
```

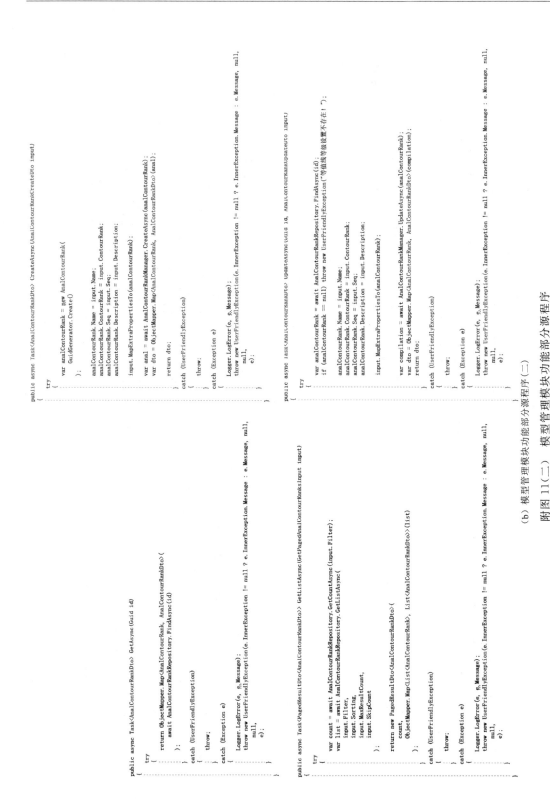

```
public async Task<AnalContourRankDto> GetAsync(Guid id)
{
    try
    {
        return ObjectMapper.Map<AnalContourRank, AnalContourRankDto>(
            await AnalContourRankRepository.FindAsync(id)
        );
    }
    catch (UserFriendlyException)
    {
        throw;
    }
    catch (Exception e)
    {
        Logger.LogError(e, e.Message);
        throw new UserFriendlyException(e.InnerException != null ? e.InnerException.Message : e.Message, null,
            null,
            e);
    }
}

public async Task<PagedResultDto<AnalContourRankDto>> GetListAsync(GetPagedAnalContourRanksInput input)
{
    try
    {
        var count = await AnalContourRankRepository.GetCountAsync(input.Filter);
        var list = await AnalContourRankRepository.GetListAsync(
            input.Filter,
            input.Sorting,
            input.MaxResultCount,
            input.SkipCount
        );
        return new PagedResultDto<AnalContourRankDto>(
            count,
            ObjectMapper.Map<List<AnalContourRank>, List<AnalContourRankDto>>(list)
        );
    }
    catch (UserFriendlyException)
    {
        throw;
    }
    catch (Exception e)
    {
        Logger.LogError(e, e.Message);
        throw new UserFriendlyException(e.InnerException != null ? e.InnerException.Message : e.Message, null,
            null,
            e);
    }
}
```

```
public async Task<AnalContourRankDto> CreateAsync(AnalContourRankCreateDto input)
{
    try
    {
        var analContourRank = new AnalContourRank(
            GuidGenerator.Create()
        );

        analContourRank.Name = input.Name;
        analContourRank.ContourRank = input.ContourRank;
        analContourRank.Seq = input.Seq;
        analContourRank.Description = input.Description;

        input.MapExtraPropertiesTo(analContourRank);

        var anal = await AnalContourRankManager.CreateAsync(analContourRank);
        var dto = ObjectMapper.Map<AnalContourRank, AnalContourRankDto>(anal);

        return dto;
    }
    catch (UserFriendlyException)
    {
        throw;
    }
    catch (Exception e)
    {
        Logger.LogError(e, e.Message);
        throw new UserFriendlyException(e.InnerException != null ? e.InnerException.Message : e.Message, null,
            null,
            e);
    }
}

public async Task<AnalContourRankDto> UpdateAsync(Guid id, AnalContourRankUpdateDto input)
{
    try
    {
        var analContourRank = await AnalContourRankRepository.FindAsync(id);
        if (analContourRank == null) throw new UserFriendlyException("等值线等级设置不存在！");

        analContourRank.Name = input.Name;
        analContourRank.ContourRank = input.ContourRank;
        analContourRank.Seq = input.Seq;
        analContourRank.Description = input.Description;

        input.MapExtraPropertiesTo(analContourRank);

        var compilation = await AnalContourRankManager.UpdateAsync(analContourRank);
        var dto = ObjectMapper.Map<AnalContourRank, AnalContourRankDto>(compilation);

        return dto;
    }
    catch (UserFriendlyException)
    {
        throw;
    }
    catch (Exception e)
    {
        Logger.LogError(e, e.Message);
        throw new UserFriendlyException(e.InnerException != null ? e.InnerException.Message : e.Message, null,
            null,
            e);
    }
}
```

(b) 模型管理模块功能部分源程序（二）

附图 11(二) 模型管理模块功能部分源程序

268

```
public async Task DeleteAsync(Guid id)
{
    try
    {
        var analTemplate = await AnalTemplateRepository.FindAsync(id);
        if (analTemplate == null)
            throw new UserFriendlyException("未找到要删除的记录");
        var parents = await AnalTemplateRepository.GetAllAsync(analTemplate.Id);
        foreach (var anal in parents) await AnalTemplateManager.DeleteAsync(anal.Id);
        var analTemplatePoints = await AnalTemplatePointRepository.GetAllAsync(analTemplate.Id);
        foreach (var templatePoint in analTemplatePoints)
            await AnalTemplatePointManager.DeleteAsync(templatePoint.Id);
        await AnalTemplateManager.DeleteAsync(analTemplate.Id);
    }
    catch (UserFriendlyException)
    {
        throw;
    }
    catch (Exception e)
    {
        Logger.LogError(e, e.Message);
        throw new UserFriendlyException(e.InnerException != null ? e.InnerException.Message : e.Message, null, null, e);
    }
}
```

```
try
{
    if (input.AnalTemplateOption == null || input.AnalTemplateOption.Length == 0)
        return new ListResultDto<AnalTemplateDto>();
    var analTemplateDtos = new List<AnalTemplateDto>();
    foreach (var analTemplateDto in input.AnalTemplateOption)
    {
        var analTemplate = await AnalTemplateRepository.FindAsync(analTemplateDto.Id);
        if (analTemplate == null) throw new UserFriendlyException("模板不存在");
        analTemplate.ParentId = analTemplateDto.ParentId;
        analTemplate.Name = analTemplateDto.Name;
        analTemplate.ChartType = analTemplateDto.ChartType;
        analTemplate.TemplateType = analTemplateDto.TemplateType;
        analTemplate.ValuePeriod = analTemplateDto.ValuePeriod;
        analTemplate.ValueType = analTemplateDto.ValueType;
        analTemplate.DateStart = analTemplateDto.DateStart;
        analTemplate.DateEnd = analTemplateDto.DateEnd;
        analTemplate.FittingMethod = analTemplateDto.FittingMethod;
        analTemplate.FittingOrder = analTemplateDto.FittingOrder;
        analTemplate.Option = analTemplateDto.Option;
        analTemplate.ContourColorId = analTemplateDto.ContourColorId;
        analTemplate.ContourRank = analTemplateDto.ContourRank;
        analTemplate.ContourValidBoundary = analTemplateDto.ContourValidBoundary;
        analTemplate.ContourInvalidBoundary = analTemplateDto.ContourInvalidBoundary;
        analTemplate.Description = analTemplateDto.Description;
        analTemplate.Seq = analTemplateDto.Seq;
        var anal = await AnalTemplateManager.UpdateAsync(analTemplate);
        var dto = ObjectMapper.Map<AnalTemplate, AnalTemplateDto>(anal);
        analTemplateDtos.Add(dto);
    }
```

(c) 模型管理模块功能部分源程序(三)

```
public async Task<List<InclinometerHoleNo>> GetInclinometerHoleNoAsync()
{
    var holeList = new List<InclinometerHoleNo>();
    var pointInstrumentList = await PointInstrumentAppService.GetAllListAsync(new GetPointInstrumentInput());
    var pointList = await MonitorPointAppService.GetAllListAsync(new GetMonitorPointInput());
    var pointDictionary = pointList.Items.ToDictionary(u => u.Id, u => u);
    var sysParaConfig = await SysParaConfigRepository.GetByValueAsync("InclinedInstrumentCode");
    if (sysParaConfig == null)
    {
        return new List<InclinometerHoleNo>();
    }
    var values = ParseValue(sysParaConfig.Value);
    var typeDtoList = new List<InstruTypeDto>();
    foreach (var value in values)
    {
        var instruTypeDto = await InstruTypeAppService.GetByCodeAsync(value);
        typeDtoList.Add(instruTypeDto);
    }
    foreach (var typeDto in typeDtoList)
    {
        if (typeDto == null)
        {
            continue;
        }
        var pointInstrumentDtos = pointInstrumentList.Items.Where(u => u.InstruTypeId == typeDto.Id).ToList();
        foreach (var pointInstrumentDto in pointInstrumentDtos)
        {
            if (!pointInstrumentDto.IsValid) continue;
            if (!pointDictionary.TryGetValue(pointInstrumentDto.MonitorPointId, out var pointDto)) continue;

private List<InclinometerDto> AnalysisMonDataList(MonitorPointDto pointDto,
    List<MonData> monDataList,
    int setValueScope,
    List<InstruMeasureDto> pointAllMeasureDto,
    string setValueType)
{
    var inclinometerAllList = new List<InclinometerDto>();
    var monDataSortList = monDataList.OrderBy(u => u.MonTime).ToList();
    var scope = setValueScope;
    if (monDataSortList.Count == 0) return new List<InclinometerDto>();
    if (monDataSortList.Count % setValueScope != 0) scope += 1;
    else scope += 1;
    DateTime startTime;
    DateTime endTime;
    int count;
    if (monDataSortList.Count != 0)
    {
        var monDataFirstTime = monDataSortList.FirstOrDefault().MonTime;
        // var monDataLastTime = monDataSortList.LastOrDefault().MonTime;
        startTime = new DateTime(
            monDataFirstTime.Year,
            monDataFirstTime.Month,
            monDataFirstTime.Day,
            monDataFirstTime.Hour,
            monDataFirstTime.Minute,
            monDataFirstTime.Second);
        endTime = startTime.AddDays(scope - 1).AddSeconds(-1);
```

(c) 模型管理模块功能部分源程序(三)

附图 11(三) 模型管理模块功能部分源程序

（d）模型管理模块功能部分源程序（四）

附图 11（四） 模型管理模块功能部分源程序

（e）模型管理模块功能部分源程序（五）

附图 11（五） 模型管理模块部分功能源程序

```csharp
public async Task<PagedResultDto<CompilationReportTableDto>> GetListAsync(
    GetPagedCompilationReportTablesInput input)
{
    try
    {
        var count = await CompilationReportTableRepository.GetCountAsync(input.Filter,
            input.Sorting,
            input.Type,
            input.StartTime,
            input.EndTime);
        var list = await CompilationReportTableRepository.GetListAsync(
            input.Filter,
            input.Sorting,
            input.Type,
            input.StartTime,
            input.EndTime,
            input.MaxResultCount,
            input.SkipCount
        );
        return new PagedResultDto<CompilationReportTableDto>(
            count,
            ObjectMapper.Map<List<CompilationReportTable>, List<CompilationReportTableDto>>(list)
        );
    }
    catch (UserFriendlyException)
    {
        throw;
    }
    catch (Exception e)
    {
        Logger.LogError(e, e.Message);
    }
}

public async Task<CompilationReportTableDto> CreateAsync(CompilationReportTableCreateDto input)
{
    try
    {
        var compilationReportTable = new CompilationReportTable(
            GuidGenerator.Create()
        );
        compilationReportTable.Name = input.Name;
        compilationReportTable.Code = input.Code;
        compilationReportTable.Type = input.Type;
        compilationReportTable.TemplateType = input.TemplateType;
        compilationReportTable.StartTime = input.StartTime;
        compilationReportTable.EndTime = input.EndTime;
        compilationReportTable.UserId = input.UserId;
        compilationReportTable.PointIds = input.PointIds;
        compilationReportTable.MeasureIds = input.MeasureIds;
        compilationReportTable.Content = input.Content;
        compilationReportTable.Description = input.Description;
        input.MapExtraPropertiesTo(compilationReportTable);
        var compilation = await CompilationReportTableManager.CreateAsync(compilationReportTable);
        var dto = ObjectMapper.Map<CompilationReportTable, CompilationReportTableDto>(compilation);
        return dto;
    }
    catch (UserFriendlyException)
    {
        throw;
    }
    catch (Exception e)
    {
    }
}
```

(a) 图表管理模块功能部分源程序(一)

```csharp
public async Task<CompilationReportTableDto> UpdateAsync(Guid id, CompilationReportTableUpdateDto input)
{
    try
    {
        var compilationReportTable = await CompilationReportTableRepository.FindAsync(id);
        if (compilationReportTable == null) throw new UserFriendlyException("要编辑表不存在! ");
        compilationReportTable.Name = input.Name;
        compilationReportTable.Code = input.Code;
        compilationReportTable.Type = input.Type;
        compilationReportTable.TemplateType = input.TemplateType;
        compilationReportTable.StartTime = input.StartTime;
        compilationReportTable.EndTime = input.EndTime;
        compilationReportTable.UserId = input.UserId;
        compilationReportTable.PointIds = input.PointIds;
        compilationReportTable.MeasureIds = input.MeasureIds;
        compilationReportTable.Content = input.Content;
        compilationReportTable.Description = input.Description;
        input.MapExtraPropertiesTo(compilationReportTable);
        var compilation = await CompilationReportTableManager.UpdateAsync(compilationReportTable);
        var dto = ObjectMapper.Map<CompilationReportTable, CompilationReportTableDto>(compilation);
        return dto;
    }
    catch (UserFriendlyException)
    {
        throw;
    }
    catch (Exception e)
    {
    }
}

public async Task<CompilationReportTableDto> CopyCompilationReportTableAsync(Guid compilationReportTableId)
{
    var reportTable = await CompilationReportTableRepository.FindAsync(compilationReportTableId);
    if (reportTable == null)
        throw new UserFriendlyException("该整编报表不存在或成已被删除! ");
    var compilationReportTable = new CompilationReportTable(
        GuidGenerator.Create()
    )
    {
        Name = reportTable.Name + "—副本",
        Code = reportTable.Code,
        Type = reportTable.Type,
        TemplateType = reportTable.TemplateType,
        StartTime = reportTable.StartTime,
        EndTime = reportTable.EndTime,
        UserId = reportTable.UserId,
        PointIds = reportTable.PointIds,
        MeasureIds = reportTable.MeasureIds,
        Content = reportTable.Content,
        Description = reportTable.Description
    };
    var compilation = await CompilationReportTableManager.CreateAsync(compilationReportTable);
    var dto = ObjectMapper.Map<CompilationReportTable, CompilationReportTableDto>(compilation);
    return dto;
}
```

附图 12(一)　图表管理模块功能部分源程序

（b）图表管理模块功能部分源程序（二）

附图 12（二） 图表管理模块功能部分源程序

```csharp
public async Task<CustomGroupDataDto> GetCustomGroupDataAsync(GetCustomGroupDataInput input)
{
    if (input.CustomObjectId == null)
    {
        return new CustomGroupDataDto();
    }
    else
    {
        var customObjectRelationList = await GetCustomObjectRelationList(input.CustomObjectId.Value);
        var stakeNumberDictionary = await UniversalCalcAppService.StakeNumberDictionary();
        var objectDictionary = await UniversalCalcAppService.ObjectDictionary();
        var buryingDictionary = await UniversalCalcAppService.PointBuryingDictionary();
        var customGroupData = new CustomGroupDataDto();
        foreach (var customObjectRelationDto in customObjectRelationList)
        {
            var statisticsList =
                await AnalysisPointStatisticsDataRepository.GetAllAsync();
            foreach (var statistics in statisticsList)
            {
                if (statistics.ObjectType == "MonitorSection")
                {
                    customGroupData.ObjectNameList.Add(statistics.ObjectName);
                }
                customGroupData.CategoryNameList.Add(statistics.CategoryName);
                customGroupData.InstrumentNameList.Add(statistics.InstrumentName);
                if (statistics.X.HasValue)
                {
                    if (objectDictionary.TryGetValue(statistics.ObjectId, out var objectDto))
                    {
                        if (stakeDictionary.TryGetValue(objectDto.StakeId, out var stakeDto))
                        {
                            var stakeXInput = new StakeXInput
                            {
```

```csharp
public async Task<List<AnalysisPointStatisticsDataDto>> GetPointStatisticsDataObjectAsync(
    GetPointStatisticsDataObjectInput input)
{
    if (input.CustomObjectId == null)
    {
        var allListResult = await AnalysisPointStatisticsDataRepository.GetAllAsync();
        switch (input.CustomObjectType)
        {
            case 0:
                return ObjectMapper.Map<List<AnalysisPointStatisticsData>, List<AnalysisPointStatisticsDataDto>>(
                    allListResult.Where(u => u.CategoryName == input.CustomObjectName).ToList());
            case 1:
                return ObjectMapper.Map<List<AnalysisPointStatisticsData>, List<AnalysisPointStatisticsDataDto>>(
                    allListResult.Where(u => u.CustomObjectName == input.CustomObjectName).ToList());
            case 2:
                return ObjectMapper.Map<List<AnalysisPointStatisticsData>, List<AnalysisPointStatisticsDataDto>>(
                    allListResult.Where(u => u.InstrumentName == input.CustomObjectName).ToList());
            case 3:
                return ObjectMapper.Map<List<AnalysisPointStatisticsData>, List<AnalysisPointStatisticsDataDto>>(
                    allListResult.Where(u => u.ObjectName == input.CustomObjectName
                        && u.ObjectType == "MonitorSection").ToList());
            case 4:
                return ObjectMapper.Map<List<AnalysisPointStatisticsData>, List<AnalysisPointStatisticsDataDto>>(
                    allListResult.Where(u => u.StakeNoX == input.CustomObjectName).ToList());
            case 5:
                var result = allListResult.Where(u => u.Height == Convert.ToDouble(input.CustomObjectName))
                    .ToList();
                return ObjectMapper
                    .Map<List<AnalysisPointStatisticsData>, List<AnalysisPointStatisticsDataDto>>(result);
        }
    }
    catch (Exception e)
    {
```

```csharp
if (statistics.Y.HasValue)
{
    if (objectDictionary.TryGetValue(statistics.ObjectId, out var objectDto))
    {
        if (stakeNumberDictionary.TryGetValue(objectDto.StakeId, out var stakeDto))
        {
            var stakeYInput = new StakeYInput
            {
                StakeNumberDict = stakeNumberDictionary,
                PointBuryingDict = buryingDictionary,
                StakeId = stakeDto.Id,
                PointId = statistics.PointId
            };
            var stakeY = UniversalCalcAppService.AnalysisStakeY(stakeYInput);
            var stakeYDataInput = new StakeYDataInput
            {
                StakeNumberDict = stakeNumberDictionary,
                PointBuryingDict = buryingDictionary,
                StakeId = stakeDto.Id,
                PointId = statistics.PointId,
                StakeNumberY = stakeY
            };
            var stakeYData = UniversalCalcAppService.AnalysisStakeYData(stakeYDataInput);
            customGroupData.StakeNoYList.Add(stakeY + stakeYData);
        }
    }
}
```

```csharp
public async Task<List<MonDataDefaultValue>> GetMonDataDefaultValueAsync(GetPointStatisticsDataPointIdInput input)
{
    var monDataDefaultValueList = new List<MonDataDefaultValue>();
    foreach (var pointId in input.PointIds)
    {
        var measureDto = await UniversalCalcAppService.GetPointIdByMeasureDto(pointId);
        var monDataList = await MonDataRepository.GetAllListAsync(pointId);
        foreach (var monData in monDataList)
        {
            var monDataItem = UniversalCalcAppService.GetMonDataItem(measureDto, monData);
            var monDataDefaultValue = new MonDataDefaultValue
            {
                MonTime = monData.MonTime,
                MeasureCode = measureDto.Code,
                MeasureName = measureDto.Name,
                MeasureUnit = measureDto.Unit
            };
            if (monDataItem.MonValue.HasValue)
            {
                monDataDefaultValue.DefaultMeasureValue =
                    Math.Round(monDataItem.MonValue.Value, measureDto.DecimalNum);
            }
            monDataDefaultValueList.Add(monDataDefaultValue);
        }
    }
    return monDataDefaultValueList;
}
```

```csharp
if (statistics.Height.HasValue)
{
    customGroupData.HeightList.Add(statistics.Height.Value);
}
```

(c) 图表管理模块功能部分源程序(三)

附图 12(三) 图表管理模块功能部分源程序

参　考　文　献

［1］ REDMOND A，HORE A，ALSHAWI M，et al. Exploring how information exchanges can be enhanced through Cloud BIM ［J］. Automation in Construction，2012，24（none）：175－183.

［2］ JUAN D. The research to open BIM－based building information interoperability framework ［C］// International Symposium on Instrumentation & Measurement. IEEE，2014.

［3］ TOLMER C E，CASTAING C，DIAB Y，et al. Adapting LOD definition to meet BIM uses requirements and data modeling for linear infrastructures projects：using system and requirement engineering ［J］. Visualization in Engineering，2017，5（1）：21.

［4］ 赵毅立. 下一代建筑节能设计系统建模及 BIM 数据管理平台研究 ［D］. 北京：清华大学，2008.

［5］ 潘怡冰，陆鑫，黄晴. 基于 BIM 的大型项目群信息集成管理研究 ［J］. 建筑经济，2012（3）：41－43.

［6］ 赵彬，王友群，牛博生. 基于 BIM 的 4D 虚拟建造技术在工程项目进度管理中的应用 ［J］. 建筑经济，2011（9）：93－95.

［7］ 何清华，潘海涛，李永奎，等. 基于云计算的 BIM 实施框架研究 ［J］. 建筑经济，2012（5）：86－89.

［8］ 刘晓光. 基于 BIM 的建筑工程信息集成与管理研究 ［J］. 科学与财富，2015（26）：346－346.

［9］ 张建平. BIM 在工程施工中的应用 ［J］. 施工技术，2012（16）：10－17.

［10］ JIAO Y，ZHANG S，LI Y，et al. Towards cloud Augmented Reality for construction application by BIM and SNS integration ［J］. Automation in Construction，2012.

［11］ CHENG J C P，DAS M. A cloud computing approach to partial exchange of BIM models ［C］// Proc. 30th CIB W78 International Conference. 2013：9－12.

［12］ 李景宗，王博. 从"数字黄河"到"智慧黄河"的思考 ［C］// 2015（第三届）中国水利信息化与数字水利技术论坛. 北京：水利部科技推广中心（联合华北水利水电大学，河海大学计算机学院，清华大学土木水利学院），2015.

［13］ 杜成波. 水利水电工程信息模型研究及应用 ［D］. 天津：天津大学，2014.

［14］ 赵继伟. 水利工程信息模型理论与应用研究 ［D］. 北京：中国水利水电科学研究院，2016.

［15］ JARDIM－GONCALVES R，GRILO A. SOA4BIM：Putting the building and construction industry in the Single European Information Space ［J］. Automation in Construction，2010，19（4）：388－397.

［16］ JIAO Y，WANG Y，ZHANG S，et al. A cloud approach to unified lifecycle data management architecture，engineering，construction and facilities management：Integrating BIMs and SNS ［J］. Advanced Engineering Informatics，2012.

［17］ LEE G. Concept－based method for extracting valid subsets from an EXPRESS schema ［J］. Journal of Computing in Civil Engineering，2009，23（2）：128－135.

［18］ 安新代，王军良，张楠，等. 基于 GIS 和 BIM 的水利工程多用户协同管理系统和方法：CN114399406A ［P］. 2022.

［19］ 毕振波. 基于云计算的 BIM 关键技术应用研究 ［D］. 西安：西安建筑科技大学，2015.

［20］ 蔡奇，张振洲，李守通. 水利工程工序质量"三检制"调查研究 ［J］. 水利发展研究，2020，20（8）：5.

［21］ 姜韶华，张海燕. 基于 BIM 的建设领域文本信息管理研究 ［J］. 工程管理学报，2013，27（4）：16－20.

［22］ 蔡阳. 现代信息技术与水利信息化 ［J］. 水利水电技术，2009，40（8）：6.

[23] 曹宏文. 数字水利到智慧水利的构想 [J]. 测绘标准化，2013，29（4）：4.

[24] 陈祖煜，雷盼，苏岩，等. 基于区块链技术的混凝土生产信息管理：框架研究与安全性论证 [J]. 土木工程学报，2021.

[25] 陈祖煜，赵宇飞，邹斌，等. 大坝填筑碾压施工无人驾驶技术的研究与应用 [J]. 水利水电技术，2019.

[26] 高雷. 基于智能碾压理论的土石坝压实质量实时监测指标研究 [D]. 天津：天津大学，2017.

[27] 何金艳，罗英，张成龙. 基于 DPSIRM 概念模型的区域性水利工程效能评价体系构建与应用 [J]. 水利发展研究，2021.

[28] 胡四一. 全面实施国家水资源监控能力建设项目全力提升水利信息化整体水平——在全国水利信息化工作座谈会暨国家水资源监控能力建设项目建设管理工作会议上的讲话 [J]. 水利信息化，2012（6）：6.

[29] 黄华. 基于 J2EE 平台的数据访问中间件的研究与实现 [D]. 南京：河海大学，2005.

[30] 黄树东. 面向多源异构数据的矩阵分解算法研究及应用 [D]. 成都：电子科技大学，2019.

[31] 蒋云钟，冶运涛，王浩. 智慧流域及其应用前景 [J]. 系统工程理论与实践，2011.

[32] 金和平，潘建初，朱强. 水电工程信息化特征，架构与实践 [J]. 水电自动化与大坝监测，2018.

[33] 孔兰，蔡一坚，王东阳，等. GIS＋BIM 的水利工程两层级架构智能建造系统研究 [J]. 水利信息化，2021（6）：5.

[34] 刘彪，赵宇飞，陈祖煜，等. 小样本条件下砂砾石坝料级配特征参数的贝叶斯估计方法 [J]. 水利学报，2022，53（5）：13.

[35] 刘文斌. 采用振冲碎石桩加固软土路堤的复合地基施工技术研究 [D]. 天津大学，2006.

[36] 柳晴晓龙. 基于水利工程 BIM 模型优化加载与交互技术研究 [D]. 郑州：华北水利水电大学，2020.

[37] 卢正超，杨宁，韦耀国，等. 水工程安全监测智能化面临的挑战、目标与实现路径 [J]. 水利水运工程学报，2021（6）：8.

[38] 宋斯阳. 水利枢纽数字水利信息系统的分析与设计——以小浪底水利枢纽为例 [D]. 西安：长安大学，2013.

[39] 王勇，张建平. 基于建筑信息模型的建筑结构施工图设计 [J]. 华南理工大学学报，2013（3）：76－82.

[40] 王勇. 水利水电工程 BIM 标准体系研究 [J]. 中国建设信息化，2022（5）：3.

[41] 吴双月. 基于 BIM 的建筑部品信息分类及编码体系研究 [D]. 北京：北京交通大学，2015.

[42] 徐鲲，霍亮，沈涛，等. 基于领域本体和 BIM 的水利安全监测专题知识模型构建方法研究 [J]. 测绘与空间地理信息，2022（6）：045.

[43] 张建云. 水利信息化的发展思路和建设任务 [J]. 中国水利，2000（9）：2.

[44] 张旭斌. 水利水电工程施工质量与安全管理 [J]. 科学与信息化，2022（10）：25－27.

[45] 张学宝. 基于 REST 架构风格的水利空间信息服务平台构建与应用研究 [D]. 西安：西安理工大学，2012.

[46] 赵钦. 基于 BIM 的建筑工程设计优化关键技术及应用研究 [D]. 西安：西安建筑科技大学，2013.

[47] 赵雪锋. 建设工程全面信息管理理论和方法研究 [D]. 北京：北京交通大学，2013.

[48] 赵宇飞，王文博，刘彪，等. 一种基于数字图像处理的土石坝坝料合格性智能检测方法 [J]. 水利学报，2022，53（10）：13.

[49] 赵宇飞，王毅，亚森钠斯尔，等. 基于多维概率分布的砂砾石坝填料级配研究 [J]. 岩土工程学报，2022，44（11）：10.

[50] 周洁，邵银霞，王沛丰，等. 基于数字孪生流域的防汛"四预"平台设计 [J]. 水利信息化，2022（5）：1－7.

［51］ 罗军舟，金嘉晖，宋爱波，等. 云计算：体系架构与关键技术 ［J］. 通信学报，2011，32（7）：3－22.

［52］ 张桂刚，李超，邢春晓. 大数据背后的核心技术 ［M］. 北京：电子工业出版社，2017.

［53］ 黄强，韦铁. BIM 技术在水利工程建设中的应用——以邕宁水利枢纽船闸工程为例 ［J］. 广西水利水电，2017（4）：42－45，49.

［54］ 苗倩. BIM 技术在水利水电工程可视化仿真中的应用 ［J］. 水电能源科学，2012，30（10）：4－10.

［55］ 李德，宾洪祥，黄桂林. 水利水电工程 BIM 应用价值与企业推广思考 ［J］. 水利水电技术，2016，47（8）：40－43.

［56］ 钟金玲. BIM 技术在深基坑工程施工中的应用研究 ［D］. 福州：福建理工大学，2019.

［57］ 张卫，何邦顺. 浅议 BIM 技术对建设工程质量的影响 ［J］. 建设科技，2015（8）：2－5.

［58］ 付艺丹. IPD 模式下基于 BIM 的水利工程建设全过程造价管理研究 ［D］. 长沙：长沙理工大学，2018.